Vergiß vergiß

nur dies erlesen

durchgeschärften

Wie der Mond d.

hinübertrete

die

d laß uns jetzt

ie die Sterne a

achthimmel dring

Funken voll übe

n die Welt

worden ist.

Beate Nagel
Parfümeurin, Künstlerin, Autorin
Gründerin von ART PARFUM

PARFUM PUR

Düfte, Farben, Kulinarik & eine Prise Poesie

Widmung

Gewidmet
den Poetinnen und
den Dichtern
dieser Welt!

Haftungsausschluss

Die Autorin und der Verlag übernehmen keine Haftung für Schäden jeglicher Art, die direkt oder indirekt bei der Anwendung der in diesem Buch vorgestellten Behandlungsmaßnahmen entstehen können. Bei unklaren Beschwerden oder ernsthaften Erkrankungen sollte immer ein Arzt konsultiert werden. Sollte diese Publikation Links auf Webseiten Dritter enthalten, so übernehmen der Verlag, die Autorin für deren Inhalt keine Haftung, da wir uns diese nicht zu eigen machen, sondern lediglich auf deren Stand zum Zeitpunkt der Erstveröffentlichung verweisen.

Impressum

Bibliografische Informationen der Deutschen Bibliothek: Die Deutsche Bibliothek verzeichnet diese Publikation in der Deutschen Nationalbibliografie; detaillierte bibliografische Daten sind im Internet über: www.dnb.de abrufbar.

1. Auflage Juli 2020, aktualisiert Oktober 2023

ISBN 978-3-9821035-8-7 (Hardcover)

Umschlaggestaltung: Beate Nagel mit Photo by Velizar Ivanov on Unsplash.

Herstellung: BoD - Books on Demand, Norderstedt
Printed in Germany

Inhaltsverzeichnis

Vor lauter Lauschen und Staunen sei still,
du mein tieftiefes Leben;
dass du weißt, was der Wind dir will,
eh noch die Birken beben.

Und wenn dir einmal das Schweigen sprach,
lass deine Sinne besiegen.
Jedem Hauche gib dich, gib nach,
er wird dich lieben und wiegen.

Und dann meine Seele sei weit, sei weit,
dass dir das Leben gelinge,
breite dich wie ein Federkleid
über die sinnenden Dinge.

Rainer Maria Rilke - 19. Januar 1898 (1)

Zum Nachhören (2):
Barbara Sukowa: „Vor lauter Lauschen und Staunen sei still"
RILKE PROJEKT CD 3 „Überfließende Himmel" Nr. 5

© Iris von Paul Waibl

Vorwort

Ende Juli 2016, auf dem Weg ins Engadin. Vom Oberallgäu fuhr ich über den Fernpass durch Nord-Tirol, vorbei an tiefgrün farbenen Alpseen. Die frische kühl-würzige Sommerluft der Berge umwehte mich. Der Anlass der Reise war etwas ganz Besonderes: die Lancierung meines Parfums LUCE DI SEGANTINI (3) im traditionsreichen Fünfsternehotel Suvretta House (4) in St. Moritz. Geradezu märchenhafte Zufälle hatten mich Anfang 2015 zu diesem Parfumauftrag direkt von der Enkelin des großen Malers der Schweizer Bergwelt, Giovanni Segantini, geführt.

RILKE PROJEKT

Auf meinen Reisen höre ich gerne Podcasts über Philosophie, Kunst oder Literatur, diesesmal die 4 CDs des RILKE PROJEKTES (5). Wie sehr überraschten mich doch diese Aufnahmen! Da war dem Komponisten- und Produzententeam Richard Schönherz und Angelica Fleer wirklich etwas ganz Besonderes gelungen. Es nahm mich gefangen. So sehr, dass sich daraus eine neue künstlerische Arbeit entwickelte: Das, was Sie gerade jetzt in Händen halten, dieses Buch und eine Fülle farbiger Parfum-Impressionen.

So vernehme ich die eindringlich tiefe Stimme Otto Sanders: „Götter, oh Götter, die Welt steht auf mit Euch!“. Oder das Allumfassende. Worte von Mario Adorf: „Nenn ich dich Aufgang oder Untergang? Denn manchmal bin ich vor dem Morgen bang und greife scheu nach seiner Rosen Röte…“. Geheimnisvoll sanft ertönt es von Nina Hagen zu Beginn: Sie öffnet uns den Vorhang in eine andere Welt, die monden ist: „Vergiss, Vergiss, und laß uns jetzt nur dies erleben, wie die Sterne durch geklärten Nachthimmel dringen; wie der Mond die Gärten voll übersteigt.“ Hätte es für mich einen schöneren Einstieg geben können in diese hochsommerliche

IMAGINE TWO

art parfum triptychon - interaktives kunstprojekt

Beate Nagel

Farbstriche auf Rauputz, 1.1.2014 bis 31.12.2014

Lichtfülle des Engadins, in die Präsentation des „Luce di Segantini"? Luce, italienisch für Licht, hatte Gioconda Segantini ihr erstes Parfum genannt. Das Licht, das ihr Großvater Giovanni Segantini so gekonnt in die Farben seiner Gemälde zu bannen vermochte. Monatelang hatte ich mich intensiv mit dem Thema Licht, dem Lichten, beschäftigt. War mehrere Male nach St. Moritz ins Segantini-Museum (6) gefahren und dort vor dem Meisterwerk AVE MARIA BEI DER ÜBERFAHRT verweilt. Das Licht und damit der lichte Moment, der darin festgehalten ist, dieses Werk wurde mir als Aufgabe gestellt, olfaktorisch umzusetzen.

Inspirationen geschehen zufällig, nicht gewollt

Erst heute, viele Monate später, sehe ich, wie sich dieses Licht nun in die Farben der Poesie Rilkes aufgefächert hat. So mündet geradezu „magisch" die eine künstlerische Arbeit in die nächste. Inspiration, völlig ungewollt. Es geschieht im Tun. Erst im Rückblick lassen sich inspirationsgeführte Wege erkennen.

Wie hätte ich auch ahnen können, dass ich durch dieses so vertieft mitschwingende Hören der CDs des RILKE PROJEKTS etwas finden würde, nachdem ich schon so lange gesucht hatte? In meinem Kunstprojekt IMAGINE (7), das ich am 1. Januar 2014 gestartet und über einen Zeitraum von drei Jahren verfolgt hatte, ging es um Themen wie RESPEKT, FREIHEIT und das IMAGINÄRE. Beim Thema „Freiheit" wählte ich Tag für Tag Farben und pinselte sie an die Rauputzwand meiner Parfumwerkstatt. Ein Bewusstseinsprozess, bei dem ich mich mit globaler Freiheit wie auch mit meiner persönlichen Situation auseinandersetzte.
Während dieser Arbeit entstand mein Wunsch farbige Parfumakkorde zu entwickeln. Nur, meine Versuche, diese Farbdüfte umzusetzen, wollten nicht gelingen. Immer wieder startete ich nach einer Pause neu; das Ergebnis stellte mich jedoch nicht zufrieden. Wie leicht landet eine sich vorgestellte herrliche Farbsymphonie dann doch eher in einer Kakophonie. Gerade beim Akkord mit

den roten Düften drückten sich die Bässe, die tiefen Basisnoten, immer wieder zu stark nach vorn. Das vorgestellte kraftvolle Duft-Rot endete in einem undefinierten Braun. Inspiration. Ja, die fehlte wohl in meinem Vorhaben. Ich ließ die Idee für diese Farb-Parfumakkorde fallen.

Dann zwei Jahre später – auf der Fahrt ins Engadin, beim Lauschen der Zeilen Rilkes – kamen mir neue Ideen zur Umsetzung meiner Akkorde. Ich hörte und sah das heitere Duft-Orange, ich hörte und sah eine unendliche Weite vermittelndes stilles Blau oder dann wieder ein lebendiges Grün, das alles nun förmlich vor mir. Zuhause angelangt startete ich erneut mit der Entwicklung und… tatsächlich 7 Farb-Parfumakkorde gelangen auf einmal. Duft um Duft fügten sie sich in ein Ganzes in nur wenigen Monaten. Ja, sogar eine Hommage an den Dichter Rainer Maria Rilke, das Parfum NOCTURNE. Mir wurde ein Schlüssel verliehen, um meine Düfte und die Farben, mit denen ich male, die Töne, mit denen ich komponiere, Ihnen – der Leserin, dem Leser – nahe zu bringen. Verliehen von den Göttern? Oh Götter!

Die Dinge fügten sich auf eine Weise, wie sie ohne diese Inspiration der Poesie nie gelungen wären. Nun denn:

Bühne frei. Treten Sie ein in eine Welt, die monden ist…

Beate Maria Theresia Nagel
Parfümeurin + Künstlerin, Gründerin von ART PARFUM
Schwarzenberg im Allgäu, am 1. Mai 2020

WEISS

© Photo by Michael Dam on Unsplash

DIE WELT DIE MONDEN IST
(Vergiß, vergiß)

Vergiss, vergiss, und lass uns jetzt nur dies erleben,

wie die Sterne durch geklärten

Nachthimmel dringen;

wie der Mond die Gärten voll übersteigt.

Wir fühlten längst schon, wie's spiegelnder

wird im Dunkel,

wie ein Schein entsteht,

ein weißer Schatten in dem Glanz der Dunkelheit.

Nun aber lass uns ganz

hinübertreten in die Welt hinein,

die monden ist.

Rainer Maria Rilke (1)

Zum Nachhören (2):
Nina Hagen: „Die Welt die monden ist"
RILKE PROJEKT CD 1 „Bis an alle Sterne" Nr. 1

Die Welt die Monden ist

Vergiß, vergiß, und laß uns jetzt
nur dies erleben
wie die Sterne durch geklärten
Nachthimmel dringen,
wie der Mond die Gärten voll übersteigt.

Wir fühlten längst schon, wie's spiegelnder
wird im Dunkel,
wie ein Schein entsteht,
ein weißer Schatten in dem Glanz
der Dunkelheit.
Nun aber laß uns ganz
hinübertreten in die Welt hinein
die Monden ist.

Rainer Maria Rilke

Weiß wie Schnee...

...rot wie Blut und schwarz wie Ebenholz, so wird die Schönheit von Schneewittchen, ihre Haut, der rote Mund und ihr Haar im Grimms Märchen *Schneewittchen* beschrieben. Märchen, die wir seit frühester Kindheit kennen, sind fest verankert in unserem Gedächtnis.

Während ich am Weiß schreibe, ist es recht passend tiefster Winter. Nahezu direkt vor unserer Haustür beginnen Langlaufloipen, auf denen wir durch die verschneite Landschaft gleiten, vorbei an märchenhaft überzuckerten Tannen. Wie weiße Watte schluckt der frisch gefallene Schnee jedes Geräusch und bei strahlend blauem Himmel erwecken die Sonnenstrahlen ein ganzes Meer von glitzernd weißen Diamanten. Wie überaus schön dies alles ist! Zumal wenn man bedenkt, dass wohl auch diese Pracht vergänglich ist.

Das frühere nordische Frühlingsfest *Imbolc*, das von der Nacht vom 1. auf den 2. Februar gefeiert wurde, liegt zwischen Wintersonnwende und Frühjahrs-Tagundnachtgleiche. Die Lichterprozessionen und die Kerzenweihe, die heute an „Mariä Lichtmess“ (dem vierzigsten Tag nach Weihnachten) zelebriert werden, gehen auf altes Volksbrauchtum zurück. Im Vorfrühling (3) entdecken wir zwischen Schneeresten die allerersten Blüten von weißer Farbe wie etwa Schneeglöckchen oder Märzbecher. „Es ist die Zeit der weißen Göttin, der wilden und ungezügelten Kraft von Liebe und Vitalität.“ (4) Ganz in Weiß gehüllt sind auch die früh blühenden Sträucher der Schlehen, noch bevor ihre grünen Blätter sprießen. Wie zur Hochzeit geschmückt - für die übers Land schreitende Göttin Brigid - erscheinen uns die im vollen Frühling im strahlenden Weiß aufblühenden Kirsch- und *Apfelbäume; diese Blüten mit venusisch rosaner Unterseite* (siehe Bild gegenüber). Brigid, ihr Name wird mit „die Helle“, „die Strahlende“ übersetzt und geht auf eine altkeltische Göttin namens Brigantia oder Brigindo, die Stammesgottheit der keltischen Briganten, zurück. Mit ihr verwandt ist auch die germanische Perchta. Das Weiß ist mit dem Lichten, dem Glänzenden verwandt. Auf italienisch heißt weiß *bianco*, auf französisch *blanc*, auf griechisch *leukos*, daher stammt unser Wort *leuchten.*

Eine göttliche Farbe

Weiß - die Farbe des reinen Lichts. Weiß ist mehr als eine Farbe: Ein Prisma zerlegt farbloses Licht in rotes, orangefarbenes, gelbes, grünes, blaues und violettes Licht. Weiß ist die Summe aller Farben des Lichts. Weiße Schwäne und Störche - diese großen weißen Vögel sind vom Himmel gesandte Glücksboten, ganz anders in ihrer Bedeutung für uns wie etwa die Krähen, die angeblich schwarzen Unglücksvögel. Wenn weiße Tiere nicht selbst Götter sind, haben sie zumindest eine Verbindung zum Göttlichen. Das zeigt sich auch im christlichen Kontext, wenn als Symbol für den Heiligen Geist eine weiße Taube gemalt wird und Christus mit einem weißen Lamm in Verbindung steht. Seit dem Altertum wurde die Farbe der Götter zur Farbe der Priester. Im katholischen Gottesdienst tragen Priester ein weißes Untergewand, die Alba - „alba“ lateinisch für Weiß. An Weihnachten, Ostern und zu den Marienfesten tragen sie auch ein weißes Obergewand, denn Weiß ist die liturgische Farbe der höchsten Festtage.

Weiß - Schwarz

Weiß ist vollkommen. Weiß wird noch weißer durch seinen Gegenpol Schwarz. Es ist der Kampf der Gegensätze von Gut und Böse, von Tag und Nacht. In der chinesischen Philosophie hingegen gelten die Zeichen des weißen YIN und schwarzen YANG als Symbole des Wandels. Hier ist nichts statisch. Ein zu viel des Einen lässt es ins Gegenteil kippen. Der weiße Punkt im Schwarz deutet diesen Umschwung ins Weiße an und umgekehrt.

Yang: *weiß, hart, heiß, männlich, aktiv, Bewegung*
Yin: *schwarz, weich, kalt, weiblich, passiv, Ruhe.*

Juli 2020: In der aktuellen Rassismus-Debatte wird intensiv über Zuordnungen von Schwarz und Weiß gesprochen. ZEIT Dossier: „Wie rassistisch sind Sie?“

Denn die meisten weißen Menschen sind überzeugt: Hautfarbe spielt für mich keine Rolle. „Schön wär's", schreibt Bastian Berbner und zeigt uns ungewohnte, jedoch tief im Unterbewusstsein verankerte Zuordnungen von Schwarz und Weiß auf. (5)

Makellos weiß

Man spricht von einem Alabasterteint, wenn eine Haut makellos weiß erscheint. Weiß steht für den Anfang, beispielsweise im weißen Taufkleid, im weißen Hochzeitskleid. Es ist die Farbe der Jugend, der Unschuld. Ein weißes Brautkleid - als Zeichen von Unschuld - ist keineswegs von alter Tradition; dieses Ritual kam erst im vorletzten Jahrhundert auf. Noch um 1600 ließen sich auch sehr reiche Bräute kein Hochzeitskleid extra für diesen Anlass anfertigen. In Shakespeares „Romeo und Julia" wird die junge Gräfin Julia Capulet von ihren Eltern zur Hochzeit mit dem Grafen Paris gezwungen. Alles ist für dieses Fest schon lange vorbereitet, aber erst am Abend vor der Hochzeit fragt Julias Mutter, welches Kleid sie denn zur Hochzeit tragen würde.

„Beim Tragen weißer Dessous negiere die Frau die Anziehung ihres Körpers und steigere sie zugleich damit", der Modehistoriker Philipp Perrot widmete im 19. Jahrhundert ein ganzes Kapitel seines Buches zur bürgerlichen Mode dem Weißleinenen und der weißen weiblichen Baumwollwäsche. Er zeigte in seinen Reflexionen zur weißen Wäsche die Spannung zwischen Aufstachelung und Unterdrückung der Begierde.
Es gibt jedoch auch das sterile Weiß der Ärztekittel und Krankenhäuser. Auch

kleinste Verschmutzungen sind auf diesem Untergrund sofort erkennbar. Weiße Arbeitskleidung ist vorgeschrieben in Berufen, die mit Lebensmittelverarbeitung zu tun haben wie Bäcker, Köche. Die sprichwörtlich gewordene „weiße Weste“ ist im übertragenen Sinn Symbol eines untadeligen Verhaltens. Auch Folgendes hat eine lange Tradition: „Wer sich in Rom um ein politisches Amt bewarb, musste zuerst der Öffentlichkeit Rede und Antwort stehen. Vorgeschrieben war, dass alle Bewerber dabei eine weiße Toga trugen. Ein glänzendes Weiß heißt auf lateinisch *candidus*. Bewerber um politische Ämter nennt man noch heute Kanditaten.“ (6)
Noch vor wenigen Jahrzehnten war ein weißer Kragen das sichtbare Zeichen des beruflichen Standes eines Mannes. Die „blue-collar workers“, die blau gekleideten Arbeiter unterschieden sich durch diese Farbe in den USA oder England von den „white-collar workers“, den Angestellten mit ihren weißen austauschbaren Hemdkragen. Erst in den 1970er Jahren wurden farbige Herrenhemden akzeptabel. Noch heute ist das elegante Hemd ein weißes Hemd. Und je höher die berufliche Stellung, desto konservativer die Kleidung. Unbeeindruckt vom modischen Wandel tragen Männer in Spitzenpositionen fast nur weiße Hemden. Frauen sind in diesen Positionen zwar etwas freier in der Wahl ihrer Geschäftskleidung, jedoch auch für sie gelten ähnliche Maßstäbe.

Politisches Weiß

Die weiße Taube mit einem grünen Ölzweig im Schnabel - heute als Friedenssymbol - tritt im Alten Testament als Verkünder vom Ende der Sintflut auf (1. Mose 8,10-12). Eine große politische Bedeutung hat Weiß noch heute als Friedensfahne. Wer die weiße Fahne zeigt, kapituliert vor der Übermacht, ist zu Verhandlungen bereit. Als Farbe politischer Bewegung war Weiß die Farbe der absoluten Monarchie. Die erste monarchistische Bewegung, die sich „die Weißen“ nannte, entstand 1815 in Frankreich nach dem Sturz Napoleons. Auf den „Roten Terror“ der Französischen Revolution folgte der „Weiße Terror“ der monarchistischen Gegenreformation. In Rußland waren die „Weißen“, die „Weißgardisten“, Anhänger des Zaren, die während der Russischen Revolution bis 1920 gegen die Rote Armee kämpften.

Bleiweiß, Kreideweiß und Zinkweiß

„Bleiweiß" war von der ägyptischen Zeit bis zum Ende des 19. Jahrhunderts als Schminke beliebt. Römische Frauen, Geishas und die Ladys der viktorianischen Zeit liebten es ihr Gesicht weiß zu schminken, da es einen ätherischen Eindruck vermittelte; eine Schminke, die auf Dauer allerdings tödlich wirkte.
Das Pigment mit einem stumpfen Weißton „Kreideweiß" wird als Grundierung beim Malen und Zeichnen genutzt. Sein Name ist irreführend, die klassische Kreide ist eigentlich ein Gips. Zinkweiß hat einen leicht bläulichen Schein, damit ist es ein kaltes Weiß, seine Leuchtkraft erhält es durch leichte Fluoreszenz.

Weiße Buddha-Familie

Die zentrale Buddha-Familie im Mandala (siehe einführende Erläuterungen, ab Seite 64) ist mit der Farbe Weiß und mit dem Element Raum verbunden. Die genauere Beschreibung der Farbe wäre farblos und zugleich vom Potenzial aller Farben erfüllt. In diesem Fall heißt die Familie „Buddha". Die Energie dieser weißen Buddha-Familie bildet die Basis des grundlegenden Raumes. Sie ist die Umgebung oder der Sauerstoff, der es den anderen Prinzipien möglich macht, zu wirken. Sie ist gesetzt und solide. Menschen dieser Familie haben einen starken Sinn für kontemplatives Erleben und sind höchst meditativ.
Die Neurose dieser weißen Familie ist mit einem Empfinden verbunden, „daneben" und nicht im Raum zu sein. Sie ist oft mit dem Widerwillen verknüpft, sich nicht äußern zu wollen. Trungpa Rinpoche schildert folgendes eindrückliche Beispiel: Wir sehen, dass unsere Nachbarn unseren Lattenzaun mit einem Vorschlaghammer zerstören. Wir können sie hören und sehen, ja wir haben sie sogar schon den ganzen Tag dabei beobachtet, wie sie fortwährend damit beschäftigt waren, ihn zu zerschlagen. Anstatt aber zu reagieren, schauen wir lediglich zu und ziehen uns dann in unser trautes, kleines Heim zurück. Wir essen unser Frühstück, Mittagessen und Abendbrot und ignorieren, was sie tun. Wir sind gelähmt, unfähig, zu Außenstehenden zu sprechen.

Eine weitere Eigenschaft dieses blockierenden Musters zeigt sich darin, dass uns Dinge allzu gleichgültig sind. Die Schmutzwäsche häuft sich im Bad. Im Arbeitsfeld werden wir das Gebiet wählen, das mit der geringsten Anstrengung verbunden ist. Wir gehen den bequemen, ausgetretenen Weg, sind alles andere als Pioniere. Freunde zu uns einzuladen ist ein Verdruss, lieber treffen wir sie in einem Restaurant. Und was das Liebesleben angeht, auch hier scheuen wir einen allzu großen Aufwand und gehen eine Verbindung ein, mit einem Partner, einer Partnerin, die sich leicht ergibt. Manchmal haben wir das Gefühl, der einsamste Mensch im ganzen Universum zu sein. Uns ist nicht zum Tanzen zumute. Fordert uns jemand zum Tanz auf, fühlen wir uns eher verlegen und unbehaglich. Lieber wollen wir in unserer eigenen kleinen Ecke bleiben.

Die Buddha-Familie hat ein gewaltiges Potential, weil sie die Grundlage von allem ist - die Grundlage aller Phänomene, aller Erscheinungen, und sie bietet Raum für das übrige Mandala. Wenn wir ein Gefühl für die Weisheit der Buddha-Familie entwickeln, erhalten wir einen Geschmack der Urweisheit des ganzen Buddha-Mandalas, das die vier weiteren Familien durchdringt. Dieser erleuchtete Aspekt wird die *Weisheit des alles umfassenden Raumes* genannt. Es ist eine Eigenschaft der völlig offenen Möglichkeiten. Sie kann alles beherbergen, ist offen und weit wie der Himmel.

Kurzfassung weiße Buddha Familie

Buddha Vairocana
Richtung: Mitte
Symbol: Rad der Lehre
Element: Raum
Farbe: Weiß
Blockierende Muster: Unwissenheit, Täuschung, Depression, Umnebelung
Weisheit: Alles umfassende Weisheit
Tageszeit: keine Zeitangabe, die Gesamtheit der Zeit
Jahreszeit: Winter
Landschaft: weißer Himmel im Winter, weiter Himmel
Form: Punkt (Bindu)
Körperbau: sinnlich entspannt, rundlich
Sinneswahrnehmung: Geist

Madonna mit acht singenden Engeln - im Hintergrund sind Madonnenlilien (Lilium candidum) zu sehen, Sandro Botticelli: Tondo, 1477

Weiß und Rot sind heilige Farben

Weiße Blumen wie die „Madonnenlilie“ (Lilium candidum) symbolisieren in der christlichen Bildsprache die unbefleckte Empfängnis Marias. Erzengel Gabriel wird in der Kunst mit eben dieser weißen Lilie in der Verkündigungsszene dargestellt. In unserer Gesellschaft dürfte kaum bekannt sein, dass die Farben Weiß und Rot als heiligste Farben gelten, in ihrer Bedeutung noch vor einem Violett. Das wird so im christlichen Kontext gesehen wie auch im Buddhismus. Rot und Weiß sind sozusagen in der urmenschlichen Matrix unseres Entstehens verankert. Den Hintergrund kann ich aus buddhistischen Lehren etwas erläutern: Im Zeugungsprozess eines Kindes kommen eine rote und eine weiße Energie zusammen. Im sich entwickelnden Embryo bewegen sich diese beiden Energien auseinander und bilden im Körper eine vertikale Energieachse. Dabei befindet sich die rote Energie, die wir über die Mutter empfangen, unten und die weiße, väterliche Energie oben. Beide Energien kommen erneut zusammen - und zwar im Sterbeprozess. Währenddessen können wir Lichterlebnisse eines hell leuchtenden Lichtes haben wie auch ein sanftes Rot erleben, vergleichbar einem orange-roten Sonnenuntergang.

Kulinarisch Weißes

Das Weiß einer uns nährenden Milch ist einer Götterspeise gleich zu setzen. Ein Ei mit seiner weißen Schale ist kostbar. Bei Nahrungsmitteln gilt das Weiße als Merkmal des Besonderen. Weißer Spargel ist edler als der grüne. Weißer geschälter Reis, weißes Mehl, helles Kalbfleisch, weißer Zucker und Eiweißgebäck wie Baiser galten über Jahrhunderte als Speisen der Reichen. Das Grobere, Braune war dem einfachen Volk vorbehalten. Geändert hat sich diese Beurteilung der Lebensmittel erst in der aufkeimenden Ökowelle in den 1970er Jahren. Die Verbraucher verbinden mit zu viel künstlich Veredeltem heute einen geringeren Nährwert. Allerdings gilt für festliche Anlässe eine weiße Tischdekoration als besonders edel. Nachdem heute jede Farbe einfach zu haben ist, ist die bewusste Reduktion auf Weiß wieder up to date.

Das köstliche Weiß von Litschifrüchten (Litchi chinensis), deren dünne Schale sich in der Reifung von rosafarben bis rötlich färbt, mundet köstlich (ältere Früchte werden bräunlich). Sie duften nach Rosen und einem Hauch Ingwer. Dufterlebnisse sind letztlich Tasterlebnisse. Für Asiaten sind frische Litschis die reinsten Liebesfrüchte.
Neben der Schönheit, dem herrlichen Geschmack von cremig-weißer Kokosmilch sind Kokosfrüchte überaus gesund. In der ursprünglichen Heimat der Kokospalme (Cocos nucifera) in Südostasien bis Indien trägt der regelmäßige Verzehr dieser

köstlichen Milch, das Kokosfett, mit dazu bei, dass es hier weniger Herz-Kreislauf-Erkrankungen gibt und weniger Schlaganfälle. Kokosmilch wirkt sich auf die Haut vorteilhaft aus. Die Milch wie auch ein gutes Kokosfett machen glatt und zwar nicht nur die Haut, sondern auch die Adern, sodass das Blut wesentlich ungehinderter hindurch zu fließen vermag. Kokosfrüchte sind urgesund, allerdings nur, wenn diese nicht in einer Landwirtschafts-Industrie wachsen. Dann fehlen ihr sprichwörtlich ihre jugendlichen uns so gesundenden Kräfte. Es ist immer wesentlich, wie wir mit Pflanzen, mit dem Boden auf dem sie wachsen, umgehen.

Und wie duftet nun das Weiße?

Als weiße Basisdüfte empfinde ich Narde und Weihrauch; dazu kommen hellgelbe, sonnenhafte Aspekte. Den Duft von Neroli oder allgemein Zitrusblüten verbinden wir ebenfalls mit der Farbe Weiß. Zitronenblüten duften ungewöhnlich intensiv, süß und nicht sauer wie etwa die spätere Frucht. Die Süße wird angezeigt durch die rosafarbene Unterseite der weiß duftigen Blütenblätter. Eine Steigerung des Sinnlichen erfährt man durch die Blüten unterschiedlicher Jasminarten, während die Myrtenblüten eher ein unschuldiges Weiß symbolisieren. In meinen Duftportraits gehe ich hierauf näher ein.

ART PARFUM Monden-WEISS

Perlmuttfarben sind diese weißen Düfte. Sie verfügen über einen Innenglanz, der aus sich heraus leuchtet. Ein Hauch von Gold und Silber zeigt dieses Schillernde auf, sowie auch ein feines ganz helles Lila-Violett. Monden-WEISS eröffnet den Reigen edler Parfumfarben.

Tuberose, Jasmin sambac, Jasmin grandiflorum, Magnolienblüte, Myrte*, Neroli, Narde*, Weihrauch*, Iris* (7)

Zingiberaceae.
1
2
3
7
5
A
6
4
B
9
8

Ingwer

Zingiber officinalis

Familie: Ingwergewächse, Zingiberaceae
Synonyme: Imber, Immerwurzel
Duft-Charakteristik: aromatisch-fruchtig, exotisch, aphrodisierend
Parfumzuordnung: Herznote (Coeur), orientalisch, asiatische Parfums
Wirkung:
Körperlich: sehr hautfreundlich, mild entzündungshemmend, antiviral, nerventonisierend
Psychisch: seelenwärmend, stabilisierend, entspannend
Herkunft: Indien, Jamaika, Fidschi-Inseln, Taiwan, China
Gewinnung / Pflanzenteile: Wasserdampfdestillation des getrockneten Rhizoms / Wurzel (auch CO2-Extraktion)
Besonderheit: Beim Kauf von Ingweröl genau auf die Herstellungsart achten; CO2-Ingwerextrakt wirkt hautreizend

PARFÜMERIE / DUFT / PERSÖNLICHES

ALCHIMISTISCHE TRADITION

Die alchemistische Tradition mit ihren drei Urprinzipien, die die gesamte Schöpfung prägen und bewegen, werden wie folgt charakterisiert:
Sal (Salz, *Corpus*) = das kalte, verdichtende, saugende, zusammenziehende, zentripetale Prinzip. *Sal - Wurzelpol*
Sulphur (Phosphor, *Animus, Anima*) = das warme, flüchtige, auflockernde, verströmende, ausweitende, zentrifugale Prinzip, das im polaren Gegensatz zu Sal steht. *Sulphur - Blütenpol*
Mercurius (Quecksilber, *Spiritus*) = das verbindende Prinzip; es vermittelt zwischen dem zusammenziehenden und dem auflösenden Pol. *Mercurius – Blatt- und Stängelregion.*

„Am Anfang war die Wurzel", variiert der Kulturanthropologe und Ethnobotaniker Dr. Wolf-Dieter Storl (8) den Beginn des Epilogs vom Johannesevangelium. Tatsächlich haben Wort, Wert und Wurz den gleichen etymologischen Ursprung: Das indogermanische *uert* bedeutet Winden, Herauswirbeln, Herausspinnen aus einem dunklen, unsichtbaren Urgrund und das darauffolgende In-Erscheinung-Treten.

Die Wurzel, die die Pflanze mit dem kalten, mineralischen Erdboden verbindet, ist vor allem Ausdruck des Sal-Prinzips. Sie ist der saugende, aufnehmende Pol der Pflanze. *Sal, der Wurzel entgegensetzt, wirkt der sulphurische Blütenpol.* Das Sulphur-Prinzip bedeutet Auflösung, Auflockerung, Hingabe an das Umgebende, Überwindung von Grenzen und eine Vergeistigung. In der Blüte verausgabt sich die Pflanze förmlich. Der Stoffwechsel wird beschleunigt, im Blütenkelch kommt es zu einer kalorisch messbaren Erhitzung. Hier im „Blütenfeuer" werden Düfte, Nektar, Pollen und verschiedene Botenstoffe in die Umwelt verströmt. Am Blütenpol verströmt die Pflanze die Vitalität, sie lodert farbenprächtig auf, um dann zu verwelken. Hier ist zugleich der Fortpflanzungspol, mit dem sich die Pflanze in einen neuen Daseinszyklus hinüberrettet.

Charakteristisch für den Blütenpol ist die Erzeugung von farbigen Pigmenten, ätherischen Ölen und Lipiden. Ätherische Öle sind reich an Wasserstoffmolekülen. In ihrer Flüchtigkeit kommt der Auftrieb, die lösende Wärme, die Anti-Gravität des Wasserstoffs zum Ausdruck. Im Gegensatz zu den im Wurzelgewebe gespeicherten wasserlöslichen Alkaloiden, Saponinen und organischen Säuren verweigern sich die ätherischen Öle dem Wasser. Sie agieren wasserabstoßend (hydrophob) und sind Öl-löslich (lipophil). Zwischen den beiden extremen Polen *Sal* und *Sulphur* liegt als Vermittler die lichtassimilierende grüne Blatt- und Stängelregion *Mercurius*, das „rhythmische System" der Pflanze. Das Wachstum läuft pulsierend, von Knoten zu Knoten, sich stauend und wieder streckend, im Einklang mit Sonnen-, Mond- und planetarischen Rhythmen. Der Gasaustausch mit der Umwelt, die „Atmung" der Pflanze, findet ebenfalls hauptsächlich im Blattbereich statt. Wenn wir die drei alchemistischen Prinzipien betrachten, so sind besonders die Pflanzengattungen interessant, *bei denen der sulphurische Pol dermaßen überwiegt, dass er bis in die Wurzel- und Rhizomregion hinabdringt.* Hierbei handelt es sich meist um ausgesprochen starke Heilpflanzen, von denen Ingwer ein wichtiger Vertreter ist.

Die meisten öltragenden Zellen befinden sich in der Rinde und im Mark des Rhizoms. Destilliertes Ingweröl ist besonders hautfreundlich und gilt als ein ausgesprochener „Seelenschmeichler". Sein Duft ist aromatisch-fruchtig und besitzt eine ausgeprägte exotische Note. In der Parfümerie dient es als hilfreiches Fixativ. In asiatischen wie auch orientalischen Parfums rundet Ingwer die weiteren Komponenten ab. Auch frische, herbe Herrenparfums profitieren von einem Hauch Ingwer im Coeur. Mit ihm lassen sich etwas langweilige, allzu gleichförmige Formulierungen aufpeppen; so spielt eine geheimnisvolle Note mit hinein. Fremd und exotisch wirkt dieser Duft; meist bleibt er ein Rätsel. *Durch den Destillationsprozess verfügt das ätherische Ingweröl über keine Scharfdrogen; es ist ausgesprochen mild und hautfreundlich.*

CO2-EXTRAHIERTES INGWERÖL

Wenn Sie am destillierten Ingweröl geschnuppert haben und es gar nicht so typisch für einen Ingwerduft halten, so wird dies bei einem Duft über ein Kohlendioxid-Verfahren extrahiertes Ingweröl anders sein (siehe Herstellhinweise CO2-Extraktion beim Basilikum). Dieser Duft ist näher am typischen Ingwergewürz. *Man muss beim Kauf jedoch genau unterscheiden, mit welchem Öl möchte ich arbeiten?* Das destillierte ätherische Öl ist nicht reizend und relativ mild, während der über CO2-Extraktion gewonnene Duft ein wirklich feuriges Öl ist und damit für Parfum- und Kosmetikherstellung ungeeignet. Vorsicht auch mit CO2 Ingwerextrakt, da es sich als blutverdünnend erweisen kann.

BOTANIK

Der Gattungsname *Zingiber* kommt aus dem Sanskrit – *sringavera*, übersetzt als „mit Geweihsprossen versehen", was das Aussehen der Wurzel sehr gut beschreibt. Zingiber ist im tropischen Asien heimisch, mit Zentren in China und Indien. Ingwer (*Zingiber officinalis*) spielt hier als Gewürz und ätherisches Öl die Hauptrolle. Die hohe schilfartige Staude, mit ihren ausdrucksstarken orchideenähnlichen Blüten, erreicht eine Wuchshöhe von 1,20 Metern. Die Ernte des Ingwers ist eine heikle

Angelegenheit, muss sie doch genau zum Zeitpunkt angesetzt werden, zu dem der Gehalt an Öl in den Rhizomen am höchsten ist. Die Rhizome werden dann einzeln von Hand vorsichtig aus der Erde gegraben und anschließend gewaschen. Rhizome, die nicht für den Verkauf als frischer „grüner“ Ingwer bestimmt sind, werden mehrere Minuten lang in kochendem Wasser am weiteren Reifen gehindert. Ein Teil dieser so vorbereiteten Rhizome ist zur Destillation bestimmt; der Rest wird als getrocknete Ingwerwurzeln oder pulverisiertes Ingwergewürz im Handel angeboten.
Wurzel – Rhizom? Im Text verwende ich hin und wieder das im gängigen Sprachgebrauch übliche Wort „Wurzel“ beim Ingwer, auch wenn es sich botanisch um ein Rhizom handelt.

GESCHICHTE

Die Verwendung von Ingwer als Gewürz reicht zurück bis in vorgeschichtliche Zeiten. Schriftlich erwähnt wurde Ingwer bereits in der alten Sanskrit-Literatur Indiens. In China existieren erste Aufzeichnungen aus der Zeit von Konfuzius (ca. 500 v. Chr.). Ingwer wurde dort auch medizinisch zur Behandlung von Rheuma, Zahnschmerzen und Malaria genutzt. Im antiken Griechenland und in Rom galt Ingwer als Mittel gegen Magenbeschwerden. Schließlich wurde die aromatisch-exotische Wurzel in ganz Europa ziemlich populär, die ältesten Aufzeichnungen darüber erscheinen in Kräuterbüchern des 9. Jahrhundert. Im Mittelalter zählten Gewürze wie Ingwer, Pfeffer, Zimt, Nelken und andere Exoten als Statussymbol einer gehobenen Küche.

HEILWIRKUNG

„Das destillierte Ingweröl wirkt besänftigend und mild auf die Haut und unsere Psyche (60-65% Sesquiterpene, Sesquiterpenole). Auf den Solarplexus gegeben spendet es innere Geborgenheit und „seelische Bauchwärme“. Regulierende Inhaltsstoffe des Ingweröls vermögen unser „Nervenkostüm“ wundervoll zu schützen. (9)

UNTERSCHIEDLICHE WIRKUNG: PFLANZE UND DUFT

Bei der Verwendung von Düften gilt es auf die Herstellungsart zu achten (siehe zuvor „Co2-Extraktion"). Jedoch beginnt das Unterscheiden schon am Anfang: a) Wirkstoffe direkt im Pflanzen-Rhizom und b) den aus dem Rhizom destillierten Inhaltsstoffen im ätherischen Öl. *Das Rhizom enthält – neben ätherischen Ölen – Scharfstoffe, Gingeröle,* die bei destillierten ätherischen Öl fehlen, jedoch im Co2-Extrakt enthalten sind. Ingwer gilt in der chinesischen Medizin als „warme und trockene Pflanze mit viel Yang-Energie" und wird bei Beschwerden empfohlen, die bei nassem, kaltem Wetter auftreten. Das Gewürz dient auch der Behandlung von Blähungen, Reisebeschwerden und Verdauungsbeschwerden. Allgemein fördert das Ingwer-Rhizom die Durchblutung, ist hilfreich bei der Produktion von Gallensäften, wirkt antibakteriell, gilt zudem als Stärkungsmittel und sogar als Aphrodisiakum.

KULINARIK

Indienreisende kennen ihn, den berühmten „Chai", der traditionell gesüßt mit Sahne oder Milch getrunken wird. Es handelt sich um einen Tee ohne schwarze Teeblätter, nur aus getrockneten Gewürzen bestehend. Im Zusammenspiel wirken sie unvergleichlich wohlschmeckend: sanft-süßer Zimt, fein-scharfer Ingwer, aromatischer grüner Kardamom, Nelken und schwarzer Pfeffer. In Naturkostgeschäften finden Sie diese Fertigmischungen.

Übrigens, die Briten sind geradezu vernarrt in Ingwer. Es werden damit Quarkspeisen gewürzt und typisch British ist das „Gingerbread" - eine Art Lebkuchen. Ingwer eignet sich hervorragend als Geschmacksträger in Limonaden wie Ginger Ale oder dem Softdrink Ginger Beer (kein Bier, es schmeckt intensiver als Ginger Ale und kann auch Alkohol enthalten).

REZEPTE

„Mondgöttin" *sinnliches Körper- und Badeöl*
Schritt eins: „Mondgöttin" Körperöl
4 Tropfen Ingwer (Destillation) *Zingiber officinalis*
6 Tropfen Frangipani *Plumeria acutifolia*
4 Tropfen Ylang-Ylang *Canaga odorata*
12 Tropfen Grapefruit *Citrus paradisii*
100 ml Mandelöl
Tropfen Sie diese ätherischen Öle nacheinander direkt in die Flasche mit dem Mandelöl. Gut schütteln, fertig. *Direkt nach dem Baden das duftend-pflegende Körperöl in die noch leicht feuchte Haut einbalsamieren.* Sie werden sich wie eine Göttin fühlen.
Schritt zwei: Badeöl mit „Mondgöttin"
Mischen Sie 1 bis 2 Eßlöffel des Körperöls „Mondgöttin" mit etwa 2 Eßlöffeln Sahne (z.B. in einem leeren Sahnebecher). Diese duftende Mischung nun dem heißen Badewasser zufügen und genießen. Das Öl fettet die Haut angenehm.
Bitte darauf achten: Die Badewanne kann durch das Öl etwas „glitschig" werden. Falls Sie das vermeiden möchten, geben Sie etwa 6 Tropfen der puren ätherischen Duftmischung „Mondgöttin" in 2 bis 3 Eßl. Sahne (Emulgator) und lassen das Mandelöl weg.

Hinweis
Bedenken Sie, dass in früheren Jahrhunderten wirklich nur der Adel sich einen solchen reinen Duft-Luxus leisten konnte.

„Indisches Dal" *mein Lieblingsrezept mit roten Linsen*
60 g Ghee (Butterschmalz)
2 TL schwarze Senfkörner
1 Zwiebel, fein gehackt
2 Knoblauchzehen, fein gehackt
1 EL Ingwerwurzel, frisch gerieben

1 TL Gelbwurzpulver (Kurkuma)
1 grüne Chilischote, entkernt und fein gehackt
250 g rote Linsen
1 Liter Wasser und 1 TL Salz
300 ml Kokosmilch

- Ghee bei schwacher bis mittlerer Hitze in einem großen Topf zerlassen. Senfkörner hineingeben und den Topf mit einem Deckel verschließen. Wenn Sie die Senfkörner platzen hören, Zwiebeln, Knoblauch und Ingwer dazugeben. Offen kochen lassen, bis alle Zutaten weich sind (etwa 7 bis 8 Minuten).
- Gelbkurzpulver und Chilischote unterrühren und 1 bis 2 Minuten weiter garen bis die Chilischote etwas weich geworden sind. *Wer es nicht so scharf mag, gibt nur zum Schluss etwas Chilipulver an das Dalgericht.*
- Linsen hinzufügen und 2 Minuten kochen bis die Linsen leicht glasig werden. Dabei häufig umrühren.
- Wasser, Kokosmilch und Salz dazugeben. Sorgfältig umrühren. Aufkochen, dann Temperatur reduzieren und 40 Minuten köcheln lassen oder bis die gewünschte Konsistenz erreicht ist. *Falls Sie den Dal später servieren wollen, kochen Sie das Ganze 30 Minuten und dann weiter 10 Minuten, wenn Sie alles servieren möchten.*
- Servieren, solange der Dal noch richtig heiß ist.

Hinweis
Dieses indische Dal-Rezept bereite ich schon seit Jahren gerne zu. Es ist unkompliziert, aber sehr schmackhaft. Dazu reiche ich einen schönen Basmatireis und erfrischenden Gurkensalat mit Yoghurtsoße.

Ingwertee
In der kalten Jahreszeit sorgt ein heißer Ingwertee mit seinen Scharfstoffen in der Wurzel für Wohltat. Die Wurzel hierfür mit einer Wurzelbürste gründlich reinigen, in kleine Stücke schneiden und mit heißem Wasser überbrühen. 10 Minuten mit Deckel auf der Tasse ziehen lassen.

N° 31

Jasmin

Jasminum grandiflorum

Familie: Ölbaumgewächse, Oleaceae
Duft-Charakteristik: betörend sinnlich, aphrodisierend, süß-blumig, unbeschreiblich weiblich
Parfumzuordnung: Herzduftnote (Coeur), florale, orientalische, asiatische Parfums
Wirkung:
Körperlich: entkrampfend
Psychisch: vermittelt Selbstsicherheit, lässt uns eine sinnliche Weiblichkeit erleben
Herkunft: Ägypten, Indien, Thailand u.a.
Gewinnung / Pflanzenteile: Solvent-Extraktion mit Hexan, bzw. weiter mit Ethylalkohol der Blüten
Besonderheit: Sehr kostbar, intensiv

PARFÜMERIE / DUFT / PERSÖNLICHES

„Mondlicht im Hain" wird Jasmin in Indien genannt, duften doch diese weißen Blüten mitten in der Nacht so verschwenderisch schön. In einem Parfum oder in Kosmetik vermag uns diese intensive Jasminnote Vertrauen in unsere Weiblichkeit zu vermitteln. Wir werden damit leicht, spielen mit unserer Sinnlichkeit und vermögen verführerisch zu wirken. Es ist, als würde uns Freya selbst, die schöne nordische Göttin der Liebe, anrühren. Ein solch reicher Schatz der Natur wird uns hiermit geschenkt!

Wenn ich Parfums entwickle, geht meine Fantasie manchmal mit mir durch. Ganze Romane sehe ich dann vor mir. So verliebt sich die aphrodisische *Jasminum grandiflorum* unsterblich in *Santalum album,* das indische Sandelholz. Santalum sieht dann in etwa so aus wie Siddharta, dargestellt von Keanu Reeves im Film „The Little Buddha"(10). Ja, bekanntlich leben Götter und Göttinnen ewig und so entspinnt sich mit der Zeit auch eine Liebe zwischen *Jasminum* und *Boswellia sacra,* unserem wohl bekannten Weihrauch, dem viele nicht zutrauen, dass er eine ganz herrliche maskuline, etwas rauchige Basisduftnote in Parfums zu geben vermag. Ja, und dann haben wir auch noch die feine indische Göttin *Jasmin sambac.* Oder ist sie eine entführte japanische Prinzessin? Hier kommt jedenfalls ihr Retter, der arabische Prinz *Cedrus atlantica,* der Zedernduft, auf einem feurigen Araber Hengst angeritten. Und? Erhalten Sie nun eine Idee der unendlichen Möglichkeiten des Zusammenspiels komplexer Parfum Ingredienzien?

Meine blumige Beschreibung zum Jasmin ist alles andere als eine Übertreibung. Als Frauen haben wir uns in einem von Männern für Männer erfundenen Wirtschaftssystem zurecht zu finden, wichtig ist, darin mit unseren Qualitäten und Lebensentwürfen „nicht unter zu gehen" . Keine leichte Aufgabe neben Familie und Kindern. Wenn wir nach dem Erledigen unserer Pflichten zu unserer wahren „Weiblichkeit" umschalten wollen, so können uns echte Jasminparfums und Anwendungen dabei auf das Schönste, Sinnlichste unterstützen.

Jasmin blüht nachts. Dann strömen seine Düfte aus, die dieses Mal nicht tagaktive Bienen, sondern Motten anlocken. Daher enthält dieser betäubende „Duft der Nacht" einen Indol-Anteil. Es handelt sich hierbei um einen Fäkal-Riechstoff, der speziell weißen Blüten, welche Nachtinsekten anziehen, einen manchmal eher unangenehmen Unterton gibt. Das mag mit der Grund dafür sein, dass eine zu hoch dosierte Jasminnote in einem Parfum zu Kopfweh führen kann. Es sind jedoch gerade diese animalischen Untertöne, die uns Parfümeure entzücken. Denn wohl dosiert spielen sie die Karte des gewünschten erotischen Flairs aus, das ihre Trägerin so begehrenswert erscheinen lässt.

Mitten in der Nacht, in der Regel ab 2 Uhr bis zum Morgengrauen – denn die Sonne darf den Blüten noch nicht den kostbaren Duft entlocken - pflücken feinmotorig geschulte Frauenhände diese winzig kleinen weißen Blüten. Jede wird einzeln, Blüte für Blüte, in den Korb gelegt. Es braucht unfassbare 1000 kg Blüten, das sind etwa 8 Millionen Einzelblüten, zum Entstehen von 2,3 kg Conrète (Jasminbutter), die durch weitere Extraktion mit Ethylalkohol dann 1 kg Jasmin Absolue ergeben.

So zahlt man im Jahre 2018 um die 25 Euro für 1 ml Jasmin Absolue, das sind etwa 22 Tropfen. Welche Kostbarkeit in unseren Händen!

Wichtiger Hinweis zur Qualität: Jasmin gehört zu den teuersten Düften der Welt; kein Wunder, wenn er häufig gefälscht oder gestreckt wird. Meist wird ein preiswerter synthetischer Riechstoff in industriellen Standard-Parfums verwendet, der keinen Vergleich darstellt zu einem exquisiten echten Jasminduft und seiner Wirkpalette.

JASMIN SAMBAC

Gerne noch ein Wort zu *Jasmin sambac*, der indisch oder japanischen Prinzessin in meiner Fantasiereise oben. Es handelt sich um eine Jasminart, die auch als Teejasmin bezeichnet wird. Für meine Formulierungen greife ich auch gerne zum *Jasmin sambac Absolue*, allerdings sind es dann eher die feinen, zurückhaltenden asiatischen Parfums, die ich damit kreiere. Diesem Jasminduft fehlen die tieferen animalischen Spuren; das Aroma ist leichter, stimmungserhebend und auf eine zurückhaltende Art edel und sinnlich.

BOTANIK

Der Echte Jasmin ist ein Vertreter der Gattung *Jasminum* aus der Familie von Ölbaumgewächsen (*Oleaceae*). Im Orient und in China werden schon seit Jahrtausenden duftende Öle aus den Blüten des Jasmin gewonnen, was sich auch in seinem arabischen Namen ausdrückt: *Jasmin* steht für „wohlriechendes Öl" und geht auf das persische *yasmin* zurück. Das natürliche Verbreitungsgebiet des Echten Jasmins liegt im Himalaya, in Kaschmir und in Südwest-China in Höhen von 1800 bis 4000 Metern. *Jasminum officinale* wird aufgrund seiner dekorativen und duftenden Blüten auch als Zierstrauch kultiviert. So gelangte er in der zweiten Hälfte des 16. Jahrhunderts aus türkischen Gärten über Italien nach Mitteleuropa.

GESCHICHTE

Selbstverständlich duftet es im Paradies nach Rosen, Veilchen, Neroli und Jasmin. Diese Eindrücke und Bilder werden uns im epischen Gedicht „Verlorenes Paradies" des Engländers John Milton (1667) vermittelt: *„Gott schuf es auf diesem* *fruchtbaren Boden damit alle duftenden Blumen dort blühen können: Iris, Myrthe, Jasmin, Krokus, Rose, Lorbeer, Veilchen, Hyazinthen und Orangenblüten, ein Mosaik von leuchtenden Farben, die ihre Schönheit mit der Schönheit des Duftes bereicherten."(11)*

Das Odeur des feinen Jasmins enthält jahrtausendalte Duftbotschaften für uns. Ist das nicht fantastisch? Und dass wir das heute - im digitalen Zeitalter - genauso erleben und spüren dürfen wie die vielen Generationen vor uns? Vorausgesetzt wir haben das Echte und nicht die „Fake-Version" (synthetisch, künstlich, uniformierend gleichmachend). Wussten Sie, dass in den Gärten von Semiramis, diesen berühmten hängenden Gärten Babylons, gezüchtete Duftpflanzen angebaut wurden – wie *Rosen, Veilchen, Jasmin, Lilie, Iris, Safran, Narde, Mimose, Hyazinthe und Narzissen?*

DAS PARFUM DER NOFRETETE

Ja, man weiß zum Teil, welche kostbaren Ingredienzien Pharaoninnen wie Nofretete in ihren Parfums bevorzugt haben. Historische Quellen wie der Papyrus Ebers zeigen diejenigen aromatischen Pflanzen auf, die bei der Herstellung dieser antiken Parfumsalben Verwendung fanden. Es sind mehrere Dutzend, darunter Safran, Weihrauch, Myrrhe, Narde, Lilie, Jasmin, Rose, Opoponax, Zedernholz, Balsamholz, Zimt usw. Das Ägyptische Museum in Turin bewahrt ein Basrelief auf, in dem die Herstellung einer Liliensalbe zur persönlichen Parfümierung beschrieben wird. Erstaunlich! Laut einer Berechnung befand sich die kaum vorstellbare Menge von etwa 400 Litern ausschließlich für die Herstellung kosmetischer Mittel bestimmter Ingredienzien im Grab des Pharaos Tutenchamun, bevor diese von einer Gruppe antiker Grabräuber entwendet worden waren.

HEILWIRKUNGEN

Im oberen Teil haben wir über die außergewöhnliche Wirkung auf unsere Psyche des Jasmins gelesen. Neueste Forschungsergebnisse am Lehrstuhl für Zellphysiologie (Ruhr Universität Bochum) zeigen, dass sich ein Duftstoff der Jasminart *Gardenia jasminoides* wie Valium auswirkt: er beruhigt, ist angstlösend und mag so auch einschläfernd wirken.

WIE VERLÄUFT DER MOLEKULARE WIRKUNGSMECHANISMUS ÄTHERISCHER ÖLE?

Dieser Frage waren die Geruchsforscher der Ruhr-Universität Bochum schon länger auf der Spur. In ihrem Labor führten sie Experimente mit Inhaltsstoffen von Jasmin durch. Neugierig flitzten im Versuch Mäuse im Käfig herum, als dort Duftschälchen mit der Substanz aufgestellt wurden. Doch es dauerte nur ein paar Minuten, bis sie träge wurden, sich in eine Ecke setzten und schließlich einschliefen. Wie sich herausstellte, war ein Inhaltsstoff des Jasmin- und Hopfenöls (Carveol) in der Lage, im Schlafzentrum des Mäusegehirns exakt die gleichen Andockstellen am Schlafrezeptor (GABA-Kanal) zu besetzen wie die schlafauslösende Substanz GABA (Gamma-Amino-Buttersäure). Deren Wirkung konnte Carveol 100fach verstärken - *nach dem gleichen Prinzip wirkt übrigens Valium.* Für diesen interessanten neuen Befund erhielten die Forscher den Erfinderpreis 2006 der Ruhr-Universität Bochum. (12)

KULINARIK

Der Duft von Jasmintee steht besonders in Asien für Sinnlichkeit, Erotik und Weiblichkeit; er soll sowohl auf Geist und Körper stimulierend wirken. Bei Jasmintee handelt es sich um einen aromatisierten Tee. Es ist eine Kombination zwischen feinem grünen oder weißen Tee mit Jasminblüten (Jasmin sambac). Dabei ist die Qualität der Jasminblüten genauso wichtig wie die des Tees. Die Jasminblüten werden in der Erntezeit, zwischen Juni und Juli, vor Sonnenaufgang geerntet, so dass die Blüten noch geschlossen sind. Die noch geschlossenen Jasminblüten werden mit den Teeblättern in mehreren Schichten zusammengeführt. Wenn sich nun die Jasminblüten öffnen, geben sie ihr feines Aroma in den Tee ab. Nach diesem Reifeprozess werden die Blüten vollständig, in der Regel per Hand, entfernt.

REZEPTE

„Für dich" *aphrodisisches Massageöl*
100 ml Mandelöl
5 Tropfen Sandelholzöl *Santalum album*
3 Tropfen Jasmin 4% *Jasminum grandiflorum*
8 Tropfen Mandarine Rot *Citrus reticulata*
Diese sinnliche Duftkomposition ist „unisex", also für sie wie für ihn stimmig; Sandelholz, der erotisch maskuline Duft, vereint mit Jasmin, der puren Weiblichkeit. Das Liebespaar meiner Fantasiereise – siehe Beschreibung oben – findet sich hier aufs Schönste zusammen. Und auch ein Drittes kommt hinzu, wie in jeder stimmigen Liebe, das kreativ Spielerische, ausgedrückt durch die fröhlich leichte Mandarine.

Hinweis
Vielleicht servieren Sie folgenden Jasmintee zu einer sinnlichen Partnermassage.

„Jasmintee" *edel*

- 4 Teelöffel Jasmintee
- 1 Liter gefiltertes bzw. weiches, etwa 90°C heißes Wasser, circa 2 Minuten ziehen lassen.

Ein etwa 90°C heißes Wasser erhalten Sie einfach, in dem Sie das Wasser aufkochen und dann 1 bis 2 Minuten abwarten mit dem Aufgießen des Tees. Der Tee kann mehrfach aufgegossen werden.

Hinweis
Als Heimat der traditionellen Jasmintee-Kultur gilt die südwestlich von Zhejiang gelegene Provinz Fujian in China. Der Jasmintee mit einem guten grünen Tee als Grundlage war in früheren Zeiten nur dem kaiserlichen Hof vorbehalten.

三月
飛鳥山花見

Neroli - Bitterorangenblüten

Citrus aurantium var. amara

Familie: Rautengewächse, Rutaceae
Synonyme: Orangenblüten, Pomeranzenduft
Duft-Charakteristik: zartgelb, duftet lieblich, fruchtig-blumig, fein
Parfumzuordnung: Herzduftnote (Coeur), florale, sportive Parfums
Wirkung:
Körperlich: stark antibakteriell, antiviral, entkrampfend
Psychisch: stimmungsaufhellend, entspannend, ausgleichend
Herkunft: Frankreich, Spanien, Italien, Portugal, Marokko, Vietnam, Komoreninseln
Gewinnung / Pflanzenteile: Wasserdampfdestillation der Blüten der Bitterorange
Besonderheit: Grundsätzlich können alle Blüten von Zitrusbäumen zu einem Blütenduft destilliert werden, meist wird hierfür die Bitterorange verwendet

PARFÜMERIE / DUFT / PERSÖNLICHES

Im Frühsommer im offenen Wagen über die kleinen Landstraßen in Spanien fahrend, haben wir vielleicht das Glück, einen süßen wohligen Duft zu erhaschen. Eine ungewöhnliche Note nehmen wir wahr. Assoziationen eines faszinierend schönen Parfums kommen auf. Wie kann das sein? Unser suchender Blick fällt auf eine ganze Reihe von Zitrusbäumen, die bis zum Straßenrand reichen. Wenn Sie anhalten, erkennen Sie im grünen Laub die Früchte und die Quelle des so herrlichen Duftes: Rein weiße, stark duftende Blüten. Man kann sich dem Sinneseindruck kaum entziehen, so betörend duftet es von denen uns wenig bekannten Bitterorangenbäumen.
Als Neroli bezeichnet man diesen außergewöhnlichen Blütenduft, der fast schon wie ein Parfum das Blumig-süße wie auch leicht Fruchtige so gekonnt in sich vereint. Schon der italienische Adel des 17. Jahrhunderts schwelgte in Neroli-Träumen. „Das ätherische Öl der Bitterorangenblüten wird seit dem 17. Jahrhundert Neroli genannt und verweist damit auf den Namen von Marie-Anne de la Trémoille (1642-1722),

Prinzessin von Nerola. Ihre Vorliebe für die Verwendung des Orangenblütenwassers machte den Duft so populär, dass ihm der Name der Prinzessin „Neroli“ übertragen wurde. Die französische Prinzessin war in zweiter Ehe mit Flavio Orsini, dem Herzog von Bracciano und Prinzen von Nerola verheiratet und machte den Palazzo Orsini in Rom zu einem Zentrum gesellschaftlichen Lebens, bei dem sich die Gesandten aller europäischen Fürstenhöfe trafen.“ (13) Neroli begeistert uns heute wie in früheren Jahrhunderten die adligen Herrschaften. So dürfen auch wir uns – einer Prinzessin gleich – mit einem anmutigen Neroli-Parfum umgeben.

Dabei werden wir neben der Schönheit des Duftes noch etwas sehr Erstaunliches erfahren: Dank seiner nachgewiesenen antidepressiven Wirkstoffe ist Neroli für uns heute wie „geschaffen“. Genau das Richtige, wenn man Gefahr läuft, allzu gestresst zu agieren. In meine eher sportiv ausgerichteten Unisex-Parfums gebe ich daher gern diese blumige Duftnote im Coeur hinzu, denn sein Blütenduft besitzt bereits diese leichte Frische, die auch die Herren der Schöpfung gut vertragen. Neroli gehört mit zu den teuersten Düften der Welt. Wie sollte es auch anders sein, benötigt man doch die riesige Menge von 850 kg Blüten für 1 kg dieser duftenden Kostbarkeit. Die Blüten werden von den Bäumen geschüttelt, fallen auf eine Decke, die man unter die Bäume ausgebreitet hat. Man sollte sich einmal bewusst machen, dass durch die Blütenernte hier gezielt auf eine Fruchtbildung verzichtet wird.
Aufbewahrung: In verschlossener Flasche (d.h. somit ohne zusätzlichen Sauerstoff) kühl und dunkel lagern. So ist Neroli drei bis fünf Jahre haltbar.

AUSSERGEWÖHNLICHER BITTERORANGENBAUM

Man gewinnt gleich mehrere aromatische Qualitäten von dieser so nützlichen Baumart. Da wäre als erstes *Neroli*, der edle Duft der Blüten, zu nennen. Jedoch tragen auch die grünen dunklen Blätter Duftstoffe; zusammen mit kleinen Zweigen und unreifen Früchten destilliert, gewinnt man hieraus ein herb-fruchtiges ätherisches Öl, in der Fachsprache als *Petitgrain* bezeichnet. Der dritte Duft ist ein aus den Fruchtschalen gewonnenes feines *Bitterorangenöl*. Hierfür werden die Schalen angeritzt und ausgepresst. Im Prozess der Wasserdampfdestillation der Blüten entsteht auch ein *Orangenblütenwasser* von hervorragender Qualität. Das fein fruchtig duftende Hydrolat, wie man diese bei der Destillation entstehenden Wässer auch bezeichnet, kann in Kosmetika eingearbeitet werden, siehe mein Rezept / Deo „Jungfrauen-Power". (14)

BOTANIK

Die Bitterorange – auch Pomeranze genannt - ist ein Hybrid mit den Kreuzungseltern Pampelmuse (*Citrus maxima*) und Mandarine (*Citrus reticulata*), gezüchtet vermutlich im südlichen China. Der Bitterorangenbaum wächst bis zu 5 Meter hoch, hat Dornen und lederartige Blätter. Er blüht während des ganzen Jahres. Erst nach zwanzig Jahren trägt dieser Baum die besten Blüten zur Herstellung des Neroliöls. Grundsätzlich können alle Blüten von Zitrusbäumen zu einem Neroliöl destilliert werden, meist wird hierfür die Bitterorange verwendet. Als Ausnahmen gelten das Neroli-Öl Portugals aus den Blüten von Süßorangen und vietnamesisches Öl aus den Blüten der Pampelmuse.

GESCHICHTE

„Die Schönheit der Bitterorangenbäume brachte den Renaissancedichter Giovanni Pontano (1429-1503) dazu, in seinem Werk „De hortis Hesperidum" die Bitterorangen mit den goldenen Äpfeln der Hesperiden gleichzusetzen. Da in der Folgezeit alle Zitrusfrüchte „Hesperides" genannt wurden, verknüpfte ihre Gleichsetzung mit den Äpfeln der Hesperiden sie eng mit dem Herkulesmythos, und sie gewannen eine symbolische Bedeutung, die von keiner anderen Pflanze im 17. und 18. Jahrhundert erreicht wurde: Da sich die absolutistischen Herrscher des Barock gerne mit Herkules verglichen, wurden die Zitrusfrüchte, die jetzt ein Attribut des Herkules darstellten, zum Attribut des Herrschers bzw. Herrscherhauses." (15) Die Zitrusfrüchte symbolisierten zudem durch ihr immergrünes Laub und dem ungewöhnlichen gleichzeitigen Blühen und Fruchten das ewige Leben. Kaiser, Könige und der Hochadel ließen große klimageschützte Zitrusbaum-Pavillons anlegen - die berühmten Orangerien -, um mittels dieser Symbolik der Schönheit auf die Unsterblichkeit ihres Herrscherhauses aufmerksam zu machen.

Im alten China war man vom Duft der Orangenblüten so fasziniert, dass man bereits damals in einer aufwändigen Methode – *Enfleurage* genannt – dieses Aroma zu gewinnen vermochte. Hierfür wurden einzelnen Blüten dicht nebeneinander in ein Fett eingelegt. Sobald sich das Fett mit dem Duft vollgesaugt hatte, kam die nächste Blütenschicht dran. Eine sehr kostspielige, aufwendige Methode, den Blüten den Duft zu entziehen, die heute als nahezu unbezahlbar gilt. Von Napoleon wird berichtet, dass er auf seinen Feldzügen großzügig im Verbrauch eines zu seiner Zeit neuartigen Duftwassers mit einer deutlichen Neroliduftnote namens „Eau de Cologne“ war.

Damals aus reinen natürlichen Stoffen gefertigt – ursprünglich als ein Gesundheitswasser gedacht – heißt es, dass Napoleon auch einen kräftigen Schluck davon trank. Auch unser berühmter Dichterfürst Johann Wolfgang von Goethe (1749 - 1832) galt als ein großer Liebhaber dieses besonderen Wässerchens. Interessanterweise enthält Neroliöl - im Gegensatz zu dem aus den Blättern gewonnenen Petitgrain-Öl - typische Jasminriechstoffe wie *Indol* und *Jasmon (16)*, welche die besondere Duftqualität entscheidend bestimmen. Mit seinen über 400 Inhaltsstoffen ist der Blütenduft Neroli außerordentlich komplex.

HEILWIRKUNGEN

Wissenschaftlich ist inzwischen nachgewiesen, *dass Neroli eines der Öle mit der stärksten beruhigend-antidepressiven Wirkung ist.* So hat es sich beispielsweise als „Prüfungsduft“ bestens bewährt. Ein Parfum mit einem Neroliduft kann uns in Situationen, bei denen wir zu „Herzklopfen“ neigen, unterstützen. Also wenn das nächste Bewerbungsgespräch ansteht, Sie eine Rede halten wollen, vielleicht als Schauspieler oder Sängerin „die Bretter, die die Welt bedeuten“ betreten, dann greifen Sie doch einmal zu meinem natürlichen *„Gut drauf“ Eau de Toilette* (Rezept siehe unten).

KULINARIK

Der Bitterorangenbaum bietet uns auch kulinarisch so manche Überraschung. So wird das Orangenblütenwasser für köstliche Gerichte in der arabischen Küche verwendet. *Weitere Erzeugnisse dieses Wunderbaumes*: Aus der Schale der

Bitterorange stellt man das uns vom weihnachtlichen Lebkuchen bekannte fruchtig-süße *Orangeat* her. Lieben auch Sie die *typisch britische „Marmelade"*? Seit ich als junge Frau ein Jahr in Schottland gelebt habe, stehen bei mir im Vorratsschrank immer Gläschen mit den aus dem Fruchtfleisch der Bitterorange hergestellten „Marmelade". Denn nur diese darf sich Marmelade nennen; mit anderen Früchten hergestellt, werden sie als „Jam" bezeichnet. Zur Geschmacksverstärkung enthält die Marmelade ganz fein geschnittene Streifchen der äußeren bitteren Fruchtschale. Köstlich!

REZEPTE

„Gut drauf" ***Eau de Toilette***
Prüfungsduft - herrlich erfrischend und zugleich „Nerven beruhigend"
2 Tropfen Veilchenblätter Absolue 13% *Viola odorata*
5 Tropfen Neroli 10% *Citrus aurantium var. amara*
2 Tropfen Lavandin *Lavandula hybrida* (nicht mit Lavendel verwechseln)
3 Tropfen Kamille römisch *Chamaemelum nobile*
10 Tropfen Limette furocumarinarm *Citrus aurantiifolia*
20 Tropfen destilliertes Wasser
17 ml Alkohol 96% (Apotheke)
Den Alkohol, das destillierte Wasser in einen leeren Sprühflakon (20 ml) füllen. Hier hinein tropfen Sie nacheinander die ätherischen Öle. Gut schütteln und 2 bis 3 Wochen vor der ersten Anwendung reifen lassen.

Hinweis
Mit diesem Neroli Eau de Toilette sind Sie nicht überparfümiert. Dies ist wichtig beispielsweise in einem Bewerbungsgespräch. Ein zu starkes Parfum sollte man auf keinen Fall hierbei auflegen; Personalchefs werten das als negativ.
Duftender Schal: Stoffe bewahren ein Parfum recht gut; zumal als Schal sehr angenehm nah am Gesicht. Vorher bitte jedoch an einer kleinen Stelle testen, damit sich keine Farbänderungen mit dem Spray auf dem Stoff ergeben.

„Arabische Pfannkuchen“ *mit Orangenblütensirup* (17)
Hier handelt es sich nicht um gewöhnliche Pfannkuchen, sondern um ein traumhaft leichtes, aromatisches Dessert, das mit glänzendem Orangenblütensirup beträufelt und mit Pistazien bestreut wird.
Für 8-10 Personen; ergibt etwa 20 Pfannkuchen.

Orangenblütensirup
200 g Agavendicksaft
Saft von ½ Zitrone
1 EL Orangenblütenwasser* bio

Pfannkuchen
150 g Mehl
1 EL Zucker
1 gehäufter TL Backpulver
½ TL Speisenatron
Eine Prise Kardamom
3 EL griechischer Joghurt
Etwa 125 ml Milch
1 großes Ei
50 ml Mandelöl (oder 50 g Butter, geschmolzen und abgekühlt)
Zusätzlich: 1 – 2 Handvoll geschälte Pistazienkerne, gehackt

Zubereitung Sirup:
Geben Sie in den Agavendicksaft den Zitronensaft und das Orangenblütenwasser. Kräftig schütteln.

Zubereitung Pfannkuchen:
- Alle trockenen Zutaten in einer großen Schüssel mischen. Den Joghurt in einen Messbecher löffeln. Unter Rühren mit einer Gabel so viel Milch zugießen, bis die 250 ml Marke erreicht ist. Falls erforderlich, etwas mehr als die angegebenen 125 ml Milch verwenden.

- Joghurt-Milch, Ei und Mandelöl mit dem Schneebesen aufschlagen und diese Mischung mit den trockenen Zutaten verrühren. Fast augenblicklich entsteht dabei ein dicker, schaumiger Teig.

Für jeden Pfannkuchen:

- 2 EL Teig in eine heiße, mit etwas neutralem Öl (z.B. Sonnenblumenöl) ausgekleidete Pfanne geben. Da der Teig ziemlich dick ist, sollte er mit dem Löffelrücken zu Kreisen geformt werden, bevor er fest wird (die Pfannkuchen haben einen Durchmesser von etwa 7 cm).
- Die Pfannkuchen wenden, sobald sich auf der Oberfläche kleine Blasen bilden und auch die Unterseite goldbraun backen.
- Die fertigen Pfannkuchen unter Alufolie warmhalten, während man den Rest des Teigs verarbeitet. Die Pfannkuchen kurz vor dem Servieren mit dem Sirup beträufeln und mit einer Hand voll Pistaziensplitter bestreuen.

Tipp: Es ist nicht nötig, dass Sie gegen Ende der Mahlzeit in die Küche hetzen, um die Pfannkuchen zu backen. Sie können Sie vor dem Essen zubereiten, auf ein großes Backblech oder eine ofenfeste Platte legen, mit Alufolie abdecken und im auf 120°C vorgeheizten Ofen warmhalten.

Hinweis

Der Sirup lässt sich im Voraus zubereiten und in einer kleinen Flasche im Kühlschrank aufbewahren. Sie sollten nur daran denken, ihn rechtzeitig aus dem Kühlschrank zu nehmen, damit er Raumtemperatur annehmen kann. Falls Sie dies vergessen haben, so stellen Sie die Flache einfach kurz in heißes Wasser, bis der Sirup Zimmertemperatur hat. Dass der Pfannkuchenteig so unglaublich leicht ist, liegt am Joghurt.

„Zitronenlimonade“ *mit Orangenblütenwasser*

4 reife Zitronen
2-3 Eßl. Agavendicksaft (Ersatz: Bio-Zucker nach Belieben)
1 Liter kaltes Wasser, Eiswürfel nach Belieben
8 Eßl. Orangenblütenwasser
Einige frische Melissen- oder Minzblätter zur Dekoration

Die Zitronen auspressen. Den Zitronensaft mit dem Agavendicksaft in eine Karaffe geben und mit dem Wasser auffüllen. Das Orangenblütenwasser dazugeben und alles gut verrühren. Je nach Gusto mit weiterer Zugabe von Zitronensaft, Orangenblütenwasser oder Agavendicksaft abschmecken. In vier Gläser einige Eiswürfel geben, mit der Zitronenlimonade auffüllen und mit den Melissen- oder Minzblättchen dekorieren.

Farbige Buddha-Welten

Einführende Erläuterungen

In unserem Leben bewegen wir uns im Spannungsbogen von Selbsterkenntnis und Welterkenntnis. Wie weit geht meine Freiheit und ab wann verletzt sie die Freiheit eines anderen? In einem ständigen „Grenzen ausprobieren" gilt es auch in der Kommunikation darauf zu achten, ob wirklich das ankam, was ich meinte. Denn wie oft stellen wir fest, dass das Geschriebene, das Gesagte völlig anders aufgefasst wurde. Zudem fehlen im indirekten Dialog - und heute verschärft über digitale Medien - unser Gesichtsausdruck, der Klang unserer Worte, das Persönliche.

So kann es hilfreich sein, sich Zuordnungen philosophischer, psychologischer oder religiöser Art zu bedienen. Keines dieser Modelle ist hierbei als „absolute Wahrheit" zu betrachten. Eines der Konzepte, das ich als hilfreich im Miteinander empfinde, ist das der „Fünf Buddha-Familien". Ich habe das Konzept in meinen Studien des tibetisch geprägten Buddhismus kennengelernt und will diese Sichtweise, die bisher kaum in unserer westlichen Gesellschaft bekannt ist, etwas ausführen. Mir hilft es zum einen in dem „worin erkenne ich mich selbst" und zum anderen, in dem „wie tickt der andere". Er / sie kann mich vielleicht gar nicht verstehen, weil zu wenig Wesenszüge übereinstimmen.

Dazu der tibetisch-buddhistische Lehrer Chögyam Trungpa (1939 - 1987) (1): „Die fünf Prinzipien oder Buddha-Familien nennen sich *Vajra, Ratna, Padma, Karma* und *Buddha.* Sie sind Farben und bestimmten Wesenszügen zugeordnet," die ich bei der jeweiligen Beschreibung der Farben näher ausführe. Was ich interessant finde: *Mit jeder Familie ist sowohl ein neurotischer als auch ein erleuchteter Aspekt verbunden.* Dabei ist es immer möglich, dass das Neurotische in den erleuchteten Aspekt umgewandelt werden kann. Und so, wie die fünf Buddha-Familien das persönliche Verhalten kennzeichnen, sind sie auch mit Farben, Elementen,

Die fünf Buddha-Prinzipien werden traditionell als „Familien" bezeichnet, weil sie wie eine Ausweitung unserer eigenen Familie mit all ihren unterschiedlichen Typen darstellt. Tibetische Gebetsfahnen in den fünf Farben der Buddha-Familien: Weiß, Rot, Blau, Gelb und Grün.

Landschaften, Richtungen, Jahreszeiten – allen Aspekten der Erscheinungswelt – verknüpft.

In der tibetisch-buddhistischen Ikonografie werden die fünf Buddha-Familien im Zentrum und in den vier Hauptpunkten eines Mandalas angeordnet. Das Mandala der fünf Buddha-Familien stellt deren Weisheit bzw. deren erleuchtete Aspekte dar. Traditionellerweise befindet sich die als *Buddha* bezeichnete Familie im Mittelpunkt. Das soll heißen, dass sich im Mittelpunkt die grundlegende Koordination und Weisheit des Buddha befindet, die durch ein Rad und die Farbe Weiß symbolisiert wird.

Vajra ist im Osten, da Vajra mit der Morgendämmerung verbunden ist und der Farbe Blau. Vajra wird durch das Symbol eines Vajrazepters charakterisiert. Damit wird die Schärfe des Erlebens ausgedrückt, wie am frühen Morgen, wenn wir aufwachen. Wir beginnen den Tag in der Morgendämmerung, in der das Licht zum ersten Mal von der Erde reflektiert wird, Symbol der aufwachenden Wirklichkeit.

Ratna im Süden. Diese Familie ist mit Reichtum verbunden und wird durch einen Edelstein und die Farbe Gelb symbolisiert. Ratna ist dem Mittag zugeordnet, wenn wir Erfrischung und Nahrung zu uns nehmen.

Padma im Westen wird durch die Lotusblüte und die Farbe Rot symbolisiert. Der Tag geht zur Neige und wir möchten gern unseren Liebsten, unsere Liebste treffen. Es ist Zeit für Gesellschaft, Zeit für ein Rendez-vous.

Dann gelangen wir zur Familie *Karma im Norden.* Sie wird durch ein Schwert und die Farbe Grün symbolisiert. Wir haben zu guter Letzt die ganze Situation in den Griff bekommen. Wir haben alles, was wir brauchen und es gibt nichts mehr, was uns fehlt. Es ist alles unter „Dach und Fach“ und wir sagen: Schließen wir die Tür.

So stellt sich das Mandala der fünf Buddha-Familien als ein Fortschreiten eines ganzen Tages oder eines kompletten Handlungsablaufs dar.

Und... diese Farbzuordnungen in den Buddha-Familien haben eine tiefgehende Bedeutung; sie spielen mit im Duft-Farb-Empfinden.

Grüne Karma Familie

Buddha Amoghasiddhi

Richtung: Norden

Symbol: Schwert

Element: Luft

Farbe: Grün

Blockierende Muster: Neid, Ehrgeiz, Optimierungswahn

Weisheit: Alles vollendende Weisheit

Rote Padma Familie

Buddha Ambitabha (tibetisch *Öpame*)

Richtung: Westen

Symbol: roter Lotus

Element: Feuer

Farbe: Rot

Blockierende Muster: Zwanghafte Verführung, Sehnsucht, Begierde

Weisheit: Unterscheidende Weisheit

Weiße Buddha Familie

Buddha Vairocana

Richtung: Mitte

Symbol: Rad der Lehre

Element: Raum

Farbe: Weiß

Blockierende Muster: Unwissenheit, Täuschung, Depression, Umnebelung

Weisheit: Alles umfassende Weisheit

Blaue Vajra Familie

Buddha Akshobhya

Richtung: Osten

Symbol: Vajra

Element: Wasser

Farbe: Blau

Blockierende Muster: Wut, Zorn, intellektuelle Fixierung

Weisheit: Spiegelgleiche Weisheit

Gelbe Ratna Familie

Buddha Ratnasambhava

Richtung: Süden

Symbol: Wunsch erfüllendes Juwel

Element: Erde

Farbe: Gelb

Blockierende Muster: Stolz, Habgier, Konsumzwang

Weisheit: Weisheit des Gleichmutes

Farblicht-Meditation

Drei Jahrzehnte habe ich im tibetischen Buddhismus unterschiedliche Farbmeditationen praktiziert (2). Nun führe ich folgende einfache Farblicht-Meditation immer wieder einmal durch. Entweder wähle ich intuitiv eine Farbe oder ich ziehe eine der von mir selbst gemalten Farbkarten, siehe im Bild oben.

- Ein paarmal ruhig durch die Nase einatmen, durch Nase oder Mund ausatmen (Augen offen, etwas nach unten schauend oder geschlossen).
- Beim Einatmen strömt in unserer Vorstellung ein Farblicht von oben über das Scheitelchakra in uns ein, durchströmt den ganzen Körper, jede Körperzelle. Es ist, als ständen wir unter einer imaginären Dusche. Farblicht strömt über und durch uns.
- Beim Ausatmen verlässt uns das Farblicht (durch unsere Füße) als ein Geschenk an die Erde.

Dieses Farblicht einatmen und Weitergeben kann man im Sitzen machen oder auch im Gehen. Die Farben, die wir wählen, haben eine ganz bestimmte Kraft. Zur Verankerung der Farben und ihrer Qualitäten kann man - wenn man das möchte - noch zusätzlich Farbdüfte wählen.

ROT

Rot weckt die Lebensgeister, die Lebenskraft. Jede Körperzelle atmet neue Vitalität ein. Das Leben gewinnt an Spannkraft. Ich nehme es selbstbewusst in meine Hand. ***Mut!***

ORANGE

Die Farbe Orange ist voller Heiterkeit, voller Freude. Die Zellen lächeln, lachen. Wir haben das Gefühl: „Was kostet die Welt". Das Leben ist schön. ***Freude!***

GELB

Sonnengoldenes Licht durchströmt jede einzelne Körperzelle. Es ist gut so wie es ist. Ich bin zufrieden mit mir, mit meinen Entscheidungen und den Umständen in meinem Leben. ***Frieden!***

GRÜN

Grünes Licht ist heilendes Licht. Heilend für Körper und Geist. Die Zellen tanken dieses lebendige grüne Farblicht regelrecht auf. Verspannungen lösen sich. ***Heilung!***

BLAU

Im blauen Licht fühle ich mich geborgen, umhüllt in einen königsblauen Lichtmantel. Alles Enge verschwindet. Die Körperzellen atmen auf. ***Vertrauen!***

VIOLETT

Violettes Farblicht schillert durch uns durch. Jede Körperzelle badet in diesem lila, violetten Licht. Unsere Sinne werden wach. Wir öffnen unsere Augen und Ohren, unser Herz und unseren Verstand; wir begreifen den Sinn des Ganzen. ***Erkenntnis!***

REGENBOGEN

Es ist ein Fest, die ganze Fülle eines Regenbogenlichts einzuatmen und an die Erde abzugeben. Wir feiern. Unser Herz wird weit. So viel Schönes, Neues kommt in unser Leben. ***Fülle!***

ROT

DIE WELT STEHT AUF MIT EUCH

(Jetzt wär es Zeit, dass Götter treten aus)

Jetzt wär es Zeit, dass Götter treten aus
Bewohnten Dingen...
Und dass sie jede Wand in meinem Haus umschlügen.
Neue Seiten. Nur der Wind, den solches Blatt im Wenden würfe,
reichte hin, die Luft, wie eine Scholle,
umzuschaufeln: ein neues Atemfeld.
Oh Götter, Götter! Ihr Oftgekommenen,
Schläfer in den Dingen, die heiter aufstehn,
die sich an den Brunnen, die wir vermuten, Hals und Antlitz
waschen und die ihr Ausgeruhtsein leicht
hinzutun zu dem, was voll scheint,
unserem vollen Leben. Noch einmal sei es euer
Morgen, Götter. Wir wiederholen.
Ihr allein seid Ursprung. Die Welt steht auf mit euch,
und Anfang glänzt an allen Bruchstellen unseres
Mißlingens...
Rainer Maria Rilke (1)

Zum Nachhören (2): Otto Sander: „Die Welt steht auf mit euch“
RILKE PROJEKT CD 1 „Bis an alle Sterne“ Nr. 16

Die Welt steht auf mit Euch

Jetzt wäre es Zeit, dass Götter
treten aus
Bewohnten Dingen...
Und dass sie jede Wand in meinem Haus
Umschlügen.
Neue Seiten. Nur der Wind,
den solches Blatt im Wenden würfe,
reichte hin,
die Luft, wie eine Scholle,
umzuschaufeln:
ein neues Atemfeld.
Oh Götter, Götter!
Ihr Oftgekommenen,
Schläfer in den Dingen,
die heiter aufstehn,
die sich an den Brunnen,

die wir vermuten, Hals und Antlitz waschen
und die ihr Ausgeruhtsein leicht hinzutun
zu dem, was voll scheint, unserem vollen Leben.

Noch einmal sei es euer Morgen, Götter.

Wir wiederholen.
Ihr allein seid Ursprung.
Die Welt steht auf mit euch,
und Anfang glänzt
an allen Bruchstellen unseres Mißlingens...

Rainer Maria Rilke

Blutrot

Eisen mit seinem Bezug zum Planeten Mars ist rot. Auch Blut, der Stoff unseres Lebens, hat diesen Bezug zum Eisen, da in dessen Hämgruppe (*Hämoglobinmolekül* aus vier Untereinheiten) ein Eisen-Ion eingebunden ist. Rot ist die erste Farbe, denen Menschen einen Namen gaben. In manchen Sprachen ist das Wort für „farbig" identisch mit dem Wort für „Rot", wie beim spanischen „colorado". Es sind unsere Urerfahrungen „Rot wie Blut" und auch „Rot wie Feuer", die diese Farbe zur universellen Prägung für uns macht. Rot ist die Farbe des animalischen Lebens. Zweifellos weniger rot lastig sind vegetarische Gerichte, die eher von grüner Farbe sind, der Farbe des pflanzlichen Lebens.

Element Feuer

Frühere blutige Opferrituale sind in unseren Breiten zum Glück passé. Feuer wird jedoch auch heute noch als ein wesentliches Element in Ritualen und im religiösem Kultus - etwa als Rauchopfer – angewandt. Im Hinduismus ist es die Feuergottheit Agni (der Name ist verwandt mit lateinischem *ignis* = Feuer), die zwischen der Anderswelt und der diesseitigen Welt vermittelt. Sie nimmt mit dem Rauch die Gebete auf und bringt sie in die geistige Welt. Man spricht dabei ins Feuer und kommuniziert so mit den Göttern. Ähnlich verfahren indianische Stämme, die einen starken Bezug zu Feuerritualen, dem Rauch mit verschiedensten Kräutern haben - wenn wir etwa an das Ritual der Friedenspfeife denken.

Und bekanntlich wird auch in christlichen Kirchen das Weihrauchfass besonders zu hohen Festtagen kräftig geschwungen mit den archaischen Düften Weihrauch, Myrrhe, Rose, Styrax und Labdanum. (3) Übrigens unser Wort „Feierabend" hat seinen Ursprung im „Feuerabend", als man nach getaner Arbeit um das wärmende Feuer saß. Dieses zentrale Feuer wird heute ersetzt durch die kalten Lichtbilder aus TV und Mediathek.

Feuer fire མེ

Feuerrituale

Um die Jahreswende findet in einem von mir aus nah gelegenen buddhistischen Haus ein Kurs mit einem jungen tibetischen Professor statt, bei dem er mit uns das in seiner Heimat bekannte Ritual einer „Feuerpuja“ durchführt. Dabei werden Gebete gesprochen, gute Wünsche mit köstlichen und duftenen Gaben der Reihe nach von uns in das lodernde Feuer in der großen Feuerschale gegeben.

Nur wenige Wochen später, am ersten Fastensonntag, stehen wir in unserem kleinen Allgäuer Weiler vor einem riesigen Funkenfeuer (Bild links) und haben dabei den herrlichen Blick auf die gegenüberliegenden Dörfer mit ihren Feuern. Mit dem „Funken“ wird der Winter im Allgäu ausgetrieben. Auch hier wird das Alte des vergangenen Jahres verbrannt, das Neue willkommen geheißen. Die Jugendlichen unseres Dorfes erwiesen sich heuer (im Jahr 2020) wieder als wahre Meister im Aufschichten der starken Baumstämme, des gesammelten Restholzes. Beim Aufbau muss bedacht werden, dass der große abbrennende Holzstapel in Richtung Berg fällt und nicht etwa auf die Straße, wo die Zuschauer beim Glühwein stehen.

Rot wie die Liebe

Das Spektrum geht vom Rot der Liebe, die unser Blut in Wallung zu bringen vermag, bis hin zu einem Rot, das uns „Rot sehen“ lässt, wenn Gefühle wie Wut, Zorn und Hass aufflammen. So kennen wir den Bogen von einem leichten Erröten aus Verlegenheit oder aus Verliebtheit bis hin zu einem vor Zorn wutentbranntem Gesichtsausdruck, der eine deutliche Rötung aufzeigt.

Die Autorin Dr. Eva Held beschreibt in ihrem Buch „Wie Farben wirken“ (4) eine Untersuchung zum Farbempfinden, bei der 2000 Personen befragt wurden. Die Bewertung der Farbe Rot zeigte sich hierbei unterschiedlich, je nach den Farben,

die zusätzlich kombiniert wurden. Ein Rot mit Rosa wird eindeutig mit der Liebe verknüpft. Wird Liebe eher mit Sexualität assoziiert, kommt Violett hinzu. Je mehr die Liebe in Richtung Leidenschaft tendiert, desto mehr gesellt sich das Schwarz zum Rot und bekanntlich trägt der „Teufel Rot und Schwarz“.
Früher war es Normalsterblichen nicht erlaubt purpurfarbene Kleidung zu tragen. Rot war eine Farbe des Prestiges. Anders entwickelte sich die Haltung zu „roten Haaren“. Noch im frühen Mittelalter wurde die Jungfrau Maria häufig rothaarig gemalt - blonde Haare hätten sich zu wenig vom Goldgrund unterschieden und mit schwarzen Haaren - was ja wohl die wirkliche Haarfarbe im Vorderen Orient gewesen sein könnte - malte man keine heilige Maria. Die Marien erblondeten um 1500 n.Chr. – nun auf schwarzem Untergrund – und die Verteufelung von Rothaarigen begann. Rothaarige Frauen wurden als Hexen verbrannt und rothaarige Männer, hieß es, stünden mit dem Teufel im Bund. Noch in den frühen 1960er Jahren haben ältere Kinder beim Spielen rothaarige Kinder als „Rotfuchs“ beschimpft. Zum Glück gibt es das heute wohl kaum noch. Rothaarige genießen heute einen Status des „Besonderen“. So wird dieser Aspekt beispielsweise beim niederländischen „Rothaarigentag (niederländisch *Roodharigendag*) seit 2007 jährlich am ersten September-Wochenende zelebriert, zu dem Gäste aus der ganzen Welt in die Stadt Breda einreisen.

Die rote Gefahr

Ares (griechisch) oder Mars (römisch), Ziu (nordisch) – diese Kriegsgötter wurden mit der Farbe Rot, der Farbe des Blutes und des Eisens, in Verbindung gebracht. Rot bedeutet auch Lebensmut, Lebenskraft und wagemutig zu sein. Krieger bemalten sich mit roter Farbe, bevor sie in die Schlacht zogen. Als rotes Heer beschreibt der Prophet Nahum das Heer des israelischen Gottes Jahwe, das kommen wird, um die Stadt Ninive zu zerstören: „Die Schilde seiner Starken sind rot, sein Heervolk glänzt in Scharlachrot, seine Wagen stellt er auf wie leuchtende Facklen“ (Nahum 2,4). Aus diesen geschichtlichen Hintergründen heraus entwickelte sich wohl, dass Rot die häufigste Farbe bei Länder-Flaggen ist. Zudem wurde Rot zur politischen

Farbe generell der Arbeiterbewegung. Ob nun im russischen Kommunismus mit der „Roten Armee“ und dem „Roten Platz“ in Moskau. Die Medien der Westmächte sprechen von der „roten Gefahr“ oder von „Rotchina“. In China gehört Rot zu den männlichen Farben. Auch in vielen anderen Kulturen ist dies so. Ein weibliches Rot wurde traditionell eher mit einem Dunkelrot assoziiert. Das männliche Rot symbolisiert das leuchtend rote Blut, das im Kampf vergossen wird. Das dunkelrote Blut der Fruchtbarkeit, ein Menstruationsblut, wurde auf die Äcker gegeben, um das Land fruchtbar zu machen.

Scharlachrot... Achtung Rot!

Als edelstes Rot gilt Purpurrot (siehe Violett). Der Farbstoff „Kermesrot“ wurde auch als „Scharlachrot“ bezeichnet. Für ein Kilo der Läusefarbe müssen 140.000 Läuse mit einem Holzspatel von Blättern gekratzt werden. Getrocknet werden die Läuse zu einem roten Pulver zerrieben und mit 1 Kilo dieser Läusefarbe kann man etwa 10 Kilo Wolle färben. Die Herstellung war mühsam, die Farbe entsprechend teuer. Allerdings hatte die Farbe den großen Vorteil, dass sie lichtecht war. Schon die Phönizier färbten mit dieser Farbe Wolle, Seide und Saffianleder.

Der andere seit der Antike bekannte Farbstoff ist Krapp. Er wird aus den Wurzeln des Färberkrapps (*Rubia tinctorum)* gewonnen. Krapprot wurde zur Textilfarbe und zur Malerfarbe verarbeitet. Krapplackrot wird noch heute von Künstlern genutzt. Mit der Entdeckung Amerikas kam aus Mexiko ein neues Rot: das Rot der Cochenille-Laus. Cochenille verdrängte den Kermes, denn der Farbstoff aus den mexikanischen Läusen ist ergiebiger. Während man aus Kermesläusen ein Scharlachrot gewonnen hat, machte man aus Cochenille ein blaustichiges Karminrot.

Rot ist allgegenwärtig in der heutigen Werbung. Rot ist aktiv, wirkt dynamisch, zieht die Blicke auf sich. Weltweit wird Rot als Warnfarbe und Signalfarbe – etwa bei Schildern im Straßenverkehr, Ampeln - verwendet. Rot bedeutet „Gefährdung“, „Achtung“, „Stop“. Wir arbeiten heute ganz selbstverständlich mit Farbdruckern und somit dürfte den Meisten die rote Grundfarbe Magenta bekannt sein. Allerdings empfinden wir diesen roten Grundton als zu blaustichig.

Das kleine Rot - Rosa

Leidenschaftliche Gefühle sind rot, sanfter wird es in Richtung Rosa, das im Mittelalter als „das kleine Rot" bezeichnet wurde. Rosa ist die Farbe der Zärtlichkeit, der Liebe. Die Farben Weiß und Rosa drücken die Unschuld aus. Rosa - eine Mischung aus Rot und Weiß - ist keine Farbe mit elementarer Wirkung. Es ist das geschwächte Rot, das verschönerte Weiß. Rot ist groß und stark, Rosa wirkt fein, zart. Erstaunlich fand ich eine Entdeckung, die ich als junge Frau gemacht hatte: Ich sah viele rosafarbene Accessoires im Meditationsraum eines buddhistischen Mönchs. Auf meine Frage, ob das eine Bedeutung hätte, meinte er: *Ja, ich meditiere auf die Weiße Tara und ihre Welt sei rosafarben.* Die im tibetischen Buddhismus angewandte Meditation „Tara", genannt die „Befreierin", kann zu einer Hauptpraxis im Leben von Frauen wie auch Männern werden.

Rosa ist heute die Kennfarbe des Weiblichen von Geburt an, allerdings inzwischen so dominant in Kleidung, Spielsachen und Accessoires für Mädchen, dass viele junge Eltern das ständige Rosa für ihre Töchter nicht mehr sehen können und vermehrt auch andere Farben wählen. Diese Konvention des weiblichen Babyrosa ist so stark in unserem heutigen Bewusstsein, dass nur Wenigen bekannt sein dürfte, wie neu diese Zuordnung eigentlich ist, entstanden erst um die 1920er Jahre. Rosa, das kleine Rot, war in den Zeiten zuvor kleinen Jungen vorbehalten, während Mädchen in Blau gekleidert waren. Auf einem Gemälde von Franz Winterhalter, das Königin Victoria 1846 mit ihren fünf Kindern zeigt, sieht man die wenige Monate alte Prinzessin Helena als Baby mit einer hellblauen Schärpe.

Die heutige Männermode nimmt Rosa wieder auf in Hemden, Schlips oder ganz mutig in der Farbe eines Anzugs. Allerdings liest man im Magazin STERN „Nie wieder ... rosa Herrenhemden! Es gab in der jüngeren Geschichte nur wenige Vertreter des starken Geschlechts, die mit Würde die wohl schwierigste Farbe der Männermode tragen konnten. Für alle anderen: Lasst es endlich sein!" (5) Ich finde, es passt durchaus zu bestimmten Männern, nämlich denen mit einem etwas dunklerem Teint.

Rote Buddha-Familie

Das Symbol der roten Buddha-Familie ist „Padma", die eher rosafarbene Lotusblüte, die im Schlamm wächst und blüht und dennoch rein und sauber aus ihm hervorkommt. Die Neurose dieser Familie hat mit Leidenschaft zu tun und der Eigenschaft von Greifen und Besitzen wollen. Wir sind ganz und gar in Verlangen verstrickt. Wir wollen die Welt allerdings lediglich verführen und nicht ernsthaft mit ihr kommunizieren. Wir könnten ein Hochstapler sein oder in der Werbung, mit Marketing unser Geld verdienen. Im Grunde sind wir wie ein Pfau. Zum Buddha Amithabha, dem roten Buddha der Padma-Familie, gehören denn auch Pfauenfedern, die die Besiegung der Padma-Neurose symoblisieren. Ein Mensch mit einer Padma-Neurose spricht wunderbar sanft, und er oder sie scheinen sehr sinnlich, freundlich, großartig und entgegenkommend zu sein. Eine Verführung kann exzessiv oder auch mitfühlend sein, je nachdem, wie wir sie angehen. Padma ist mit dem Element Feuer verbunden. Im verwirrten Zustand macht das Feuer keinen Unterschied zwischen den Dingen, die es wärmt oder erfasst, verbrennt und zerstört.

Im erwachten Zustand wird die Hitze der Leidenschaft in die Wärme des Mitgefühls verwandelt, zudem sind wir genau, bewusst und entwickeln eine außerordentlichen Anteilnahme bis hin zu einem ausgeprägten Forscherdrang. Alles wird unter den spezifischen Eigenheiten und den damit verbundenen besonderen Merkmalen wahrgenommen. Daher wird die Weisheit von Padma als die *Unterscheidende Weisheit* genannt.

Mit Padma-Menschen erleben wir Anziehung und ungezwungene Gastfreundschaft. Diese Eigenschaften der roten Buddhafamilie wirken, als würden wir in Parfum oder Jasmintee baden. Jedesmal wenn wir ein Bad nehmen, fühlen wir uns erfrischt, einfach herrlich. Diese Anziehung tut gut. Als Gastgeber servieren wir erlesene Köstlichkeiten ohne allzu viel Schwere. Im Hintergrund klingt liebliche Musik oder wir lauschen einfach dem Wind. Wir möchten gerne dichten und fantastisch lieben. (6)

Kurzfassung rote Patma Familie

Buddha Ambitabha (tibetisch *Öpame*)
Richtung: Westen
Symbol: roter Lotus
Element: Feuer
Farbe: Rot
Blockierende Muster: Zwanghafte Verführung, Sehnsucht, Begierde
Weisheit: Unterscheidende Weisheit

Tageszeit: Sonnenuntergang
Jahreszeit: Frühjahr
Landschaft: weiche, sanfte Hügel, moosbedeckte Schluchten
Form: nach oben zeigendes Dreieck
Körperbau: wohl proportioniert, verführerisch, definierte Muskeln
Sinneswahrnehmung: Gehör

Kulinarisch Rotes

Rote Bete - diese vom afrikanischen Kontinent zu uns gewanderte Rübe – ist von tiefstem Rot und gilt als urgesund. Mit ihrem Saft im Frühjahr getrunken verschwindet jedwede Frühjahrsmüdigkeit. Als Rohkostsalat, mit geriebenem Apfel, wird der etwas erdige Geschmack erfrischt - auch ein Hauch der Schärfe von weißem Meerettich tut diesem Salat gut. Das Nachtschattengewächs Tomate, angelehnt an den aztekischen Namen *Xitomatl*, ist heute in aller Munde. Sie hießen zuvor Paradiesapfel und als Paradeiser werden sie in Österreich auch heute noch aufgetischt. Wir lieben feurig gewürzte Gerichte mit roten Paprikaschoten, knackige rote Radieschen und die frischen schönen Blätter eines Radiccio Salates. Im Garten sprießen gelegentlich grüne Mangoldblätter mit roten Stilen oder beim Rhabarber sind es die ins Rot tendierenden Stängel, die für Speisen oder Getränke genommen werden.

Bei den Früchten munden uns ganz besonders die süßen Herzkirschen. Es ist ein Geschmack jugendlicher Frische, den wir so zu uns nehmen. Vollreife rote Erdbeeren sehen so aus und schmecken auch so, nämlich nach „Liebe“. Es handelt sich um ein vollmundiges Rot. Nicht ohne Grund erhalten Erdbeeren in aphrodisischen Rezepten einen Ehrenplatz. Eine rötliche Färbung bei Früchten hat immer mit einem erhöhten zuckrigen Gehalt zu tun. Und wir Menschen lieben nun einmal Süßes. Das vermag uns auch zu verführen, denken wir an das Märchen von Schneewittchen, die bekanntlich die köstliche rote Seite des Apfels zum Reinbeißen wählt. Von der Zauberin klug vorhergesehen, tat sie doch einzig auf diese rote Seite des Apfels das Gift und biß selbst zur Täuschung in seine grüne Seite. Eine Geschichte, die dennoch zum Happy End führte, denn Schneewittchen wurde von ihrem Prinzen gefunden und wieder aufgeweckt. Ja und wenn sie nicht gestorben sind, dann…

Und wie duftet nun Rot?

Im Duft bewegen wir uns von einem Orange-Braunrot wie bei der Myrrhe und mit einem zusätzlichem violetten Anteil in meinem Empfinden bei der indischen Myrrhenart „Guggul". Der Duft vom schwarzen Pfeffer besitzt feurige Rotanteile wie auch Thymian, Rosmarin - deren Wirkungsspektrum entspricht diesem Farbgefühl. Selbst Lemongrass, ein frischer gelb-grüner Duft beispielsweise aus Bhutan im Himalaya, besitzt ein etwas aggressives Duft-Element, das ich als Rot empfinde und entsprechend auch vorsichtig dosiere.

Die Entwicklung meines roten Parfumakkords „ROT-wild" war am schwierigsten in der Umsetzung. Gerade bei diesem Akkord mit den roten Düften drückten sich die Bässe, die tiefen Basisduftnoten immer wieder zu stark in den Vordergrund. Es gibt hier eben nur „Häuptlinge" und kein „Volk" von Duftfarben. Die Kunst war es, sie dennoch in ein stimmiges Zusammenspiel zu bekommen.

Übrigens sehe ich den eher rosa-farbenen Duft von Rosen in der violetten Farbskala.

ART PARFUM **ROT-wild**

Die Welt steht auf mit euch. *Die Welt steht auf mit uns!* Der ROT-wild Parfumakkord ist kraftvoll, mit erdiger Tiefe und überaus sinnlich, erotisierend. Er stärkt unsere Lebenskraft, bringt uns in Schwung. Wir sind mutig und wagen unsere lang gehegten Träume anzupacken. Im freudvollen Schwung fassen wir uns gemeinsam an den Händen und bringen Sinngebendes mit Tatkraft in die Welt.

Pfeffer schwarz, Myrrhe*, Sandelholz*, Labdanum*, Rosmarin , Thymian (7)

Myristicaceae.
Myristica fragrans Houtt.

Muskatnuss

Myristica fragrans

Familie: Muskatnussgewächse, Myristicaceae
Duft-Charakteristik: würzig-scharf, moschusartig, gilt als Aphrodisiakum, anregend feurig
Parfumzuordnung: Basisduftnote (Fond) - Herzduftnote (Coeur), sportiv-maskuline, orientalische Parfums
Wirkung
Körperlich: blähungsverhindernd
Psychisch: richtig dosiert, wachmachende Komponente
Herkunft: Indonesien (Molukken oder „Gewürzinseln"), Grenada
Gewinnung / Pflanzenteile: Wasserdampfdestillation zerkleinerter Fruchtkerne
Besonderheit: Extrem sparsam zu nuancieren

PARFÜMERIE / DUFT / PERSÖNLICHES

Im Duft von Moschus (8) und Muskat liegt etwas Verwandtes. Das drückt sich bereits im Begriff *Nux muscata* aus, wie die Muskatnuss erstmals im 11. Jahrhundert bezeichnet wurde. Zum Vergleich: *moschuatus* bedeutet parfümiert bzw. „nach Moschus duftend" und gilt beispielsweise in der Unani-Heilkunde (9) als Aphrodisiakum.

Das ätherische Öl wird in Wasserdampfdestillation aus dem Fruchtkern gewonnen. Muskatnussöl duftet würzig-scharf, sehr aromatisch und wirkt stark anregend. Muskatnuss verwende ich in meinen Kompositionen nur in allerfeinsten Nuancen. Dieses stark würzende ätherische Öl darf extrem verdünnt nur als Nuanceur in Kompositionen eingesetzt werden. Ich verdünne solch starke Düfte mit Alkohol; damit sind sie leichter anwendbar. So gezielt eingesetzt, gibt Muskatnuss jedoch den entscheidenden Hauch Exotik beispielsweise in eine orientalische Parfumformulierung. Auch bei würzig-rauchigen Herrenkosmetika macht sich diese zarte Duftspur richtig gut. Kaum wahrgenommen bildet sie eine doch wesentliche Komponente in einer Komposition, spielt im Hintergrund der moschusartigen, aphrodisierenden Akkorde mit.

PARFUM ORIENTALISCHE NOTEN

Mit orientalischen Parfums befinden wir uns mitten in einem arabischen Bazar des Farbenreichtums, der vielfältigsten Genüsse und stimmungsanregenden Gewürze; und damit bei einem klassischen „Würz-Akkord" der Parfümerie. Olibanum, Myrrhe und Galbanum, gestützt auf Pfeffer und Ingwer können hier eine ausgesprochen gute Basis bilden. Abrundend wirken feinsten Nuancen von Piment, Nelkenknospe oder Zimtrinde, genauso vorsichtig zu dosieren wie Muskatnuss. Es sind die stark würzigen Akzente, die wie beim Kulinarischen für diese einzigartige orientalische Attraktion sorgen. In den heutigen modernen Versionen gleiten diese jedoch nicht in eine - früher durchaus beliebte Schwülstigkeit - ab. Weitere Akzente setzt man für diese Parfumfamilie durch Korianderöl, Pimentbeerenöl.

Wie tief verbunden ist doch die arabische Kultur mit sinnenfrohen Düften. Auf Reisen tauchen auch wir in diese uns fremdartig, faszinierende Welt nur zu gerne ein. Man denke an die sprichwörtlichen Märchen aus Tausendundeiner Nacht, einem Klassiker der Weltliteratur. Schahrasad, die Tochter des Wesirs, entführt uns in ihren nächtlichen Lesungen in die Welt der Basare und Karawansereien, der weisen Kalifen und verschlagenen Händler, der vornehmen Damen, klugen Ehefrauen, der mächtigen Zauberinnen, Dschinnen und bösen Dämonen. Wie kein anderes Werk ist „Tausendundeine Nacht" der Inbegriff unseres romantischen, exotischen Orientbildes und lebt von seiner sinnlichen Sprache, seinen duftenden Worten. Eingehüllt in eine warme Decke am knisternden Holzfeuer lasse ich mich – mitten im tiefsten Allgäuer Winter - in diese andere, ferne Welt entführen. Mein Lieblingsgetränk hierbei ein würziger Chai-Tee; dazu unterstützen pikant gefüllte Datteln (siehe Rezept) diese Art des inneren Verreisens. Empfehlenswert sind die neuen Übersetzungen aus dem Arabischen von Claudia Ott, Märchenbücher für Erwachsene. (10)

DUFTKONZEPTION BURJ DUBAI

Inzwischen verfüge ich über einige Erfahrung, was orientalische Kompositionen angeht. Anfang der 2000er Jahre habe ich das erste Mal für arabische Kunden Düfte entwickelt. Es handelte sich um einen Premiumauftrag für das damalige Unternehmen Aromata International (11), für das ich früher tätig war: Die Entwicklung einer komplexen Duftkonzeption für den Burj Dubai; heute als *Burj Khalifa* bekannt. Schon am Flughafen in Dubai wurden die Gäste in einer eigenen VIP-Lounge im exklusiven BURJ-Raumparfum empfangen. Diese edle Duftspur in natürlicher bzw. biologischer Qualität wurde dezent auch im Innenraum der Luxus Limousinen eingesetzt, die die Gäste zum Eingangsbereich des Burj brachten. Acht weitere Entwicklungen, ausgesprochene arabische Königsdüfte - in einer modernen Umsetzung - kamen hier punktuell in diesem Gesamt-Komplex zum Einsatz.

BOTANIK

Ursprünglich waren die Muskatnussbäume auf den Banda-Inseln beheimatet, die zu den südlichen Molukken gehören – den sogenannten Gewürzinseln. Bei *Myristica fragrans* handelt es sich um einen immergrünen Baum, der Wuchshöhen von 5 bis 18 Meter erreicht. Die Rinde des Baumes wirkt wie eine starke Schutzhülle; sie ist dunkel und ledrig. Auch die Blätter weisen diese Ledrigkeit auf. Dies hat damit zu tun, dass die Pflanze in der Hitze die Feuchtigkeit leichter bewahren kann. Muskatnussbäume sind zweihäusig, d.h. die weiblichen und männlichen Blüten kommen auf getrennten Bäumen vor. Das Besondere hier: Das Geschlecht des Baumes ergibt sich erst nach sechs bis acht Jahren und damit der ersten Blüte des Baumes. Die Frucht wird Balg genannt und erinnert etwas an eine Aprikose oder an einen Pfirsich. Sie ist hellgelb, sehr fleischig und benötigt etwa neun Monate bis zur Reife. Die Früchte öffnen sich fast ruckartig entlang einer Naht. Sie platzen dort auf, wissenschaftlich "Öffnungsfrucht" genannt. Die Muskatnuss ist botanisch eigentlich keine Nuss, sondern der Samenkern der Frucht. So muss sie nicht wie eine Nuss erst geknackt werden, wenn man sie für Speisen reiben möchte.

GESCHICHTE

In Europa war die Muskatnuss bis ins 16. Jahrhundert kaum bekannt. Die Araber handelten damit. Sie hatten diese Nüsse wohl über die Perser kennengelernt. Perser wie Araber nannten sie „aromatische Nuss“. Ibn Sina beschrieb sie als „Bandanuss“. *Sie war weniger als Gewürz bekannt, denn als Heilmittel.* Im 16. Jahrhundert begann die Boomphase der Muskatnuss. Die Engländer besetzten 1810 die Banda-Inseln im Rahmen der Napoleonischen Kriege und viele Schösslinge wurden nun nach Singapur, Ceylon und Pinang gebracht und eingepflanzt. Dadurch wurde das Monopol gebrochen, so dass der Verbreitung der Muskatnuss nun nichts mehr im Wege stand. Schon bald wurde die Muskatnuss als „Gold Ostindiens“ bezeichnet. In den folgenden Jahrhunderten entbrannten heftige Kämpfe zwischen Portugiesen, Spaniern, Holländern und Briten wegen dieses ostindischen Goldes.

HEILWIRKUNGEN

Spuren von Muskatnuss haben eine große heilsame Wirkung auf den Magen- und Darmbereich, wirken blähungsverhindernd. Bekannt ist die Tatsache, dass Muskatnuss in größeren Mengen als *Delirantium* wirkt. Delirantia sind eine Gruppe von Halluzinogenen, welche einen Zustand der Verwirrung, ein sogenanntes Delirium erzeugen. Es sind dies die giftigen Substanzen *Myristicin* und *Elemicin,* die schon bei geringer Dosis zu Schweißausbrüchen und Kopfschmerzen führen und auch Todesängste hervorrufen können. Verwendet man Muskatnuss dagegen nur in Spuren – so wie dies ja üblich ist – dann vermittelt dieser Duft, dieses Gewürz eine vorzügliche wachmachende Komponente.

Der Satz „Die Dosis macht das Gift“ – oder korrekter zitiert von Paracelsus (12): „Alle Dinge sind Gift, und nichts ist ohne Gift. Allein die Dosis macht, dass ein Ding kein Gift ist“ gilt insbesondere in der Verwendung von Muskatnuss.

Eine Antifalten-Creme mit Muskatnuss? In Südkorea testeten Forscher 150 Pflanzen, um Pflanzenstoffe zu finden, die Elastase hemmen können. Elastase ist ein Enzym, das Elastin aufspaltet - die Proteinfasern, die die Haut jugendlich fest und flexibel halten. „Die Muskatnuss war eine der sechs Pflanzen mit dieser Fähigkeit.

In einem kosmetischen Produkt könnte die Muskatnuss einer Hautalterung“ und damit Faltenbildung entgegen wirken, erklärten Forscher in der Fachzeitschrift *Cell Molecular Neurobiology*. (13)

KULINARIK

Die heute weltweit bekannte Muskatnuss wird in Ländern auf unterschiedlichste Weise kulinarisch verwandt. In den USA und England werden damit meist süße Gerichte und Getränke gewürzt, sowohl alkoholische Getränke (Eierlikör, heißer Rum, Glühwein, Kahlùa) als auch nicht-alkoholische Getränke (Kakao, Milchshakes). In der Karibik werden viele verschiedene Gerichte mit Muskat gewürzt, einschließlich Jerk-Fleischgerichte, Currys und Gewürzmischungen.
In Grenada (14) – neben den Molukken das zweite große Anbaugebiet der Muskatnussbäume – wo Muskatsirup aus Zucker und Rum eine beliebte Würzsauce ist – kommt kaum ein Gericht an der Muskatnuss vorbei (von Eiscreme bis Suppen, Süßkartoffelauflauf, Hühnchen und Rum-Cocktails). In Indien wird eine besondere Art der Muskatnuss angebaut, die mehr Öl enthält und daher stärker im Geschmack ist als Muskat aus Grenada oder Indonesien. In den Küchen von Moghul und Kaschmir werden mit Muskat Gemüsegerichte und einige Desserts verfeinert. Und in der Gewürzmischung Garam Masala gehört die Muskatnuss zu den wichtigsten Zutaten.
Die Liebe der Franzosen zur Muskatnuss reicht Jahrhunderte zurück. Muskat ist dort eine gute Ergänzung für die fettreiche französische Béchamelsauce und Kartoffelgratin. Es ist eines der vier Gewürze in der französischen Viergewürzmischung *Quatre-épices*. In Deutschland gehört die Muskatnuss in der Küche zum Standardinventar und dient als würziger Ausgleich bei hohen Fettgehalt in Kartoffelgerichten, Puddings, Knödel. In keinem Fleischpflanzerl (süddeutsch für Frikadelle) darf Muskat fehlen. Und zur Weihnachtszeit würzt dieses exotische feine Gewürz die traditionellen Lebkuchen und Gewürzkuchen der Advent- und Weihnachtszeit.

Mit Muskatnuss würzt man Speisen kurz vor dem Servieren, am besten frisch gerieben. Beim Reiben werden die flüchtigen ätherischen Öle freigesetzt, ein

längerer Kochprozess würde diese zerstören. Muskat besitzt noch eine zweite Hülle, das ungewöhnlich leuchtend rote Macis, das die Muskatnuss wie ein Netz umgibt. In Speisen findet Macis – auch Muskatblüte genannt - mit seiner etwas milderen Würzkraft Verwendung in Weihnachtsgebäck, Fisch- und Fleischgerichten. Anders als die frisch geriebene Muskatnuss fügt man Macis beispielsweise einem Blumenkohlgericht bereits von Anfang an dem Kochwasser hinzu; so überträgt sich diese feine süßlich-bittere Nuance dem Gemüse.

REZEPTE

„Schahrasad“ *orientalisch, märchenhaftes Parfum*
Schritt 1:
1 Tropfen Muskatnussöl *Myristica fragrans*
50 Tropfen Alkohol 96%
5 ml Fläschchen mit Tropferverschluss
Geben Sie den Alkohol in ein leeres 5 ml Fläschchen und tropfen hier hinein anschließend das Muskatnussöl. Schütteln. So erhalten Sie eine leichter dosierbare 2 % Verdünnung dieses sehr intensiven ätherischen Öls.

Schritt 2:
1 Tropfen Muskatnussöl 2% verdünnt (siehe oben) *Myristica fragrans*
2 Tropfen Weihrauch, arabisch *Boswellia sacra*
2 Tropfen Myrrhe *Commiphora myrrha*
2 Tropfen Pfeffer schwarz *Piper nigrum*
5 Tropfen Jasmin 4% *Jasminum grandiflorum*
12 Tropfen Orange *Citrus sinensis*

Bild gegenüber: Illustration aus den Märchen „Tausendundeiner Nacht“ - der Geschichte von Prinz Ahmed und der Fee Paribanou, von Willy Pogany (1915)

20 ml leere Glasflasche mit Deckel
20 Tropfen destilliertes Wasser
Ca. 18 ml Alkohol 96%ig
Tropfen Sie die ätherischen Öle in die Glasflasche und fügen dann den Alkohol hinzug. Schütteln. Anschließend das destillierten Wasser hinzu geben. Erneut schütteln und nun etwa 2 bis 3 Wochen reifen lassen. Prüfen Sie den Duft auf Ihrer Haut. Möchten Sie vielleicht noch etwas mehr Frucht hinzufügen durch Orange? Oder fehlt Ihnen noch ein Hauch Jasmin? Notieren Sie die Beifügungen, prüfen Sie die Mischung bis sie für Sie stimmig ist.

Hinweis:
Füllen Sie dieses Parfum in einen orientalisch anmutenden Flakon. Es gibt wunderschöne Einzelexemplare mit einem Glasstäbchen zur Entnahme intensiver Parfums, die Sie beim Stöbern in einem Orientgeschäft oder auch im Internet finden können.

„Datteln Tausendundeine Nacht“ ***pikant gefüllt***
1 Saft einer Orange
20 g Berberitzen, getrocknet
100 g Doppelrahm-Frischkäse
½ bis 1 TL Harissa (traditionelle scharfe Gewürzpaste aus Nordafrika)
Eine kleine Prise frisch gemahlene Muskatnuss
Evtl. noch ein Hauch Kreuzkümmelpulver
22 g Walnusskerne (ca. 6 ganze Walnüsse)
Eine Spur Akazienhonig
Eine gute Prise Salz
Eine gute Prise frisch gemahlener roter Pfeffer
12 Datteln, frisch oder getrocknete Medjool Datteln, sie sind größer

- Saft der Orange auspressen. Berberitzen darin ca. 10 Min. einweichen, abgießen und dabei den Saft auffangen.
- Walnusskerne fein hacken, Harissa und die weiteren Gewürze mit dem Frischkäse mischen. Berberitzen dazu geben.

- Eventuell mit etwas Orangensaft die Creme noch etwas geschmeidiger anrühren, 2 Stunden im Kühlschrank ziehen lassen.
- Datteln längs einschneiden, entkernen, mit der Frischkäsemasse füllen. Zum Servieren mit weiteren roten getrockneten Berberitzen bestreuen.

Die echte Dattelpalme (Phoenix dactylifera) ist eine alte orientalische Kulturpflanze, deren menschliche Nutzung sich bis in die Archive von Mesopotamien zurückverfolgen lässt.

Pfeffer

Piper nigrum

Familie: Pfeffergewächse, Piperaceae
Duft-Charakteristik: anregend, stimulierend, erotisierend, warm-würzig, intensiv
Parfumzuordnung: Herzduftnote (Coeur) - Kopfduftnote (Tête), maskuline-sportive Parfums
Wirkung:
Körperlich: durchblutungsfördernd und schmerzlindernd, hautpflegend, entkrampfend
Psychisch: belebend, stabilisierend, geistig anregend, stimmungsaufhellend
Herkunft: Indien, Indonesien, Malaysia, China, Madagaskar
Gewinnung / Pflanzenteile: Wasserdampfdestillation der getrockneten Früchte (schwarze Pfefferkörner)
Besonderheit: Pfefferöl vermag einwenig den Dopaminspiegel zu erhöhen. Im Volksmund gilt Dopamin auch als ein „Glückshormon"

PARFÜMERIE / DUFT / PERSÖNLICHES

Diese Rankpflanze mit ihren traubenartig hängenden roten kugeligen Früchtchen ist einer der wichtigsten Gewürzlieferanten weltweit. Seinen Namen hat der Pfeffer vom altindischen *pippali*, das zum lateinischen *piper* wurde. Der Inhaltsstoff *Piperin* gibt den Pfefferkörnern (-früchten) die Schärfe, die die Sekretion der Verdauungssäfte, der Enzyme fördert und unseren Gallenfluss anregt. Schnuppern Sie einmal am ätherischen Pfefferöl (schwarz). Sie werden spüren, wie überraschend mild es erscheint. Der Grund: Das Piperin, das für die Schärfe in den Pfefferkörnern verantwortlich ist, geht bei der Destillation nicht ins ätherische Öl über. Dabei mutet uns der Pfefferölduft reichhaltig an mit seiner warmen exotischen Gewürznote. Es ist, als würden wir darin die Schärfe des Pfeffers erahnen. Unser Gehirn ist wohl so trainiert, im pfeffrigen Geruch ganz selbstverständlich auch eine Schärfe zu vermuten.

Ätherisches Pfefferöl enthält einen hohen Anteil an Monoterpenen, davon 20% Limonen. Sie bringen Schwung ins Gehirn und Wärme in den Körper. *Erstaunlich*: Pfefferöl ist in der Lage, ein wenig den Dopaminspiegel, der stressbedingt häufig im Keller ist, wieder aufzumöbeln. *Dopamin*, dieses Kreativhormon, ist für unsere geistige und körperliche Beweglichkeit, Phantasie, Auffassungsgabe, aber auch Sexualität zuständig. So vermittelt der schwarze Pfeffer seine wünschenswert markante Duftbotschaft besonders gut in maskulinen Parfum- bzw. Aftershave Kompositionen. In der Aromatherapie schätzt man zudem seine entkrampfende, hautpflegende Wirkung, die ihren Einsatz gerade für Sportler so willkommen macht. *Vorsicht*: Mittels CO2-Extraktion lässt sich auch ein Pfefferöl gewinnen, das nun auch den Scharfstoff Piperin enthält. Es wirkt stark reizend.

BOTANIK

Pfefferkörner erntet man nicht von eigenständig wachsenden Pflanzen, sondern sie ranken sich bis zu zehn Meter hoch an Bäumen, bilden dabei bis zu 15 Meter lange Ausläufer. Wie die uns bekannten Stangenbohnen werden sie mit Rankhilfen hochgebunden. Eine Pfefferähre ist eine eng zusammensitzende Ansammlung kleiner praller Beeren. Dabei sind die Blüten des Pfeffers eher unscheinbar: Man hat den Eindruck, dass die Pflanze ihre geballte Kraft in ihre Samen einbindet. Diese weisen dann ja auch eine recht ungewöhnliche Fülle an ätherischen Ölen auf, bei frisch gemahlenen Körnern besonders gut wahrnehmbar.

Die ursprüngliche Heimat des Pfeffers sind die Monsunwälder Indiens, vorwiegend von der Malabarküste im Südwesten Indiens am Arabischen Meer. Ideal für diese schnellwachsende Pflanze ist ein feucht-warmes Seeklima an den Küsten. Mittlerweile wird der Anbau des Pfeffers fast weltweit betrieben, so vermag der Pfeffer auch über seine Blätter zusätzliche Feuchtigkeit aufzunehmen. Die Pfefferpflanze beginnt erst ab dem dritten Jahr an zu tragen; erreicht dann aber ab dem 7. / 8. Jahr ihre größte Leistung und bleibt dann bis zu 30 Jahren ertragreich. Man erntet den Pfeffer, wenn die Samen schon etwas gelblich-orange sind. Lässt ihn dann einige Tage liegen, fermentieren und dann auf Matten ausgebreitet in der Sonne trocknen. So entwickeln sich die uns bekannten schwarzen Kügelchen mit ihrer geballten Würzkraft.

GESCHICHTE

Würde man heute Menschen nach einem typischen Gewürz fragen, so bekämen wir als Antwort mit hoher Wahrscheinlichkeit zu hören: der Pfeffer. Man spricht daher auch vom “König der Gewürze”; denn diese kleinen schwarzen Körnchen haben die ganze Welt erobert. Würzen doch die Früchte dieser hitzeliebenden Rankpflanze heute fast jedes unserer pikanten Gerichte. Aus diesen Pfefferkörnern hat sich das entwickelt, was die Menschen seit Jahrtausenden fasziniert; der typische Pfeffergeschmack, der als Gewürz die Lebensgeister der Menschen weckt, der sie wärmt. Auf den Schiffen wurde der Pfeffer in Säcken transportiert. Gewürze wie Pfeffer, Muskatnuss oder Nelken und Zimt wurden zur Grundlage persönlichen Reichtums. „Nicht umsonst“ wurden reiche hanseatische Gewürzhändler früher „Pfeffersäcke“ genannt hat. Pfefferkörner wurden mit Gold aufgewogen. Frauen trugen sie stolz als edlen Schmuck um den Hals. Und mit der heute noch geläufigen Redensart “Geh doch dahin, wo der Pfeffer wächst” wünscht man sich einen uns nervenden Zeitgenossen möglichst weit weg. Erst Vasco da Gama fand im Jahre 1498 den begehrten zuvor von Columbus gesuchten Seeweg nach Indien und kehrte von seiner Expedition reich beladen mit Gewürzen zurück. Der Seeweg sicherte den Portugiesen für rund 100 Jahre den uneingeschränkten Zugang zum lukrativen Gewürzhandel. Erst danach drängten auch Spanier, Holländer und Engländer ins Geschäft.

WEISSER PFEFFER. Um weißen Pfeffer zu gewinnen, wird der äußere Teil der Fruchtwand entfernt. Hierzu werden die fast schon roten Pfefferkörner in diesem Prozess verarbeitet: in Säcke gefüllt und in schwach fließendem Wasser eine gute Woche gewässert. Anschließend breitet man die Beeren aus, entfernt durch Treten das aufgeweichte Fruchtfleisch vom Samen, wäscht die grauen Pfefferkörner nochmals und trocknet sie wiederum in der Sonne. Schließlich wird alles nun gemahlen. Dieser weiße Pfeffer besitzt zwar noch eine gewisse Schärfe, jedoch durch diesen Herstellungsprozess weit weniger als der schwarze Pfeffer.
GRÜNEN PFEFFER gewinnt man durch die im unreifen Zustand geernteten Körner. Es findet sich im Handel auch ein seltenes ätherisches Öl aus dem Grünen Pfeffer, das auch über eine Wasserdampf-Destillation gewonnen wird.

ROTER PFEFFER ist heute noch eher selten; er ähnelt dem schwarzen Pfeffer in Schärfe und Aroma, besitzt jedoch einen einzigartigen süßen Hintergrund im Geschmack. Heute kann man durch bestimmte Trocknungsverfahren die orange-rote Farbe der reifen Pfefferkörner erhalten. Der echte Rote Pfeffer ist sozusagen eine "Spätlese" der Pfefferkörner. Durch die lange Reifezeit an der Rispe direkt an der Pflanze entwickelt er in der äußeren Hülle ein besonders fruchtiges Aroma.

BOTANISCHE BEZEICHNUNG, PFLANZENTEIL UND HERSTELLUNG

Generell, jedoch im besonderen beim Pfefferöl, sollte man auf die genaue Bezeichnung beim Einkauf eines ätherischen Öls achten. Hier zeigt sich wieder einmal recht eindrücklich, wie wichtig es ist - neben Pflanzenart (lateinischer Bezeichnung) und dem angegebenen Pflanzenteil (ob Schale, Blüte, Blätter...) - auch auf die Herstellung zu achten. Während das mit Wasserdampfdestillation gewonnene Pfefferöl für Produkte mit Hautanwendung (Parfum, Kosmetika, Sportöl etc.) verwendet wird, gilt Pfeffer-CO2-Extrakt als stark hautreizend.

HEILWIRKUNGEN

Pfeffer wird bereits seit mehr als 4000 Jahren nicht nur als Gewürz, sondern auch als medizinische Substanz eingesetzt. In der asiatischen Volksmedizin gilt gemahlener Pfeffer als verdauungsförderndes, kreislaufstärkendes Mittel. Bei Erkältungen und Halsschmerzen wird er mit Milch und Honig verabreicht. Indische Sadhus kauen zur Stärkung täglich mehrere Pfefferkörner. Für die entzündungshemmende, verdauungsfördernde wie auch erwärmende Wirkung ist vor allem der Inhaltsstoff *Piperin* verantwortlich. Seine muskelentspannende Wirkung entfaltet sich gut in Mischungen gegen Muskelkater, allgemeine Muskelverspannungen und zur Aufwärmung vor dem Sport. Auf der seelisch-geistigen Ebene wirkt das Pfefferöl bei mentaler Erschöpfung, Gedächtnisschwäche und Gefühlskälte.

KULINARIK

Ein schon fertig gemahlener Pfeffer bedeutet immer einen Geschmacksverlust; das Pulver altert allzu rasch. Hingegen versetzt ein frisch gemahlener schwarzer Pfeffer unsere Schleimhäute in eine sofortige Reaktion und wirkt dadurch sehr wohltuend auf die Verdauung. Lesen Sie weiter oben die Unterscheidung der verschiedenen Pfefferarten. Dabei gilt, ein *Rosa Pfeffer* darf nicht mit dem Roten Pfeffer verwechselt werden. Der Cayennepfeffer wird nicht, wie man aus seinem Namen schließen könnte, aus der Frucht eines Pfeffergewächses (*Piperaceae*) gewonnen, sondern aus gemahlenen Chilis. Als Grundlage dafür dienen meist die getrockneten, scharfen Früchte der Chilisorte Cayenne.

REZEPTE

„Oh Götter" *Sportöl aktiv*
100 ml Mandelöl
5 Tropfen Pfefferöl schwarz *Piper nigrum*
4 Tropfen Ingwer *Zingiber officinale*
12 Tropfen Orange *Citrus sinensis*
9 Tropfen Mandarine Rot *Citrus reticulata*
100 ml Mandelöl
Tropfen Sie die einzelnen Düfte direkt in die Flasche mit dem fetten Öl, schütteln. Fertig. Dieses Körperöl duftet wirklich herrlich; gerade jetzt beim Schreiben – nach meinem Frühsport – rieche ich es deutlich.

Hinweis
Die Kombination von Ingwer- und schwarzem Pfefferöl eignet sich hervorragend zur Behandlung und Vorbeugung von Muskelkater. Nach dem Sport und Duschen das Körperöl in die noch leicht feuchte Haut einbalsamieren.

„Goldene Milch" ***ayurvedisches Rezept***

Schritt 1: *Kurkumapaste*

1 Eßl. Kurkuma-Gewürz (Pulver)

120 ml reines stilles Wasser in einen Topf geben, mit Kurkuma vermischen und erwärmen. Etwa 10 Minuten bei kleiner Hitze köcheln; so entsteht eine noch leicht flüssige Paste. Abkühlen lassen und in ein sauberes, verschließbares Glas füllen. Die Paste hält sich im Kühlschrank ca. drei Wochen.

Schritt 2: *Goldene Milch*

1 TL bis 1 EL Kurkumapaste

350 ml Kokos-Reis-Milch (auch Mandelmilch, Hafermilch, Demeter-Kuhmilch)

Daumengroßes Stück Ingwer, frisch gerieben

Eine Prise Muskatnuss, frisch gerieben

Eine Prise Zimt

Eine Prise Pfeffer schwarz, frisch gemahlen

1 TL Mandelöl (alternativ Kokosöl)

Agavendicksaft (alternativ Akazienhonig)

Milch in einen Topf geben und Kurkumapaste hinzugeben. Frisch geriebene Ingwerwurzel hinzufügen, verrühren und sanft erwärmen (nicht kochen). Zum Schluss fügt man noch eine Prise Pfeffer und Muskatnuss hinzu sowie das Mandelöl. Mit Agavendicksaft leicht süßen. Die Gewürze gehen hier eine besonders wirksame Verbindung ein.

Hinweis

Ein Becher goldene Milch genießt man zum Beispiel abends als Schlummertrunk. Tipp zum Einkauf von Kurkuma von Dr. Aggarwal (15): „Die größte Menge des weltweit verkauften Kurkumas stammt aus zwei Orten in Indien: Alleppey und Madras. Ich empfehle Kurkuma aus Alleppey, da es laut wissenschaftlicher Forschung zweimal so viel Kurkumin enthält... seine Farbe ist satter (warmes Gelb) und sein Geschmack milder."

Labiatae.

Rosmarin

Rosmarinus officinalis L.

Familie: Lippenblütler, Labiatae
Duft-Charakteristik: klar, wach machend, krautig-würzig
Parfumzuordnung: Kopfduftnote (Tête), sportive, florale, Fougère Parfums
Wirkung:
Körperlich: sehr anregend, durchblutungsfördernd, schmerzlindernd bei Muskelschmerzen, wirkt antimikrobiell und antiseptisch
Psychisch: wach machend, geistig aufbauend
Herkunft: Frankreich, Spanien, Korsika… Mittelmeerländer
Gewinnung / Pflanzenteile: Wasserdampfdestillation der Zweigspitzen mit Blüten
Besonderheit: Es gibt unterschiedliche ätherische Rosmarinöle: *Rosmarin ct. borneon, Rosmarin ct. cineol, Rosmarin ct. verbenon*

PARFÜMERIE / DUFT / PERSÖNLICHES

Der Name Rosmarin ist wunderschön, bedeutet er doch im lateinischen Ursprung „Ros marinus" - der „Tau des Meeres". Ein durchaus passender Name, da die Würzkraft besonders hoch ist, wenn die Pflanzen in der Meeresnähe heißer Regionen wie dem Mittelmeergebiet wachsen. Rosmarinduft wirkt wachmachend, durchblutend, eine Wirkung, die durchaus mit dem Tau zu tun hat. In der Antike galt Rosmarin als Symbol der Liebe. War diese würzige Pflanze doch Aphrodite, der Göttin der Liebe und Schönheit geweiht. Der Geliebten schenkte man einen Rosmarinstrauß oder -Kranz als Liebesgeste. Im Überreichen von etwas Immergrünen wie dem Rosmarin drückte man aus, dass die Liebe immer grünen, damit lebendig, sein möge.

CHEMOTYPEN?

Die Blüten wie auch die Nadeln duften kräftig; reiben Sie diese mal zwischen Ihren Fingern. Die Verwendung von ätherischem Rosmarinöl, das von den oberen Zweigen zusammen mit den Blüten gewonnen wird, setzt in seiner Anwendung spezifische Fachkenntnis voraus. Die Pflanze mit ihren an Koniferen erinnernden, nadelförmigen Blättern wächst in mehreren Arten rund um das Mittelmeer. Je nach Lage und Subklima bildet sie verschiedene *Chemotypen (ct.)*, die sich in Inhaltsstoffen, Duft und Wirkung deutlich voneinander unterscheiden.

Drei Typen sind bei uns vorwiegend erhältlich: *Rosmarin ct. cineol*, *Rosmarin ct. borneon* und *Rosmarin ct. verbenon*. Rosmarin ct. borneon wird auch als der spanische Chemotyp mit hohem Kampferanteil (bis zu einem Drittel) bezeichnet und ist das am weitesten verbreitete Rosmarinöl. In dem verträglicheren Rosmain ct. cineol beträgt der Kampfergehalt nur noch circa 10 Prozent. Eine selten erhältliche, die teuerste Spezialität, ct. verbenon, enthält fast keinen Kampfer und kaum 10 Prozent Eukalyptol. (16) Es handelt sich hier um das mildeste und hautverträglichste Rosmarinöl das ich gern für meine Parfumkreationen nehme. Allerdings mische ich manchmal auch den Rosmarin ct. borneon gezielt ein, da ich den Duft dieses Rosmarintyps als ausgesprochen rund und voll empfinde.

Nutzen Sie einmal die Gelegenheit in einem Fachgeschäft diese drei Rosmarintypen zu schnuppern und zu vergleichen.

Rosmarinöl wurde schon in früheren Jahrhunderten in Tinkturen zum Spülen der Haare gemischt, um Spannkraft und Wachstum zu fördern. Das berühmte Ungarische Wasser aus Rosmarin und Lavendel galt jahrhundertelang als wichtigstes Parfum. Auch gilt die krautig-würzige Note des Rosmarins in einem „Kölnisch Wasser“ als ein wesentlicher Inhaltsstoff.

BOTANIK

Rosmarin ist im Mittelmeergebiet von Portugal bis zum Schwarzen Meer beheimatet. Es sind diese recht trockenen, sonnigen Standorte, die sich besonders für die Anreicherung von ätherischen Ölen eignen. Ohne Sonne und Licht kann eine Pflanze kaum ätherische Öle ausbilden. Wir staunen, wenn wir im Urlaub diese bis zu 2 Meter hohen, buschigen Rosmarinpflanzen sehen, während sie bei uns im Allgäu nur im Topf auf der Terrasse gedeihen. Der Stängel eines Rosmarinzweiges ist recht hart. Dieses Verholzen verhindert ein zu starkes Austrocknen. Die Blüten variieren von meist hellblau bis ins Lilafarbene oder gar Weiße.

GESCHICHTE

Rosmarin wurde von den Mittelmeervölkern als ein „heiliges Kraut“ betrachtet und bei religiösen Zeremonien geräuchert. In französischen Spitälern räucherte man auch eine Mischung von Rosmarin und Wacholder, um die Infektionsgefahr zu senken. Französische Troubadoure überreichten der Dame ihres Herzens Rosmarin. Ophelia band in Shakespeares Hamlet einen Rosmarinkranz als Zeichen ihrer Treue. Bei uns in Deutschland trugen Bräute lange Zeit einen Rosmarinkranz bevor die Myrte in Mode kam. Um ein Symbol von „Ewigkeit“ geht es auch, wenn der Rosmarin in Verbindung zum Sterben in Ritualen verwandt wurde. So bedachte man im alten Ägypten die Toten mit Rosmarinzweigen, die man in deren Hände legte: „Ka“ - die Seele des Toten - sollte mit dem Körper weiterhin in Verbindung bleiben.

In London war es Anfang des 18. Jahrhunderts Sitte, dass man bei Begräbnissen jedem Trauergast einen Rosmarinzweig mitgab, der dann in das Grab geworfen wurde. Interessant ist hier die koloniale Verbindung der Briten zu Ägypten. Durch einen gewissen Instinkt haben die Briten das somit nachvollzogen, was die alten Ägypter taten und damit einen pharaonischen Brauch in die Neuzeit transferiert.

Paul Simon (r.) und Art Garfunkel (1981)

SCARBOROUGH FAIR

Historisches im „fast heute“: Wenn ich hier über den Rosmarin schreibe, so gehört für mich der berühmte Song von Simon & Garfunkel „Scarborough Fair“ (Album 1966) erwähnt, in dem das Duo „Parsley, Sage, Rosemary und Thyme“ (Petersilie, Salbei, Rosmarin und Thymian) im Refrain besingen. Der Song (17) handelt von einem ehemaligen Liebespaar, das vor schier unmöglichen Hürden steht, um wieder als Paar vereint sein zu können. Die Wiederholung der vier Pflanzenkräfte, deren Symbolik der unbekannte Verfasser des ursprünglichen alten englischen Volksliedes aufgreift, deutet darauf hin, dass mit vereinten Kräften für das Paar durchaus Hoffnung besteht. Dieser Song weckt in mir schöne Jugenderinnerungen, als wir, meine Freundin Marlene und ich, nicht müde wurden, diese Liedzeilen zweistimmig in Alt und Sopran zu singen.

Der Refrain „Parsley, sage, rosemary and thyme" lässt die heutigen Menschen meist etwas ratlos zurück. Warum wird da über die Petersilie in einem Liebeslied gesungen, mag sich mancher fragen? Schaut man jedoch in die historische Symbolik dieser Kräuter, wird man fündig:
Petersilie steht für überbordende Lebenskraft, das Kraut vermag ausgesprochen herzstärkend und lebenskräftigend zu wirken.
Salbei gilt als das Symbol der Einheit. Seine ätherischen Öle fördern eine gute, gesunde Atmung. Generell gilt Salbei als ein Lebenselixier „par excellence".
Rosmarin symbolisiert als Pflanze Aphrodite, die Göttin der Liebe. Das Immergrüne seiner würzig duftenden Zweige deuten an, dass diese Liebe immer grün, d.h. lebendig bleiben möge.
Thymian – ein ausgesprochenes Gewächs des Lichts, der Sonne - symbolisiert Mut. So trugen Ritter Schilde mit einer aufgemalten Thymianpflanze, wenn sie in den Kampf zogen.

HEILWIRKUNGEN

Traditionelle Heiler waren davon überzeugt, dass Rosmarin besondere Heilkräfte enthält. Sie behandelten mit Rosmarin Diabetes, Atembeschwerden, Arthritis und Schwindelgefühle. Um die geistige Leistung anzuregen, wurde in Wein gekochter Rosmarin getrunken. Ein medizinischer Text aus dem 17. Jahrhundert pries Rosmarin als „Heilmittel gegen die Schwäche und Kälte des Gehirns".
In heutiger Zeit zeigen unterschiedliche Studien, dass der Duft von Rosmarin (vor allem ct. cineol) die Denkfähigkeit und das Erinnerungsvermögen verbessern kann. Eine Studie mit 144 Personen, in der Fachzeitschrift International *Journal of Neuroscience* dokumentiert, ergab, dass das Riechen an ätherischem Rosmarinöl

bei Denkaufgaben die Gedächtnisleistung verbesserte. (18) Wird Rosmarin von medizinischen Fachleuten zu Heilzwecken verwandt, so ist eine genaue Kenntnis der Chemotypen notwendig. Generell wirkt Rosmarinöl kräftigend und stärkend. „Durch seine durchblutungsfördernden Eigenschaften ist es ein sehr wirksames Öl bei rheumatischen Beschwerden sowie bei Herz-Kreislauf-Störungen. Rosmarin ct. borneon eignet sich besonders zur Behandlung von Nerven- und Muskelschmerzen. Er hat eine ausgleichende Wirkung bei nervöser Anspannung und Erschöpfung“ (19). Die Liste der heilsamen Anwendungen ist lang; ich empfehle hier eine Vertiefung über die angegebene Fachliteratur.

KULINARIK

Die spitzen dunkelgrünen Rosmarinblätter werden - getrocknet - im Gewürzhandel als Rosmarinnadeln bezeichnet. Sie sind ein sehr beliebtes Küchenkraut, das hervorragend zu Gerichten der Mittelmeerküche passt. Bekannt und beliebt sind bei uns auch im Ofen gebackene Rosmarin-Kartoffeln (mit Öl, Salz und gehacktem Rosmarin). Getrocknete Rosmarinnadeln sind Teil der bekannten Mischung „Kräuter der Provence“, die ich mir jedoch selbst zubereite. Als „Allgäuer-Süden“ Gewürzkräuter verwende ich sie in Rezepten der Mittelmeerkost. Rosmarin fühlt sich auch bei Grillpartys so richtig wohl. Sein robustes Aroma ist die perfekte Ergänzung zum Geschmack von Fleisch oder mit Schafskäse gefülltem Paprika. Grillprofis verfeinern mit Rosmarin Marinaden und werfen einige Rosmarinzweige auf die heiße Holzkohle, der Rauch gibt ein besonders Aroma hinzu.

REZEPTE

„Wake up" *Duschgel mit Rosmarin*

3 Tropfen Rosmarin (*Rosmarinus officinalis L.* - eine der drei Chemotypen)

8 Tropfen Zitrone *Citrus limonum*

8 Tropfen Grapefruit *Citrus paradisii*

3 Tropfen Wacholderbeere *Juniperus communis*

100 ml neutrales Bio-Duschgel

Duschen mit Rosmarin und den weiteren Komponenten bringt uns am Morgen ordentlich in Schwung. Geben Sie direkt in die Flasche des Duschgels die oben angegebenen Tropfen ätherischer Öle; schütteln und fertig.

Vorsicht: Nicht geeignet für Schwangere und Menschen mit Bluthochdruck.

Hinweis

Ich empfehle ein unparfümiertes biologisches Shampoo zur Grundlage. Praktisch auf Reisen: Sie benötigen nur eine einzige Flasche zum Haarewaschen und Duschen.

„Allgäuer Süden" *Gewürzkräuter*

Nach einem sonnigen Tag - damit die Ausbeute der ätherischen Öle höher ist -, sammle ich am späteren Vormittag folgende Kräuter (20):

- ca. 30 g Bohnenkraut
- ca. 30 g Thymian - auch wild wachsender Quendel
- ca. 50 g wilder Dost (Majoran-Art)
- ca. 50 g Rosmarin (Topfpflanze auf der Terrasse)

Die Kräuter lasse ich gut gelüftet im Schatten trocknen. Anschließend zerkleinere ich die getrockneten Kräuter etwas und gebe sie nach und nach in eine elektrische Kaffeemühle, die ich nur für meine Gewürze und Kräuter verwende. Nach dem Mischen fülle ich alles in sterile Gläser oder Tüten. Diese Kräutermischung verwende ich häufig im Herbst und Winter beim Kochen, wenn der Zugang zu vielen frischen Kräutern fehlt.

„Mutters gutes Gulasch“ ***mit „Allgäuer Süden“ Gewürzkräuter***

500 g Gulasch (Bio-Rind und / bzw. gemischt mit Bio-Schweinefleisch)
3 bis 4 Zwiebeln, geschnitten
2 Knoblauchzehen, fein geschnitten
1 Paprikaschote
1 Karotte
1 EL „Allgäu-Süden“ Gewürzkräuter
Butterschmalz zum Anbraten
Wein / Wasser
1 EL Kartoffelstärke – mit kaltem Wasser anrühren
Sahne
1 Bio Gemüse-Brühwürfel, Salz, frisch gemahlener Pfeffer

- Auf der Flamme lasse ich in einem Wok das Butterschmalz heiß werden und brate nach und nach die Gulaschwürfel an. Anschließend kommen das kleingeschnittene Gemüse, die Zwiebeln und der Knoblauch hinzu.
- Nun Wein und etwas Wasser soweit hinzu geben, dass das Fleisch/Gemüse fast bedeckt ist. Einen zerkleinerten Gemüse-Brühwürfel einrühren, mit Salz, Pfeffer und den getrockneten Kräutern würzen. Nun alles zwei, drei Stunden auf dem Feuer schmoren lassen.
- Anschließend rühre ich die Kartoffelstärke mit etwas kaltem Wasser an und gebe es in das Gulasch hinein. Kurz aufkochen lassen, mit Sahne abschmecken. Dazu Kartoffeln oder Nudeln reichen, Endiviensalat oder Rotkraut-Gemüse - im Winter ein gutes Sonntagsmahl.

Hinweis

Kochen auf Feuer. Es gibt für mich keine bessere Energie zum Kochen als die über einem Feuer. Normalerweise auf einem Gasherd und im Winter bei einer über Stunden köchelnden guten Bio-Gemüse- oder Hühnersuppe oder bei Schmorgerichten auf meinem norwegischen Holzhofen. Der Ofen brennt ja sowieso zur Erwärmung der Wohnküche und so nutzt man diese gute Holzfeuer-Energie auch zum Kochen.

Wenn ich über Farben schreibe, so fließen philosophische Aspekte mit ein.
Wenn ich ein Parfum entwickle, so ist es nicht anders.
Es fließen Impulse ein aus dem so reichen Erleben.

Düfte, Farben lösen Gefühle aus

Es gibt die Stimmungen der Nacht und es gibt das Klärende des Tages. Beides schwingt im Miteinander. Beides bedarf einander wie heute die Welt der Romantik geeint mit der Sicht der Aufklärung.

Was immer wir erschnuppern - es ist mit einer Gefühlsregung verbunden, kann Stimmungen verursachen. Riechen ist eigentlich ein feines Ertasten. „Jeder Geruch wird immer zusammen mit einer Empfindung abgespeichert", sagt der Geruchsforscher Prof. Hanns Hatt. (1)

Synästhesien

Welche Farbe hat die Hoffnung? Auf diese Frage antworten wohl die meisten: „Grün". Aber auch die Frage: „Welche Farbe hat das Giftige"? wird mit „Grün" beantwortet. Vergleichbares geschieht mit Rot. Rot ist zum einen die Liebe, kann jedoch auch als Farbe des Aggressiven empfunden werden. Es kommt auf die Farb-Kombinationen an wie psychologische Studien von Dr. Eva Heller (2) zeigen. Das Rot der Liebe macht einen Bogen hin zum Rosa, der Farbe der Zärtlichkeit, während Aggressivität mit Rot und Schwarz assoziiert wird. Das Lebendige des Grüns, die Farbe der Hoffnung, ist ein anderes Grün als ein Giftgrün mit seiner Tendenz zum Gelb-Grünen.

Dabei gibt es interessante Verbindungen in der Wahrnehmung, die über unsere Sinne ablaufen. Wir bewegen uns hiermit in den Sphären von - *Synästhesien* -, also der simultanen Erfassung unterschiedlicher Eindrücke wie etwa dem Visuellen, dem Hören eines vorgetragenen Gedichts oder der olfaktorischen Wahrnehmung durch das Riechen. Die häufigste synästhetische Erscheinungsform ist ein „Farbenhören". Das bedeutet, dass jemand beim Hören von Musik oder Klängen unmittelbar Farben sieht, obwohl diese Farben real nicht im äußeren Raum vorhanden sind. Die alte Kultur Chinas gilt als Schöpfer erster Synästhesien im Bereich der Kunst.
Der russische Komponist und Pianist Alexander Skrjabin (1872-1915) hat mit seiner Symphonie „Prométhée" ein alle Künste umfassendes Werk geschaffen. Hierin sollten Musik, Farben, Mimik, Tanz, Dichtung, Düfte und Philosophie in einem halbkreisförmigen Tempel zu einem liturgisch-künstlerischen Mysterium vereinigt werden. Heute wäre das für ihn viel leichter umsetzbar, verfügen wir doch über hervorragende technische Möglichkeiten, um diese gemeinsamen Sinneserfahrungen in einem Raum als ein Gesamtkunstwerk dem Zuseher, Zuhörer und - Zuriecher - erlebbar zu machen.

Düfte farbig sehen können?

Man könnte Duftfarben auch als seelische Farben bezeichnen, da sie uns als inneres Bild erscheinen. Allerdings geht es mir nur mit den echten Düften so. Künstliche Chemiedüfte lassen mich im wahrsten Sinne des Wortes „kalt".

Übung. Unsere ganze Welt ist eine Mischung aus farbigem Licht und der ihm zugehörigen Tonwerte. Welche Düfte nehmen wir wahr? Wir können darauf achten, welche Emotionen bei uns ausgelöst werden. Schauen wir einen Baum an - was fühle ich? Das Gleiche bei einem Auto, einem Vogel, einer Wolke, einem See. Meist sind unsere Wahrnehmungen hier im Unklaren oder schwammig. Wie würden wir sie genau beschreiben? Das ist schwieriger als es auf den ersten Blick erscheint. Denn wir sind es gewohnt, in Konstrukten zu denken, die uns vorgeben, wie die Dinge zu erleben und auch zu bewerten sind. Indem wir uns dieser die Wahrnehmungen begleitenden Emotionen bewusster werden, durchbrechen wir die Konstrukte, kommen so der Wirklichkeit ein Stück näher.

Kulinarik und Aromen

Duftprägungen

Wovon hängt es ab, dass ich beim Duft von Zimt an meine schöne Kindheit denke? Gibt es hier ein Wohlfühl-Zimt-Gen? Nein, nichts daran ist angeboren. Das hat allein damit zu tun, wie es mir ergangen ist, als ich diesen Duft die ersten Male roch.

Seit ewigen Zeiten balsamieren sich Menschen mit gut duftenden Ölen und Salben, Parfumsalben ein. Aus diesen duftenden Salben entwickelten sich später unsere Parfüms. Wie kommt es, dass Düfte eine so ausgesprochene Macht über uns haben? Das hat nach Hans Hatt damit zu tun, wie die Nase mit unserem Gehirn verbunden ist. Jeder Geruch besteht aus vielen kleinen Bausteinen, den Duftstoffen. Zimtgeruch zum Beispiel hat mindestens 200 unterschiedliche Bauteile. All die Duftstoffe schweben als Paket an unsere Nase heran und dort kommen dann die Riechzellen zum Einsatz. Von denen stecken Millionen in der Nasenschleimhaut. Jede ist auf einen bestimmten Duftstoff spezialisiert, als wären sie Fahrradschlösser, die nur auf ihre passenden Schlüssel warten.

Prof. Dr. Dr. Dr. med. habil. Hanns Hatt, Riechforschung http://www.cphys.ruhr-uni-bochum.de/

Das Besondere ist nun: Jede Zelle, die von ihrem Duftbaustein angeregt wird, meldet das ans sogenannte Riechhirn und von dort aus gehen die Informationen über den Duft per Nervenleitung direkt weiter an zwei andere Gehirnbereiche. Der eine ist für das Gedächtnis zuständig, der andere liegt daneben und hat den schönen Namen *Mandelkern*. Hier sitzen unsere Gefühle und wenn ich Zimt rieche, dann steigen eben meine ersten schönen Kindheits-Erfahrungen mit diesem Gewürzduft auf.

Ähnlich wie es uns mit den einprägsamen Düften geht, geht es uns auch mit den Farben. Mit ihnen werden vielfältigste Erfahrungen verbunden und unsere Erlebnisse geprägt, in denen wir die jeweilige Farbe wahrgenommen haben. Und es betrifft auch unseren Geschmack. „Naturgeschichtlich betrachtet“, so Prof. Hatt, „ist die Geschmacksempfindung - sauer - ein Warnsignal vor dem was man auch in der Chemie so bezeichnet, nämlich einen niedrigen ph-Wert.“ Und der kommt unter anderem bei unreifen grünen Früchten vor, deren Verzehr erfahrungsgemäß schlecht bekömmlich ist. Ähnlich wie die unreifen Früchte so ist auch ein Grünschnabel - noch unreif -, eben grün hinter den Ohren. Farben, Düfte, Aromen werden mit Erfahrungen verknüpft, so entstehen auch kulturelle Unterschiede.

Kaninchen-Test

Kaninchen fressen am liebsten Gras, gerne auch Löwenzahn oder leckere Kräuter. Wacholder mit seinem intensiven Geruch steht dagegen nur selten auf dem Speiseplan. Wenn aber nichts anderes auf den Tisch kommt, sehen sich trächtige Kaninchen - im Dienste der Wissenschaft - dazu gezwungen, an Wacholderzweigen zu knabbern. Der Versuch wurde ein paar Monate ausgesetzt und danach bot man den inzwischen geborenen jungen Kaninchen Futter an, unter anderem auch Wacholderzweige. *Erstaunlich*: Sie bevorzugten auch noch ein Jahr nach der Geburt das ungewöhnliche Wacholderfutter, selbst wenn sie seither nie mehr Wacholder in der Nase gehabt hatten. Sie hatten seinen Geruch und Geschmack ausschließlich im Bauch des Muttertieres kennengelernt. Später erinnerten sie sich daran und entwickelten eine Vorliebe, die ihr weiteres Leben prägte. Mit Ratten und Schafen passierte das Gleiche: Das Muttertier frisst eine bestimmte Sorte Futter und die Jungen zeigen von Geburt an eine Schwäche für genau dieses Fressen. (3)

Prof. Hanns Hatt (4): „Auch bei Menschen funktioniert es so. Babys, die den Möhrengeschmack von ihren Müttern her kannten, aßen ihre Portion schneller auf. Ähnliche Untersuchungen wurden mit Anis durchgeführt und führten zu den gleichen Ergebnissen. Der frühe Lerneffekt soll dem Kind offenbar eine Brücke bauen zwischen vor- und nachgeburtlichem Leben. Der Mutterleib sei der „erste Klassenraum" eines Menschen, sagt Psychoanalytiker Ludwig Janus. Dort würden erste Grundmuster des emotionalen und körperlichen Verhaltens und Fühlens geprägt. Je weiter die Schwangerschaft fortschreitet, desto intensiver. Schon in der 28. Schwangerschaftswoche funktionieren die Nervenbahnen für das Riechen und Schmecken. Eine besondere Rolle für das Schmecken und Riechen spielt das Fruchtwasser. Als natürliche Umgebung des Fötus und Speicher für all seine Geschmacks- und Geruchserlebnisse bildet es eine Art *olfaktorische Urheimat des Menschen.* „Das Fruchtwasser ist wie eine Suppe voller Aromen und Geschmäcker. Es verändert sich im Lauf des Tages und je nach Nahrungsaufnahme", beschreibt Benoît Schaal vom europäischen Zentrum für Geschmackswissenschaften das dynamische Milieu im Uterus. Westliche Ehepaare, die während der Schwangerschaft der Frau in Asien waren, erzählen davon, dass die in Deutschland geborenen Kinder später den exotischen Geruch eines chinesischen Gerichts viel attraktiver fanden als den von hiesiger Hausmannskost.

Der chemische Sinn Geruch- und Geschmackssinn

Der „chemische Sinn", wie man den Geruchs- und Geschmackssinn zusammenfasst, weil beide an chemische Substanzen als stoffliche Überträger gekoppelt sind, ist wahrscheinlich das phylogenetisch älteste Sinnessystem. Als sich das Leben noch ausschließlich in der Dunkelheit der „Ursuppe", also im wässrigen Medium abspielte, benutzten die Tiere dieses sie umspielende Medium als Träger, um Informationen weiter zu geben. Auf ähnlich direktem Wege arbeitet der Geschmackssinn heute noch. Als die Lebewesen dann ans Land stiegen, wurde die Luft zum Transportmedium für chemische Kommunikation.

Sehr schnell hat sich deshalb der Geruchssinn zu höchster Leistungsfähigkeit entwickelt und den Geschmack an Bedeutung übertroffen. Auch wenn es nur schwer einzusehen ist, so werden zum Beispiel all die Feinheiten einer guten Küche oder eines edlen Tropfen Weins fast ausschließlich mit dem Geruchssinn wahrgenommen, denn schmecken können wir nur, ob etwas salzig, sauer, süß oder bitter ist. Damit lässt sich gerade eine Banane von einer Essiggurke unterscheiden. Wir sagen zwar vereinfacht in der Umgangssprache meist „das schmeckt“, meinen damit aber die Summe aller Empfindungen, die bei oral pharyngealer Stimulation während der Nahrungsaufnahme entsteht. Gerüche greifen auf vielen Ebenen in das Leben der Tiere oder Menschen ein. So dienen sie der Orientierung, der Wahrnehmung, steuern das Sexual- und Sozialverhalten und beeinflussen Stimmungen und Emotionen, ja sogar unseren Hormonhaushalt. (5)

Kulinarik und Aromen

Es verblüfft doch immer wieder, wie nah sich Geschmack und Geruch sind. Als es um die Auswahl der Düfte für dieses zweite meiner Parfumbücher ging, fiel auf, sie alle - Ingwer, Pfeffer, Rosmarin oder Pfefferminze, Vanille oder Basilikum - spielen auch kulinarisch eine bedeutende Rolle. Für meine Parfums verwende ich reine Pflanzendüfte und so kann es passieren, dass ich morgens das ätherische Öl „Kardamom“ in eine asiatische Parfumformulierung gebe und für die Abendeinladung zaubere ich „Indian Dreams“, gewürzt mit Kardamom und Safran (Rezept siehe „Kardamom“).

Bereits im ersten Parfumbuch „ART PARFUM Neue Wege zu altem Wissen“ habe ich etwa bei „Tonka“ das berühmte Rezept „Tonka Christstollen“ des ehemaligen Münchner Konditormeisters Trautner notiert. Ins Parfum gebe ich Tonkaextrakt, eine Alkohollösung und für den Christstollen reibe ich die Tonkabohnen frisch in den Teig. Der Tonkabohne wird eine durchaus leicht berauschende Wirkung nachgesagt. Das mag einer der Gründe dafür sein, warum dieser Duft als sinnliche Gewürznote besonders gern im „Orchester von Herrendüften“ mitspielt, aber vielleicht auch die Stimmung beim kulinarisch weihnachtlichen Genuss hebt.

Dazu kommen die vielfältigen Farbstimmungen. Duftfarben, die uns durch diesen zusätzlichen Sinn zu inspirieren wissen.

Was wäre ein Essen ohne Duft? Nur eine halbe Sache! Was aber verbirgt sich hinter den Begriffen Duft, Geruch und *olfaktorische* Wahrnehmung? Speisen mit allen Sinnen! Uns läuft sprichwörtlich das Wasser im Mund zusammen, wenn wir Appetitliches in der Luft wahrnehmen. „Das hat mir wunderbar gerochen", wer aber sagt das schon zu seinem Gastgeber, seiner Gastgeberin? Dabei wäre es wissenschaftlich gesehen korrekt. Während der von uns benutzte Ausdruck „das hat mir gut geschmeckt" aus der Sicht eines Physiologen eher unzutreffend ist. Denn zur gigantischen Chemosymphonie, die eine Speise, ein Getränk uns zum Sinneserlebnis macht, liefert der eigentliche Geschmackssinn nur die *vier Basisdaten von süß, sauer, salzig oder bitter.*

Sie meinen noch umami? Der würzig fleischige Geschmack ist wissenschaftlich allerdings nicht anerkannt: Prof. Hans Hatt: (6) „Die Geschmacksrichtung *umami* wird eigentlich durch ein Salz erzeugt, nämlich Natriumglutamat, das aber durch die Aminosäure Glutamat auch eine Süßkomponente hat. Eigene Rezeptoren dafür gibt es nicht, deshalb ist *umami* keine neue fünfte Geschmacksqualität!"

Mit allen Sinnen

Schmecken ist nicht nur eine Körperfunktion, sondern eine anspruchsvolle Tätigkeit. Auge, Tastsinn, Geschmack und Nase spielen zusammen, sogar das Ohr bekommt eine Rolle, um den kompletten Eindruck zu erhalten. Wir kennen das von Kartoffelchips. Sie müssen eben ordentlich krachen, um die Knabberlust des Käufers zufriedenzustellen. Die Konsistenz soll stimmen. Fleisch darf Fasern haben, Pudding soll im Mund schmelzen. Wenn wir das cremig-sahnige Fett analysieren und die adstringierenden Substanzen wahrnehmen, scharf oder prickelnd schmecken, weich oder bissfest, kalt oder warm fühlen, dann wirken tausende Moleküle gemeinsam auf die Sensoren des *trigeminalen Systems, ein noch weitgehend unerforschtes Sinnesorgan in Mund und Nase*, und nur das Zusammenspiel aller Sinnesrezeptoren lässt uns zufrieden und glücklich zurück. (7)

Wein und Parfum

Die Aromenvielfalt beim Schmecken bei einer Weinverkostung ist ein großes Ereignis. Der oder die Sommelier machen uns damit bekannt, wie groß der Einfluss etwa von Klima, Mikroklima und Bodenbeschaffenheit auf die edlen Tropfen ist. Dazu kommen die Kenntnisse der Kellertechnik und die über den Ausbau der Weine.

Liegen die Weine in Holz, etwa in kleinen Barriquefässern gelangen während des Reifens Holztöne in den Wein, darunter aromatisch rauchartige Duftkomponenten und auch eine willkommene Vanillenote. Diese werden aus den Bestandteilen des Holzes freigesetzt und im Alkohol des Weins gelöst.
Das Holz parfümiert den Wein. Und schon ist die Sache klar. Weine und Parfums sind zumindest aus dieser Sicht gar nicht so weit voneinander entfernt. Denn die gleichen Faktoren gelten auch für reine hochwertige Parfum-Ingredienzien. Klimatische Bedingungen, Anbau, Ernte oder Wildsammlung sowie Destillationskunst unterscheiden sich bei jeder einzelnen Pflanze, die wir für die jeweiligen Parfums verwenden. Ein komplexes Erfahrungswissen, die hohe Kunst der Destillation, bei der für jede Pflanze ihre ganz eigenen Bedingungen zu berücksichtigen sind, dies alles wird von Generation zu Generation weitergegeben.

Als ich kürzlich bei einer Weinverkostung war, unterhielten wir uns über die Aromen eines Weines und über die eines Parfums. Mir wurde die Frage gestellt, wie ich das denn beurteilen würde. Meine Antwort erstaunte die Anwesenden:
„Die Aromen in einem Wein und in einem Parfum sind gar nicht so unterschiedlich, wenn man bedenkt, dass es im Wachstum der Reben und dem der Pflanzen echter Parfum Ingredienzien so viele Parallelen gibt. Deutlich auseinanderdriftet das Ganze jedoch bei einem wesentlichen Unterschied: Würden Sie einen Wein trinken wollen, der Ihnen von Chemiekonzernen kredenzt wird? Also dessen Inhalt nie einen Boden berührt, Regen gespürt oder eine Sonne gesehen hat?

„Die Natur hat immer recht“

... heißt ein Buch von Maurice Mességué, dass ich Ende der 1970er Jahre mit Begeisterung las. Hier fand ich die ideale Kombination von Sinnlich-Schönem, gepaart mit dem gesunden Ursprünglichen. Schwelgen wir doch in edelsten Düften und köstlichsten Aromen, dann… ja, dann kommen wir dem wohl allerfeinsten der Ingredienzien auf die Spur, dem Duft und dem Geschmack der *Liebe.*

VIOLETT

O GÄBS DOCH STERNE

(aus Traumgekrönt: Träumen - XXIV)

O gäbs doch Sterne, die nicht bleichen,
wenn schon der Tag den Ost besäumt;
von solchen Sternen ohnegleichen
hat meine Seele oft geträumt.

Von Sternen, die so milde blinken,
dass dort das Auge landen mag,
das müde ward vom Sonnetrinken
an einem goldnen Sommertag.

Und schlichen hoch ins Weltgetriebe
sich wirklich solche Sterne ein, -
Sie müssten der verborgnen Liebe
Und allen Dichtern heilig sein.

Rainer Maria Rilke (1)

Zum Nachhören (2): Katja Riemann: „Oh gäb‘s doch Sterne“
RILKE PROJEKT CD 3 „Überfließende Himmel“ Nr. 2

O gäbs doch Sterne

O gäbs doch Sterne, die nicht bleichen,
wenn schon der Tag den Ost besäumt,
von solchen Sternen ohnegleichen
hat meine Seele oft geträumt

Von Sternen, die so milde blinken,
dass dort das Auge landen mag,
das müde ward vom Sonnetrinken
an einem goldnen Sommertag.

Und schlichen hoch ins Weltgetriebe
sich wirklich solche Sterne ein, –
sie müßten der verborgenen Liebe
und alle Dichtern heilig sein.

Rainer Maria Rilke

Purpur

Oh gäbs doch Sterne, die nicht bleichen... von solchen Sternen ohnegleichen hat meine Seele oft geträumt. Zu diesen Zeilen von Rainer Maria Rilke, so wundervoll gesprochen von Katja Riemann im „Rilke Projekt“ - kamen mir Assoziationen violetter Dufttöne, entwickelte ich den in feinsten Ingredienzien aufgebauten Parfumakkord VIOLETTE-Seligkeit.
Violett entsteht durch die Mischung von Rot und Blau. Bei der Farbe Lila - ein abgeschwächtes Violett - kommt noch die Farbe Weiß hinzu.

Das Purpur der Antike wurde aus Schnecken hergestellt. Sein Farbspektrum reicht hierbei vom tiefen Blauviolett bis zu einem blassen Lila. Der berühmteste Purpurfarbstoff kam aus Phönizien, aus den Städten Tyrus und Sidon, das sind im heutigen Libanon die Städte Sur und Saida. Immer noch liegen dort in meterhohen Schichten die stacheligen Schneckenhäuser, Reste der ehemaligen Purpurproduktion.
Purpur ist vollkommen lichtecht. Erst wenn die mit Purpur gefärbten Garne im Sonnenlicht getrocknet wurden, entstand als Höhepunkt der Farbentwicklung das begehrte Violett. Der Farbton des Purpurs - ob lila oder dunkelviolett - war abhängig von der verwendeten Schneckenart: Schnecke *Murex trunculus* ein rötliches Lila, von der Schnecke *Murex brandaris* das kostbarere, dunkelviolette Purpur. Lichtechte Farben waren vor der Erfindung synthetischer Farben selten. So wurde lichtechtes Purpur, das sich erst im Licht entwickelte, zur Symbolfarbe der Ewigkeit.

Die Farbe der Macht

Purpur wird schon im Alten Testament als kostbarste Farbe benannt. Moses wurde vom Gott Jahve befohlen, wie der Tempel ausgestattet werden sollte: „Du sollst einen Vorhang machen aus blauem und rotem Purpur, Scharlach und gezwirnter feiner Leinwand.“(2. Moses 26,31.) Die Farbe zu Ehren des Gottes war in der

antiken Welt auch die Farbe der Herrscher. Die Anfertigung eines purpurfarbenen Prachtgewandes dauerte mehrere Jahre. Aus China wurde die Seide über Karawanenpfade nach Syrien transportiert, dort in Damaskus von berühmten Seidenwebern verarbeitet. Anschließend wurden die Stoffe nach Tyrus gebracht, dort mit Purpur gefärbt und weiter ging es ins ägyptische Alexandrien, wo aus den Stoffen kostbare Gewänder genäht wurden, mit Goldfäden bestickt.
Es war streng geregelt, wer überhaupt Purpur tragen durfte. Dies war beispielweise im römischen Reich nur dem Kaiser oder der Kaiserin gestattet. Ministern und hohen Beamten war noch ein purpurfarbener Besatz am Gewand erlaubt. Die byzantinische Kunst ist in ihrer Farbharmonie ganz auf den Purpur abgestimmt. Auf den Mosaiken von San Vitale in Ravenna, die Kaiser Justinian und Kaiserin Theodora mit ihrem Hofstaat zeigen, ist die soziale Bedeutung der Personen an der Menge des Purpurs abzulesen.

Merkwürdig kommt uns heute die sprachliche Nähe des Begriffs Violett zur Begriffswelt von Gewalt vor. „Viola" ist das lateinische Wort für Veilchen und „violentia" für Gewalt, „violare" heißt schänden. In England und Frankreich heißt „violence" beziehungsweise „violation" Gewalt, Vergewaltigung. Violett und Purpur, die Farben der Macht, wurden nur allzu leicht auch zu Farben des Machtmissbrauchs.

Violettes in der Gegenwart

Den ersten synthetischen Farbstoff (*Mauvein*, sprich »Mowe-in«, von französisch *mauve*, »Malve«) entdeckte der Brite Henry Perkin im Jahr 1856 eher zufällig bei dem Versuch, aus Anilin – einem Teerbestandteil – Chinin herzustellen. Die unansehnliche schwarze Masse löste sich überraschenderweise in Alkohol und lieferte dann eine violette Farbe, die dauerhaft in Stoffe eindrang, ohne auszubleichen. (3)
Die einzige öffentliche Institution, die ihre Bediensteten auch heute noch in Violett kleidet, ist die katholische Kirche. Violett hat hier eine zweifache Bedeutung: Es ist die Rangfarbe der Bischöfe und die Farbe der Buß- und Fastenzeit. Violett soll hier Frömmigkeit, Glauben, auch Demut ausdrücken.

Die sakrale Bedeutung des Violetts als Ausdruck für Demut steht heute in krassem Gegensatz zur Wirkung eines profanen Violetts. Niemand denkt beim Anblick einer violett gekleideten Person an Demut oder Bescheidenheit. Die Farbe wird in der Mode als extravagant akzentuiert. Violett wird nicht einfach so getragen, sondern bewusst gewählt. Sie gilt als eine Verbindung von Sinnlichkeit und Geist, Gefühl und Verstand. In indischer Symbolik ist Violett die Farbe der Seelenwanderung, in westlicher Kultur wird sie zur Farbe der Magie. Nicht nur Priester tragen violette Gewänder, auch ein Zauberer, der zur Bühnenshow effektvoll auftritt, hüllt sich in Purpurfarbenes. Unvergesslich bei der Farbe Lila: *Purple Rain* von Prince. (4) Purple Rain - englisch für „Lila Regen“ - ist das sechste und erfolgreichste Studioalbum des US-amerikanischen Musikers Prince.

Lila - der letzte Versuch?

Gemeint ist mit dieser Redensart ein letztes Aufflackern im Partnerspiel der Begehrlichkeit. Das mit Weiß pastelligere Lila galt früher als Farbe unverheirateter Frauen, die für ein jungfräuliches Rosa zu alt waren. Es hafte ihm „etwas Lebhaftes ohne Fröhlichkeit“ an, meinte Goethe. Zur Zeit Goethes wurde in der Mode erstmals zwischen Kleiderfarben für Männer und für Frauen unterschieden; nur Frauen trugen Lila. Für Männer gibt es kein Alterslimit erlaubter Sexualität, keine Farbe eines letztens Versuchs. Eine diametral andere Bedeutung erhält Violett als Farbe des Feminismus in den 1970er Jahren. Hier symbolisiert das in der Kleidung bevorzugte Violett den Anspruch auf Emanzipation und Gleichberechtigung von Männern und Frauen.

Im Modemagazin ELLE schreibt im Oktober 2017 die Journalistin Anja Woertge: „*Purpel Rain. Warum wir gerade jetzt wieder die Farbe des Feminismus tragen.* In Zeiten des gesellschaftlichen Skandals von #metoo sollten wir Frauen uns mit Stolz auf unsere Rechte und Werte zurückbesinnen. Die passende Farbe dazu? Lila natürlich, denn sie ist nicht nur die Farbe des Frauenrechts und der Gleichberechtigung, sondern auch für Macht und Selbstbewusstsein. Allzu oft sind heute die Begriffe wie Feminismus, Frauenrechte und Emanzipation mit einem leicht abfälligen Beigeschmack belegt. Doch die aktuellen Vorkommnisse zeigen, dass der Kampf um die Gleichstellung der Frau noch lange nicht gewonnen ist. Denn Violett als Farbe der Macht und der Leidenschaft drückt Selbstbewusstsein aus und lässt uns stark wirken." (5)

Transzendenz

Kulturelle und geschichtliche Hintergründe spielen eine wichtige Rolle in der Wahl von Farben. Eine gute Kenntnis davon vermag uns die Freiheit zu geben, zu einer selbstbestimmten, bewussten Farbwahl. Violett gilt als eine Farbe des Glaubens. Ich drücke es für mich anders aus: Violett empfinde ich als eine Farbe des Transzendenten. Damit ist die gelebte Verbindung zu einem geistigen Raum gemeint, wie auch immer dieser im religiösen oder spirituellen Kontext für den Einzelnen, die Einzelne aussehen mag. Wir folgen unserem ganz eigenen Stern und befinden uns so wieder am Anfang unseres Ausflugs ins Violette, in Rilkes Poesie „Oh gäbs doch Sterne".

Kulinarisch Violettes

Wir brauchen in unseren Breiten nicht weit zu suchen, um heimische „Superfruits" zu entdecken. In dunkelvioletten Heidelbeeren, Holunderbeeren, Brombeeren sind reichlich sekundäre Pflanzeninhaltsstoffe vorhanden wie etwa Anthocyane, Wachstumsregulatoren, Duftstoffe und Abwehrstoffe gegen Schädlinge oder Krankheiten. Wer reichlich farbenfroh isst, nimmt große Mengen an sekundären Pflanzeninhaltsstoffen auf und kann vom gesundheitlichen Benefit profitieren. Anthocyane sind wasserlöslich. Das hat in der Küche den Vorteil, dass sich Risotti, Pasta, Teige und Cremes gut einfärben lassen. Dabei hängt der Farbeindruck vom ph-Wert der Speise ab. Besonders erkennbar wird dies beim Rotkraut, das auch Blaukraut heißt. Im sauren Milieu ist es vorwiegend rot, im basischen blauviolett.

Brombeeren sind starke Vitaminträger, u.a. beinhalten sie das sogenannte Provitamin A, welches im Körper in Vitamin A umgewandelt wird, das wiederum den Sehprozess befördert. Selbst Brombeerblätter sind sehr gesund. Ich pflücke sie regelmäßig im Juni, vor der Blüte, für meinen Blüten-Kräutertee (Rezept als Download auf meiner Webseite). Eine Tinktur aus Brombeerblättern wirkt blutreinigend und in der Folge heilend bei unterschiedlichen Hautkrankheiten. Auch die gesundende Wirkung der Heidelbeere ist großartig. Ihr Genuss wirkt sich besonders auf die feinen Häute in den Blutbahnen positiv aus. Sie vermögen hier für eine erneute Geschmeidigkeit zu sorgen. Die tiefblau-violetten Heidelbeeren sind die reinste Verjüngungskur und etwas, was jünger ist, wirkt lebendiger. Bei Weinsorten sind es die schweren, samtigen Rotweine, die mit ihrem Weinrot bis Tiefviolett in dieses Farbspektrum passen.

Und wie duftet nun Violett?

„Violet“ beziehungsweise “violette“ heißen die Veilchenblüten und auch ihre Farbe im Englischen und Französischen. Lila duftet im Frühling der Flieder, im Englischen als „lilac“ bezeichnet und im Französischen „lilas“.
Farb-und Duftzuordnungen sind immer auch eine Sache des Abwägens.
So empfinde ich den Duft des Safrans dem Violetten zugehörig, wie auch dem der meisten Rosen. Natürlich denken wir auch an prachtvolle rote Rosen. Dennoch - der Charakter des Rosenduftes liegt im rosa-violetten Spektrum.
Violett kann auch mit schweren Düften verbunden werden, die ins Narkotische gehen. Das zeigt sich an Parfümverpackungen, bevorzugt hier in samtiger Textur. Will ich in meine Parfüms mit echten Ingredienzien das Violette hineinzaubern, so mische ich meine Düfte wie eine Malerin ihre Farben. Das Narkotische, Geheimnisvolle wird im privaten Bereich vor allem durch Safran ergänzt. Muskatellersalbei, dessen Bandbreite an geradezu zauberhaften Wirkstoffen wirklich überrascht, geht auch in diese lila-violette Farbe.

ART PARFUM **VIOLETTE Seligkeit**

Im Violett leben wir die Kunst des Gleichgewichts, gleich einer Seiltänzerin, die zentriert in ihrer Mitte Schritt für Schritt setzt. Es ist die Balance von weder zu viel noch zu wenig. Wir sind zugewandt und ruhen dennoch in uns. Ein Lächeln vermag zu berühren, zu bezaubern.

Veilchenblätter Absolue*, Iris*, Muskatellersalbei*, Lavendel, Rose, Safran-Tinktur (6)

Nigritella nigra - purpurfarben

Auf ein anderes ungewöhnliches Dufterlebnis will ich hier aufmerksam machen. Vielleicht haben wir das Glück, beim Bergwandern in der Sommerzeit dem purpurnen Kohlröschen (siehe Bild auf der nachfolgenden Seite), einer kleinen Orchidee, zu begegnen. Die kleine Pflanze verströmt einen schier ungewöhnlichen Duftcocktail von Schokolade und Vanille. Diese seltene Pflanze bitte nicht pflücken, nur ganz nah hingehen, schnuppern und genießen. Ich kenne das Kohlröschen - in der Schweiz wird *Nigritella nigra* als „Männertreu" bezeichnet - von meinen Wanderungen im Engadin. Das süße Odeur dieser Nigrittella nigra… kein Wunder, dass die Schweizer für ihre Schokoladenkunst berühmt sind, wenn schon ihre Bergblumen danach duften.

Ich „träume" von einem Herrenduft „Männertreu"-Eau de Toilette mit eben diesen Vanille-Schokoladen Duftnoten im Fond. Das weibliche Pendant dazu ist nicht weniger humorvoll, und trägt in seiner Komposition etwas fröhlich Orange-Pink-Violettes.

Ich bau ein Zelt
Für dich und mich

Am schönsten Platz
In der Natur
Ein Ort der Kraft
Und Stille nur
Ich sag kein Wort
Versinken tief
Zurückgezogen
Wesentlich
Kind sein und alt
Verinnerlicht

Wo alle Zeit uns bleibt
Von Ewigkeit – zu Ewigkeit

Zeilen der Schweizer Poetin Anne-Dominique Meylan,
aus „Gedankenfaden", 2016

Labiatae.
W.Müller n. d. Nat.

Lavendel

Lavandula angustifolia

Familie: Lippenblütler, Labiatae
Duft-Charakteristik: blumig, weich, leicht krautig, wohlig vertraut
Parfumzuordnung: blumige Herzduftnote (Coeur), florale, fougère Parfums
Wirkung:
Körperlich: hautfreundlich, wundheilend, mild antiseptisch
Psychisch: beruhigend, ausgleichend, angstlindernd, entspannend
Herkunft: Frankreich, Italien, Bulgarien
Gewinnung / Pflanzenteile: Wasserdampfdestillation der frisch geschnittenen blühenden Rispen
Besonderheit: Lavendel ist ein seltenes Universalheilmittel. Er ist ein Alleskönner, der Superstar unter den Heilpflanzen.

PARFÜMERIE / DUFT / PERSÖNLICHES

Blau-violette Felder, die bis zum Horizont reichen, sich sanft im goldenen Licht Südfrankreichs wiegen, farbenfrohe Märkte, auf deren Ständen sich kleine Duftbeutel türmen. Lavendel, das sei die Seele der Haute Provence, jubelte bereits der Schriftsteller Jean Giono. Insgesamt beträgt die Weltproduktion über 1000 Jato (7). Gleich vorweg: Bei den großen, violetten Blütenfeldern in Fotografien, die häufig als typische Eindrücke aus der Provence gezeigt werden, handelt es sich nicht um den Echten Lavendel, sondern um Zuchtformen wie beispielsweise Lavandin (*Lavandula hybrida*). Die Güte des echten, wertvollen Lavendelöls wird in der Parfümerie am Esteranteil bemessen; hier ist das Linalylacetat vor allem prägend (bis zu 70%).

PARFUM FOUGÈRE-NOTEN

Bei der Fougère Parfum-Familie handelt es sich um eine eher maskuline Ausrichtung, mit krautig-frischen, von Lavendel und moosig-holzigen Komponenten geprägten

Noten (früher klassisch: Eichenmoos und Cumarin). Die französische Bezeichnung Fougère bedeutet „Farn“ - ein Duftbouquet der Fantasie entsprungen, da Farn an sich kein Aroma hat. Das Parfum *Fougère Royale*, entwickelt im Jahr 1882 vom Parfümeur Paul Parquet für Houbigant, gilt heute als Oberbegriff für diese Duftfamilie.

Man spricht allgemein von Lavendelnoten. Für manche Formulierungen, die in die Richtung Fougère gehen – beispielsweise bei einem Aftershave - verwende ich jedoch statt Lavendel lieber eine gute Qualität von Lavandin (oder auch Speiklavendel). Dieser Lavendeltyp wirkt deutlich frischer. Seine kampferähnliche Obernote kommt bei Herrendüften genau richtig. Es heißt, durch den Kampferanteil würde Adrenalin ausgeschüttet. Wenn wir das mit dem Wirkspektrum des Lavendels vergleichen, etwas ungewöhnlich. Ein derart entwickeltes Rasierwasser wirkt also trotz der typischen Lavendelnote in einem Fougère alles andere als einschläfernd, ein Effekt, der von den Herren der Schöpfung wohl eher erwünscht sein dürfte. Das weniger bekannte Lavandin - als leichte Herznote in sportiven Kompositionen – hat zudem eine positive Wirkung auf die Muskulatur.

80 % der maskulinen Parfums möchten eine Lavendelnote nicht missen. „Mit dem Lavendelöl hat uns die Natur eine der reichsten Kompositionen geschenkt“, schreibt Prof. Ohlhoff (8). „3% des Öls enthalten etwa 250 Spurenkomponenten von enormer struktureller und olfaktorischer Vielfalt. Es lassen sich auch „weißblütige“ Düfte beimischen. Spannende Experimente sind also angesagt.“ An diesen Aussagen wird leicht erkennbar, mit welch reichen Ingredienzien man zu arbeiten vermag, wenn diese echte pflanzlichen Ursprungs sind. *Wichtig: Nur die Natur bietet das ganze Spektrum an herrlichen Wirkmöglichkeiten auf.*

Die merkwürdige Art einer „Qualitätsoptimierung“: Fälschungen sind an der Tagesordnung. Da das Hinzufügen von Linalylacetat und Linalool durch gute Analysetechniken bereits in den achtziger Jahren aufzudecken war, ging man dazu über, mit kleinen Flugzeugen kurz vor der Ernte Linalylacetat über die Lavendelfelder zu versprühen. Die lebenden Pflanzen resorbierten diesen künstlichen Zusatz, eine Fälschung, die so nach der Ernte nicht mehr festzustellen ist!

BERGLAVENDEL / LAVENDEL EXTRA

Der wildwachsende Berglavendel, der auf 800 bis 1200 Metern Höhe in der Haute Provence gedeiht, wird mit der Sichel per Hand frühmorgens geerntet. Anbau und Ernte mit großen Maschinen - wie dies unten in den Ebenen der Fall ist - sind unmöglich. Vor einigen Jahren hatte ich einmal eine gute Gelegenheit, bei der Ernte des Berglavendels mitzuhelfen. Dort bei warmen Temperaturen hoch zu kraxeln, um dann tief gebeugt mit der Sichel die Pflanzen zu schneiden… nach einem solchen Tag weiß man, was man getan hat. Mein Respekt für den Inhalt eines solchen Fläschchens ist jedenfalls durch diese eigene Erfahrung deutlich gestiegen. Der Berglavendel wird direkt nach der Ernte an Ort und Stelle destilliert, um nichts der kostbaren Inhaltsstoffe durch einen etwas längeren Transportweg zu verlieren. Ein in wilder freier Umgebung gewachsener Berglavendel vermag uns - neben seinen beruhigend, entspannenden Komponenten - auch seine Widerstandskraft und damit einen inneren Halt zu vermitteln.

ECHTER LAVENDEL

Lavendel (siehe Bild folgende Seite) gilt als ein „Öl der Mitte“. Sein ausgleichender Charakter steht im Spektrum seiner Wirkungskraft. Wenn wir im Zusammenhang mit ätherischen Ölen von „Lavendel“ sprechen, gehen wir meist vom „Echten Lavendel“ *Lavandula angustifolia* aus. In diesem Fall wird „echt“ als ein Bestandteil des Namens angesehen und sollte groß geschrieben werden. *Bei der Qualität ist das Kriterium der Art der Vermehrung ausschlaggebend.* „Echter Lavendel vermehrt sich natürlicherweise geschlechtlich. Durch Insektenbestäubung findet eine Befruchtung statt, es bilden sich Samen und hieraus entwickeln sich neue Pflanzen.

Jedes Samenkorn ist einzigartig in seiner Erbanlage und mit ihm die daraus hervorgegangene Pflanze. In einem so gewachsenen Pflanzenbestand derselben Art gibt es nicht zwei Individuen, die genetisch gleich wären, eine fachlich als *Population* bezeichnete Fortpflanzungsgemeinschaft. Die aus Samen gewachsenen Pflanzen sind vielgestaltig, verschieden hoch und breit. Sie blühen zu unterschiedlichen Zeitpunkten, zeigen eine reiche Variationsbreite an Blütenfärbungen. Das Spektrum reicht von einem Hellgraublau bis zu Tiefviolett, aber auch rosa Tönungen und gar Weiß können vorkommen. (9) Ein Feld von einem ausgesäten Lavendel sieht von vornherein nuancenreich aus. Das hat auch Auswirkungen auf den Duft und auf dessen Inhaltsstoffe. *Wie bei einem guten Wein kommt es auf das fördernde Zusammenspiel von Pflanzenart, Bodenbeschaffenheit und dem Wechsel von Wind, Sonne und Regen an.*

„Das ätherische Öl von aus Samen gezogenem Echten Lavendel wird von französischen Lavendelbauern meist nur kurz „Lavande fine" (Lavendel fein) genannt, aber je weiter man sich von den Anbaugebieten des Echten Lavendels entfernt, desto eher wird diese Bezeichnung auf alle Echtlavendelöle ausgeweitet. *Verwechslungssicher ist daher die Bezeichnung „Lavande de Population" und auf Deutsch entsprechend „Echter Lavendel aus Population".* (10)

LAVANDIN / LAVANDULA HYBRIDA

Lavandin ist eine Kreuzung zwischen *Lavendula angustifolia* und *Lavendula spica* und hat einen wesentlich niedrigeren Estergehalt, enthält zudem Kampfer. Die Pflanze ist in ihrem Wuchs buschiger, auch wesentlich größer als der Lavendel und seine Blüten sind von intensiverem Blau-Violett. Daraus ergibt sich auch eine größere Ausbeute an Öl bei der Destillation. Die jährliche Produktion von Lavandinöl übersteigt die des Lavendelöls um das Zehnfache. Achtet man beim Kauf auf eine gute Lavandin-Qualität, so braucht sich dieses ätherische Öl jedoch „nicht zu verstecken". Mit seinem höheren Kampferanteil ist es ein interessanter belebender Duft und eignet sich auch zur Wunddesinfektion und Wundheilung. Seine schmerzmildernde Wirkung wurde wissenschaftlich bestätigt.

Die interessante Geschichte, wie man Lavandin entdeckte fand ich beschrieben von Dipl. Ing. Margit Müller in ihrem „Lavendel - Wissenschaftsprojekt für thescenteddrop" (2016): „Speik- und Echter Lavendel wachsen auf Kalkböden, blühen im Hochsommer etwas zeitversetzt. In Höhen um die 700 Meter, wo ihre Verbreitungsgebiete einander berühren oder überlappen, kann es durch Insektenbestäubung natürlicherweise zu Kreuzungen zwischen beiden Arten kommen. Die dabei entstehenden Pflanzen werden Lavandin (*Lavandula x*

intermedia) genannt. Diese wilden Lavandine sind genetisch verschieden und liegen in ihren individuellen Eigenschaften zwischen denen der ungleichen Eltern, mal näher am Echten Lavendel, mal näher am Speiklavendel. Gemeinsam ist ihnen der hohe und dichte Wuchs, durch den sie meist schon von Weitem auffallen. Kein Wunder, dass die Menschen irgendwann begannen, ihn in Kultur zu nehmen." (11)

SPEIKLAVENDEL / LAVENDULA SPICA / LAVANDULA LATIFOLIA

Der Speiklavendel ist weitaus wärmeempfindlicher als der Echte Lavendel. Als mediterrane Pflanze liebt er trockene Böden und gedeiht im Gebirge bis höchstens 1000 Meter Höhe. Auffallend ist, dass auch der Speiklavendel (wie Lavandin) über einen Kampfer-Anteil verfügt. Ernten aus Portugal und Spanien weisen hier einen noch höheren Anteil auf als der Französische. Speiklavendel wird in der Regel erst im Spätsommer geerntet, etwa 3 bis 4 Wochen nach der Lavendelernte. So wird auch ein interessantes wild gesammeltes ätherisches Speiklavendelöl am Markt angeboten. Da diese Lavendelart über kleinere Blüten verfügt, ist die Ausbeute entsprechend geringer als bei kultiviertem Lavendelarten im Tal. In der südostfranzösischen Landschaft der Corbières, am Rande der Pyrenäen, ist dieser schöne wilde Speiklavendel heimisch. Bis 1930 bevorzugten europäische Parfumhersteller das ätherische Öl aus dieser Region wegen seiner besonderen Duftqualität und Feinheit. *Bemerkenswert*: *„Von allen Lavendelarten hat der Speiklavendel die stärkste antibakterielle Wirkung, ohne die natürliche Haut- und Darmflora zu schädigen.* So ist inzwischen bewiesen, dass Speiklavendelöl das Wachstum von Tuberkulosebakterien hemmt" (12).

LAVENDELWASSER

Noch ein Wort zum wohltuenden Lavendelwasser (Lavendelhydrolat). Man erlebt sein „blaues Wunder" unterwegs mit diesem feinen Blütenwasser. Sich kurz damit besprühen und man fühlt sich angenehm erfrischt. Im Hotel angekommen, hilft ein Sprüher des Lavendelwassers auf Nachtwäsche und Kopfkissen, so dass wir uns an diesem fremden Ort gleich etwas heimischer fühlen. *Tipp:* Wenn ein Lavendelhydrolat Ihnen zu „unlavendelig" riecht, ist vermutlich zu viel vom Kraut mitdestilliert worden. Es lohnt sich daher nach einer feineren Qualität zu suchen. (13)

GESCHICHTE

Lavendel wird seit Jahrtausenden in vielfältiger Weise genutzt. Schon Perser, Griechen und Römer verbrannten die stark duftenden Lavendelzweige als Abwehrmittel gegen „schlechte Dünste“ in Krankenzimmern und beim Ausbruch von Epidemien. Die Römer, die über eine hervorragende Badekultur verfügten, nahmen den Lavendel als wohlduftenden Badezusatz. Von Kaiser Augustus (63 v.Chr. – 14 n.Chr.) heißt es, er liebte abends ein Lavendelbad zu nehmen, wann und wo immer dies auf seinen Feldzügen mit einer transportablen Badewanne möglich war. Von den Römern stammt auch der Ursprung unseres Wortes „Lavendel“, nämlich vom lateinischen *lavare* für *waschen.*

Über die Klostermedizin und deren Kräuterwissen kam der Lavendel dann verstärkt nach Mitteleuropa. Als Schutz vor Ansteckung stellte man einen Kräuteressig her, der Lavendel enthielt. Damit tränkte man Tücher und Schwämme, die zu Pestzeiten im 17. Jahrhundert vor Nase und Mund gehalten wurden. Seit dieser Zeit finden sich Nachweise für erste Lavendelwässer in London. Die Liebe der Briten zum Lavendel hat sich bis in unsere heutigen Tage erhalten und gilt gar inzwischen als eine „nationale Duftmarke“.

HEILWIRKUNGEN

Lavendel, medizinisch ein Vielstoffgemisch, ist ein echter Alleskönner, der Superstar unter den Heilpflanzen. Neben Rosenöl ist Lavendel das Therapeutikum mit den vielfältigsten Anwendungsmöglichkeiten. *Es gilt als das Mittel der Wahl bei Verbrühungen, Verbrennungen*, wirkt stark zellerneuernd (= epitelisierend). Dies ist eine der ganz seltenen Anwendungen, bei denen man ein ätherisches Öl pur, also unverdünnt aufgeben darf.

„Lavendel besitzt zudem stark desinfizierende Eigenschaften, weshalb es in England häufig zur Raumluftdesinfektion benutzt wird (Bekämpfung von Hospitalismus). Bei Betrachtung seiner Wirkungsmöglichkeiten ist es erstaunlich preiswert und nahezu nebenwirkungsfrei.“ (14) Lavendelöl sollte also in keiner Hausapotheke fehlen. Auch schmerzende Wunden und juckende Mückenstiche können mit diesem Wunderöl schnell gelindert werden. Auf Reisen hat es sich bewährt, immer ein Fläschchen Echten Lavendel und auch Pfefferminzöl dabei zu haben.

Bei pharmakologischen Untersuchungen an den Universitäten Wien und Sizilien wurde die Wirkung seines Inhaltsstoffs, des Linalools, bestätigt. Man entdeckte sogar, dass Linalool in höheren Dosen einschläfernd wirkt. *Was selbst die Forscher überraschte: Die Duftmoleküle gelangten über das Blut in wenigen Minuten ins Gehirn.* Sind Riechstoffe also sogar Psychopharmaka? Dafür spricht vieles, sagt die Wissenschaftlerin Eva Heuberger von der Universität Wien. Sie fand heraus, dass die Duftstoffe selbst über die Haut aufgenommen die gleichen sichtbaren Spuren im Gehirn erzeugen wie über die Nase eingesogen. In den Gehirnzellen üben die Lavendelmoleküle vermutlich eine dämpfende Wirkung auf die wichtigsten erregenden Rezeptoren (NMDA-Kanäle) aus. Die Versuchspersonen fühlten sich wohl und berichteten von deutlich weniger Angstzuständen. Das Ergebnis dieser Studie *„könnte ein erster Schritt zum bewussten therapeutischen Einsatz von Düften"* sein, fasst Heuberger zusammen. (15)

KULINARIK

Es gibt eine Fülle an Blüten, die wir auch kulinarisch genießen dürfen. Neben den Rosen, Veilchen, Orangenblüten, Lilien und sogar Dalien (alle ungedüngt) gehören auch die herrlich violettfarbenen Lavendelblüten dazu. Zum Glück wachsen sie auch bei uns im Garten auf 1000 Meter. Vor allem in ihrer Heimat Südfrankreich genießt man eine reiche Vielfalt an Lavendelgenüssen wie etwa der aromatische Likör „Liqueur de Lavande". Und es ist gut, immer ein Glas feinsten Lavendelhonigs im Vorratsschrank zu haben. Warum? Das sehen Sie weiter unten.

REZEPTE

„Lavendel-Einreibung" ***Hilfe am Krankenbett***

100 ml Mandelöl oder Rapsöl

30 Tropfen Lavendelöl fein *Lavandula angustifolia*

Tropfen Sie den Lavendel direkt in die Flasche mit dem fetten Öl. Schütteln, fertig. *Die Richtung beachten:* Beruhigend ist die Einreibung von oben nach unten zu den Händen hin! Anschließend das Aromaöl von den Knien angefangen über die Waden nach unten zu den Füßen hin einreiben. Zum Schluss die Fersen kurz umfasst halten. So erfährt der kranke Mitmensch – ihm fehlt im Liegen ja der Bodenkontakt – wieder eine gewisse Erdung und damit ein Gefühl von Sicherheit.

Hinweis

*In einem Münchner Krankenhaus wurden Angehörigen von Patienten diese einfache Lavendeleinreibung gezeigt. Es kam zu bemerkenswerten Verbesserungen: * Erstens war es für die Angehörigen hilfreich, dass sie etwas für ihre Lieben tun konnten. * Zudem duftete es im Raum gut. * Drittens fanden die Patienten es hilfreich, so berührt zu werden. Durch das „Angefasst werden" wurden Gespräche möglich, die wohl sonst nicht stattgefunden hätten. * Und viertens stellte die Nachtpflege fest, dass sie deutlich weniger gerufen wurden. Selbst „schwierige" Patienten seien durch die Lavendeleinreibungen ruhiger geworden. (16)*

„Aprikosenkuchen der Provence" ***mit Lavendel***

Zutaten für eine Tarte-Form mit 28 cm Durchmesser

2 TL Butter und Puderzucker für die Form
220 g gemahlene Mandeln
3 Eier
90 g zerlassene und abgekühlte Butter
3 EL Puderzucker
1 Prise Salz, 90 g Lavendelhonig, 1 TL abgezupfte Lavendelblüten
12 Aprikosen, entsteint und geviertelt

- Den Backofen auf 180 Grad vorheizen. Eine Tarte-Form mit Butter einfetten und mit Puderzucker bestäuben.
- Die Mandeln mit den Eiern, der zerlassenen Butter, dem Puderzucker, Salz, Honig und den Lavendelblüten verrühren, in die Tarte-Form füllen.
- Aprikosenviertel daraufsetzen. 35 Minuten backen.

Hinweis

Dieses feine Kuchenrezept aus der Provence kommt ohne Mehl aus. Hauptsächlich besteht es aus Mandeln und Aprikosen. Sie werden sich in diesen Kuchen hineinlegen

bebe

wollen wie in ein sonnenbeschienenes Lavendelfeld, nach dem er übrigens auch ein bisschen schmeckt, aber nur ein bisschen.
Das Rezept stammt aus dem großartigen Kochbuch von Diane Holuigue „Genießer unterwegs – Provence: Rezepte und kulinarische Notizen“, Verlag Christian München, 2003. (18)

Rose

Rosa damascena / Rosa centifolia

Familie: Rosengewächse / Rosaceae
Duft-Charakteristik: betörend, süß, mit leichter Honignote, blumig, aphrodisisch
Parfumzuordnung: Herzduftnote (Coeur), florale, orientalische Parfums
Wirkung:
Körperlich: antiseptisch, entzündungshemmend, schmerzlindernd, wundheilend, immunstimulierend, lymphflussanregend, hautregenerierend
Psychisch: bei Stress-Symptomen entspannend, zentrierend, bei höherer Dosis auch leicht berauschend, aphrodisierend
Herkunft: Bulgarien, Afghanistan, Iran, Syrien, Marokko, Türkei
Gewinnung / Pflanzenteile: Wasserdampfdestillation der geöffneten Rosenblüten, Extraktion
Besonderheit: Das über Destillation gewonnene Rosenöl beginnt ab 18 - 19°C fest zu werden (Rosenwachse), leicht erwärmt (handwarm) wird es wieder flüssig

PARFÜMERIE / DUFT / PERSÖNLICHES

Die aufrechte, schöne nordische Göttin Freya kann man sich gut in einem duftenden und gleichsam schützenden Wildrosenhain vorstellen. Sie gilt als Namensgeberin unseres sechsten Wochentages, des Freitags mit seinen das Wochenende einläutenden, gern auch festlich gelebten Abendstunden. Was läge näher, hierbei ein aphrodisisch duftendes Parfum mit einer Rosenherznote aufzutragen? Alle Wildrosen - mehr als hundert Arten - sind in der nördlichen Hemisphäre seit Jahrtausenden heimisch. Man findet sie bis hinauf nach Grönland, Sibirien und hinunter zum Golf von Mexiko, an den Küsten des Mittelmeers und ins weit entfernte Burma und China. Die Rose bevorzugt ein eher kühleres Klima und entwickelt ihre ganze Rosenpracht in Ländern mit gemäßigtem Klima. In ihrer ganzen Erscheinung gelten Rosengewächse als ein Symbol von Vollkommenheit. Sind sie doch in all ihren Teilen geradezu venusisch vollkommen gestaltet: Die kräftige Wurzel sorgt für einen gesunden Wuchs, ihre grünen Blätter sind harmonisch proportioniert und erst die Fülle an Duft tragenden Blüten in all ihren Farben von Weiß, von unterschiedlichsten Rosa- und Rottönen, Gelb und Aprikotfarben bis hin zu einem tiefen Dunkelviolett.

Rosennacht
Heute will ich dir zu Liebe Rosen fühlen,
Rosen fühlen dir zu Liebe,
dir zu Liebe heute lange lang
nicht gefühlte Rosen fühlen. Rosen.
Alle Schalen sind gefüllt;
sie liegen in sich selber jede hundert Male,
wie von Talen angefüllte Tale
liegen sie in sich und überwiegen.
So unsäglich wie die Nacht
überwiegen sie den Hingegebenen,
wie die Sterne über Ebnen überstürzen sie mit Pracht.
Rosennacht. Rosennacht.
Rainer Maria Rilke (19) (20)

Einer graziösen Königin gleich sehe ich den Rosenduft in der Mitte eines Parfums angeordnet, drumherum gruppieren sich dann weitere stimmungsvolle Blütendüfte wie erotisierende Jasminnoten, zarte Veilchendüfte oder üppig gelbe Ginster und elegante Tuberosen, je nach Aufgabenstellung. Ein Parfum, das im Coeur die deutliche Herzqualität einer Rose besitzt, umgibt ihre Trägerin mit vollkommener Präsenz. Grazie, eine spürbare Eleganz schwingt in ihrem Odeur mit. Umhüllt von diesem Duft lassen wir uns einer Göttin gleich nicht so leicht wegtragen in die „Niederungen des Alltags“.

Das Wesentliche des Rosenduftes: Unsere Mitte erfährt eine Stärkung.

ROSE GALLICA (ROSA GALLICA OFFICINALIS)

Die älteste Rose ist vermutlich die Rosa gallica, die sogenannte Apotheker-Rose. Es ist ein Kreuzungsweg erkennbar von Rosa gallica zur Rosa damascena und von Rosa alba (der weißen Rose) zur Rosa centifolia. Rosa gallica ist extrem aromatisch und wurde wegen ihres Duftes, ihrer Schönheit seit der Antike in der Literatur gepriesen. So wird sie bei Herodot und Plinius erwähnt. Im Mittelalter schätzten die Apotheker sie wegen ihrer großen Heilkraft, weshalb sie auch als „Apotheker-Rose“ oder französisch „Rose de Provins“ bezeichnet wird. (21)

ROSA ALBA

Die Rosa alba – die weiße Rose – gehört ebenfalls zu den ältesten Rosenarten. Umrankt von zahlreichen Mythen erlangte sie vor allem als Brautblüte ihre Berühmtheit. Albertus Magnus erwähnt die Alba-Rose um 1250 in Deutschland. Einige Sorten der Rosa Alba wie ’Chloris’ oder ’Mme Plantier’ sind fast stachellos und können als üppige Kletterrosen in der Gartengestaltung eingesetzt werden. Die Blüten sind ausnahmslos hervorragend duftend, meist gut gefüllt und sehr gleichmäßig im Wuchs. Sie sind von Weiß bis zart Rosa getönt.

ROSEN-ABSOLUE / MAIROSE

Neben dem Destillationsverfahren gibt es auch ein durch Solvent-Extraktion gewonnenes Rosen-Absolue. Hierbei entsteht ein parfümistisch hoch interessantes Mairosenöl aus den Blüten der *Rosa centifolia* (Rose de Mai). Im ersten Verfahrensschritt erhält man eine wachsige Masse, Concrète oder auch Rosenbutter genannt. Im zweiten Schritt werden mit Ethylalkohol die ätherischen Bestandteile herausgelöst. Nach Verdampfen des Alkohols liegt das Absolue vor. Dieses Absolue duftet besonders lieblich, intensiv rosig, mit einer langanhaltenden leichten Honignote im Hintergrund und besitzt eine deutlich euphorisierende Komponente. Rosenextrakte enthalten bis zu 65% Phenylethanol, im Vergleich das Destillat nur 1-3%. Durch das duftprägende Phenylethanol erinnert der Duft des Absolues daher stärker an frische Rosenblüten als das Destillat.

ROSEN ATTAR

Eine Rarität stellt ein Rosen Attar dar. Ganze Mythen ranken sich um diese indische Rosenspezialität. Das Ungewöhnliche: Es werden für dieses Attar Rosenblüten auf edelstem Sandelholz (22) *Santalum album* destilliert. Diese seltene Kostbarkeit wird in Nordindien hergestellt mittels des „Degs“, einer transportablen Destille. Diese exquisite Essenz als Coeur einem Parfum zu vermitteln ist schlichtweg göttlich!

ROSENWASSER / ROSENHYDROLAT

Um Rosenwasser ranken sich Märchen, kulinarische Fantasien werden geweckt. Rosenwasser finden wir in Rezepten der raffinierten Küche wie auch in Kosmetika vor, ein wahrhaftig breites Spektrum seiner Verwendung. Ein gutes Rosenwasser, ohne zusätzlichen Alkohol, gilt als fein duftendes Tonikum zur Gesichtspflege und hier ergänzt durch Rosenlotionen und -cremes. Wenn dann nach dem Auftrag ein feiner Rosenduft die eigene Nase erreicht…herrlich! Achten Sie auf beste Qualität beim Einkauf. Es werden leider auch Rosenhydrolate angeboten, die mit synthetischen Zusätzen versetzt sind.

BOTANIK

Am Fuße des Balkangebirges in Bulgarien liegt das größte Rosenanbaugebiet der Welt, am Rande des Taurusgebirges in der Türkei das zweitgrößte. Seit Jahrhunderten baut man dort *Rosa damascena* an, ein heckenrosenähnlicher Strauch mit rosafarbenen, vollen Blüten, der besonders gut im Schutz von Gebirgsketten auf sandigen, steinigen Böden gedeiht. Die Haupterntezeit der Rosenblüten ist mit nur 30 bis 40 Tagen im Mai und Juni recht kurz. (23) Da rückt dann die ganze Familie an, um beim Pflücken dieser kostbaren Blütenpracht zu helfen. Schon im Morgengrauen sind sie unterwegs, um nach alter Tradition jede einzelne Rosenblüte mit der Hand zu ernten. Die unvorstellbare Menge von 4000 kg Rosenblüten ergeben 1 kg Rosenöl. Die Luft ist geradezu geschwängert vom betörenden Rosenduft… und diese duftende Ernte endet in einem sinnenfrohem Rosenfest, bei dem man nur allzu gerne dabei wäre.

GESCHICHTE

Die älteste bekannte Darstellung einer Rose finden wir auf einem blauen Vogelfresko von Knossos auf Kreta, von Menschenhand gemalt im 16. Jh. v. Chr. Die Rose begleitet uns seit Tausenden von Jahren. Ihre Schönheit, Grazie, der sagenhafte Duft wird von zahlreichen Dichtern besungen. Als „Königin der Blüten" symbolisieren Rosengewächse in der christlichen Ikonographie Maria, die Mutter Jesu, als Himmelskönigin. So stehen wir bewundernd vor mittelalterlichen Gemälden wie dem Tafelbild „Gottesmutter im Rosenhag" von Stephan Lochner, das um 1448 n.Chr. entstand.

Bei den Mythen rund um die Rose darf das Märchen „Dornröschen" nicht fehlen. Die Rosenart, die das Schloss, den Turm so undurchdringlich umwächst, ist die berühmte *Rosa rubiginosa*, auch schottische Zaunrose oder Apfelrose genannt. Es ist übrigens die einzige Rose, deren grüne Blätter wirklich stark nach Apfel duften. Bei *Spakespeare* heißt sie *Eglantine* und wird in mindestens sechs seiner berühmten Königsdramen gepriesen. Diese Rose hat als einzige widerhakenförmige Dornen. Auf diese Weise wird eine undurchdringliche Hecke geschaffen; außerdem ist sie extrem schnellwüchsig.

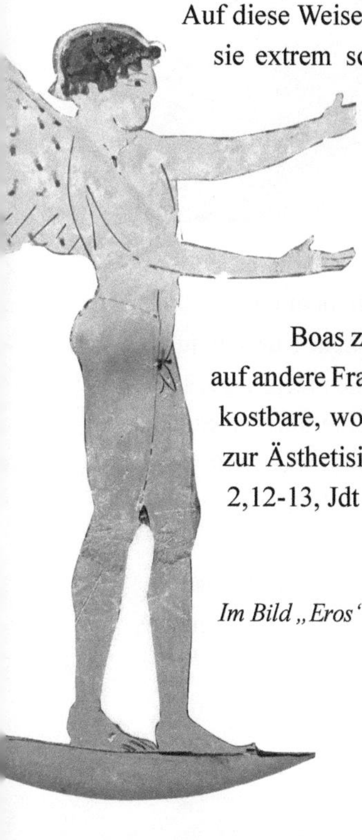

ROSE UND EROS

Eine Salbung wird zu einer königlichen Handlung, so wurden seit Urzeiten Könige initiiert. Nur die besten Ölqualitäten, mit Duftstoffen angereichert, wurden hierzu verwandt. Das Alte Testament berichtet von Rut, die sich badet und salbt, um Boas zu gefallen. Das kosmetische Salben kommt aber auch in Bezug auf andere Frauen der Bibel zum Ausdruck, woraus man schließen kann, dass kostbare, wohlriechende Salben insbesondere in späterer Zeit zunehmend zur Ästhetisierung des Körpers eingesetzt wurden (siehe Rezepte, vgl. Est 2,12-13, Jdt 10,3 und Sus 1,17).

Im Bild „Eros", eine attische Malerei um 450 v. Chr.

Es heiß, dass man *„in den persischen Palästen Jungfrauen, die für den Harem des Herrschers bestimmt waren, ein Jahr lang jeden Tag in Duftwässern baden ließ, da Labdanum-, Styrax- und Benzoedämpfe, die aus den Räucherfässern aufstiegen und Haar und Haut durchdrangen, sie nur noch begehrenswerter machten.“* (24) Die heutigen orientalischen Dampfbäder, die *Hamams*, setzen diese Traditionen auf ihre Weise fort. In den Wärmeräumen, in denen sich die Frauen ausruhen, verströmen die feuchten Dämpfe den Duft von Bergminze, Lavendel und Gewürznelke. Der Körper wird mit *ghassul, einer mit Rosenöl vermischten Tonerde* eingerieben während das Haar eine Packung aus Henna erhält, angereichert mit Honig, pulverisisierten *rihan*-Blättern und verschiedenen Duftstoffen.

QUINTIA ESSENZIA – PENTAGRAMM

Schaut man sich den Blütenaufbau der Rose an, so ist ihre Zahl die Fünf. Um die Fünf zu verstehen, sollte man die Blüte verstehen. (Bild: *Alcea rosea*). *Während es in der Wurzel und im Blattwerk um Wachstum und Stoffwechsel geht, steigert sich die Pflanze in der Blüte durch Farbe, Licht und Duft zu einem seelischen Ausdruck. In der Blüte kommt das Typische der Pflanze zur Geltung; sie wächst quasi aus sich heraus.*

Der Mathematiker und Philosoph Wolfgang Held (25): „Nicht anders ist es mit dem geometrischen Bild der Fünf, dem Pentagramm. Im Gegensatz zu Drei- und Viereck entsteht im Fünfeck in einem Kurvenzug der Stern. Und es ist ein besonderer Stern, denn alle Strecken teilen sich gegenseitig im Goldenen Schnitt, jener speziellen Teilung, in der sich eine kürzere Strecke zur längeren genauso verhält wie die längere zur gesamten Strecke. Mit Recht wurde bis in die Renaissance diese Proportion *sectio divina*, „Göttliche Teilung“ genannt.“

Bei den Griechen ragte die Fünf als die *Quintia essenzia* (aus dem Lateinischen) über die Vierzahl der Elemente hinaus und symbolisierte den Kosmos, das Geistige.

In der Renaissance erkannten Agrippa von Nettersheim und Leonardo da Vinci die menschliche Gestalt als Pentagramm. Damit ist ein Versprechen verbunden, dass Höheres möglich ist“. Es ist das Grundprinzip der Rose.

Gedenke der Rose – blutrot.
Sie ist ein Zeichen der Wandlung.
Kampf wird zur Blüte.
Finde in der Röte einer Rose,
die Blüte zum Licht.
Dort, wo sie sich treffen,
endet Materie
und Geist beginnt! (26)

HEILWIRKUNGEN

Eng mit dem Rosenanbau und der Destillation von kostbarem Rosenöl ist die persische Stadt Isfahan verbunden. Dort verbrachte *Ibn Sina* - auch *Avicenna* (lateinisch) genannt - in der Zeit 980 bis 1037 n.Chr. die letzten vierzehn Jahre seines Lebens als Leibarzt am Hofe des Fürsten. Er schrieb zahlreiche Bücher, vor allem über die Heilwirkung der Rose. Wer in diese Zeit eintauchen möchte, dem empfehle ich den historischen Roman „Die Straße nach Isfahan“ von Gilbert Sinoué. Auch im Buch von Noah Gordon und im Film „Der Medicus“ dient dieser berühmte Arzt, Philosoph und Mathematiker Ibn Sina als Vorbild. Rosenöl besitzt eine stark harmonisierende, ausgleichende Wirkung, da es das Hormonsystem zu regulieren vermag. „Dieser Duft der Liebe“ – wie es Ibn Sina ausdrückte – vermag Verhärtungen aufzubrechen, das Herz zu öffnen – für sich und für andere. So zeigt etwa ein Erröten eine Gefühlsbewegung, die aus unserem Herzen kommt. Hat man eine gesunde, schöne Gesichtsfarbe spricht man von einem „rosigen“ Aussehen.

Die Pflege eines Rosenstocks, deren Blüten aus dem dornigen Strauch hervorbrechen, möchte man metaphorisch gleichsetzen mit der inneren Arbeit, welche wir an uns selbst leisten.

Der Mediziner, Anthroposoph und Pflanzenkenner Markus Sommer: (27) „Und so kann der wahrhaftige Duft einer Rosenblüte bei einem Menschen auch einmal Tränen hervorlocken oder einen Zorn aus der Tiefe des Herzens heraufholen. Es bedeutet, dass diese Emotion nun gelöst wird durch diesen intensiven Duft." Vielleicht ist es diese Wirkung der Rose, welche die heilige Hildegard von Bingen dazu veranlasste, „Zornmütigen" zu raten, im Moment des aufsteigenden Ärgers an getrockneten Rosenblütenblättern zu riechen. Salbt man den Herzbereich des Körpers mit einem Rosenkörperbalsam, dann vermag das Heilende des Rosenöls wirklich auch in tiefere Ebenen wirken, über die körperliche Ebene hinaus, wie bei Gefühlen von Traurigkeit oder Liebeskummer. Diese Anwendung sollten wir dann regelmäßig, über Wochen hinweg, durchführen (siehe Rezept unten).
Ein neues Leben wird den Geist beschwingen / So oft wir riechen den süßen Duft der Rose.

Ätherisches Rosenöl gilt als besonders hautfreundlich und ist dabei für jeden Hauttyp und für jede Altersstufe geeignet. In der Heilkunde werden auch die Hagebutten, die Vitamin-C-reichen Früchte der Wildrose (Rosa rubignosa), und das aus den Kernen gewonnene fette Öl genutzt. Eine aus den Blütenblättern (Rosa gallica) bereitete Rosenpaste - so schreibt es Prof. Wabner (28) in seiner Rosenschrift - ist ein historisches Heilmittel bei Magen-Problemen, hilft bei Galle und Leber-Beschwerden, stärkt das Herz und mundet zudem noch gut (Rezept unten).

KULINARIK

In einem jahrhundertealtem Rezept geht feinstes Rosenwasser eine Verbindung ein mit Mandeln, den Kernen des Mandelbaumes (auch ein Rosengewächs) und gutem Bienenhonig. Wissen Sie, was ich meine? Mit diesen Zutaten gelingt unter fachkundigen Händen eine wahre Köstlichkeit, unser beliebtes Marzipan. Dabei haben bestimmte Landstriche ihre typischen Spezialitäten entwickelt wie bei uns Niederegger und Lübecker Marzipan (heute jedoch mit Zucker statt Honig), in Spanien „Marzipan aus Toledo" oder „Frutta di Martorana" in Sizilien. Das Konservieren von Rosenblüten in Honig oder Marmeladen ist in Persien und Indien als Basis von köstlichen Süßspeisen und Gebäck bekannt. Berühmt ist die traditionsreiche marokkanische Gewürzmischung „Ras el-Hanout", neben getrockneten Rosenknospen enthält sie eine lange Reihe von Gewürzen wie Muskatnuss, Macis, Anis, Gelbwurz, Chilischoten, Lavendelblüten, Pfeffer, Ingwerwurzel, Gewürznelke, Pimentkörner, Kardamomkapseln und Galgantwurzel, Kreuzkümmel, Kümmel und Rosenpaprika.

REZEPTE

„Rosennacht" ***Körper- und Intimpflegebalsam***

20 Tropfen Rose 10% *Rosa damascena* (handwarm, dann wird das Kristalline wieder flüssig)
1 Tropfen Myrrhe *Commiphora myrrha*
1 Tropfen Labdanum / Cistrose *Cistus ladanifer*
100 ml Mandelöl
Tropfen Sie direkt in die Flasche mit dem Mandelöl die Düfte, schütteln und fertig ist ihr kostbares Pflegebalsam „Rosennacht". Ich bereite mir gleich 10 Flaschen zu, so hoch ist mein eigener Bedarf. Tragen Sie es morgens und abends auf, dabei vor allem die Herzgegend einbalsamieren. Ideal auch zur Ganzkörperpflege nach dem Duschen oder Baden.

Hinweis
Mit der „Rosennacht" steht Ihnen eines der edelsten Pflegemittel des weiblichen Intimbereichs zur Verfügung. Ein Jahr vor einer herrschaftlichen Hochzeit wurde die Braut mit duftenden Balsamen einbalsamiert (29). Auch auf ihre Speisen wurde geachtet. Denn das, was wir zu uns an Speisen und Getränken nehmen, hat durchaus eine Auswirkung auf unseren persönlichen Hautduft.

Rosenpaste

- Man nimmt gleiche Gewichts-Mengen frischer Rosenblütenblätter (ungedüngt, ungespritzt) und Zucker.
- Gibt beides in ein Gefäß und zerkleinert alles mit einem elektrischen

Vier Schritte zur „Rosenpaste“

Gerät, bis eine gleichmäßige dicke Masse entstanden ist.

- Die Rosenpaste füllt man in gut verschließbare, sterile Gläser mit Schraubdeckel und bewahrt sie im Kühlschrank (Gefriertruhe) auf.

Mit der im Sommer hergestellten Rosenpaste können Sie Eiscreme, Desserts, Torten veredeln sowie eine wundervolle rosafarbene Rosenschlagsahne zubereiten.

Hinweis

Bewährt hat sich auch mein Rezept „Rosen-Apfelgelee“. Im Herbst füge ich etwa 30 g Rosenpaste (aus der Tiefkühltruhe) in 1 Liter frisch zubereiteten, heißen Apfelgelee. Anschließend in sterile Gläser abfüllen und genießen.

Safran

Crocus sativus

Familie: Schwertliliengewächse, Iridaceae
Duft-Charakteristik: pudrig-bitter, euphorisierend, sinnlich
Parfumzuordnung: nur für eigene „maßgeschneiderte Parfums“
Wirkung:
Körperlich: Herz stärkend, entkrampfend
Psychisch: stimmungsaufhellend
Herkunft: Iran, Indien, Italien, Spanien, Schweiz
Gewinnung / Pflanzenteile: Destillation
Besonderheit: *Ätherisches Safranöl fällt unter das Betäubungsmittelgesetz und darf nicht in Parfums oder Kosmetika zum Verkauf angeboten werden*

PARFÜMERIE / DUFT / PERSÖNLICHES

Safran sei ein Himmelsgeschenk. Es ist das Sonnige, das uns als „Rotes Gold“ - eine alte Bezeichnung für Safran - seit Jahrhunderten zur Verfügung steht. „Fröhlich mache und tröstlich wirke der Safran“, steht in einer medizinischen Spruchsammlung, die um 1066 verfasst wurde. Das Geheimnis des Safrans liegt in seiner psychoaktiven Wirkung. Dieses außergewöhnliche Gewürz wirkt ausgesprochen euphorisierend. In gekonnter Dosierung vermag Safran uns eine ganze Bandbreite an Wohlsein zu vermitteln. Safran gehört zu den seltenen Gewürzen, die aus einer Blüte gewonnen werden. *Vorherrschend bei Blüten ist der Ausdruck des Lichthaften einer Pflanze.* Arbeitsaufwändig gestaltet sich die Ernte des Safrans.

Früh am Tag, wenn die flüchtigen ätherischen Öle noch nicht gen Himmel geflogen sind, ist die höchste Würzkraft vorhanden. In dieser kühlen nebligen Morgenfrühe machen sich die Erntehelfer auf den Weg, um die kostbaren drei Fäden je Blüte in tief gebückter, anstrengender Haltung zu ernten. Um ein Kilo Safran zu gewinnen braucht, man bis zu 200.000 Krokusse; eine Tagesleistung wird hierbei mit 60 bis 80 g pro Tag angesetzt. Es ist eine Essenz, die man im Bewusstsein für diese Umstände

mit Dankbarkeit verwenden sollte. Für den Einsatz von Safran in Parfums gibt es Beschränkungen seitens der Europäischen Union: *Ätherisches Safranöl fällt unter das Betäubungsmittelgesetz und darf nicht in Parfums oder Kosmetika verwendet werden.*

PARFUMS, DÜFTE WIRKEN PRÄGEND

Safran ist besonders mit dem asiatischen Raum, mit der buddhistischer Philosophie / Religion verbunden. So werden in einer Meditation, genannt „Mandalapraxis", ganze Welten von Reichtümern vorgestellt und gleichzeitig mit der rechten Hand, die in getrockneten Safranreis hinein greift, imaginäre Berge auf einer Schale aufgehäuft. Eine interessante Übung, eine Visualisation mit „ritueller Handarbeit" sozusagen und von tiefer psychologischer Bedeutung. Während der Meditation vergegenwärtigt man sich die traditionellen Reichtümer eines Königs, einer Königin und geht dann über zu den ganz eigenen Wünschen. 100.000 Mal darf man während dieser Übung in Träumen schwelgen, beispielsweise schönste Kleider einkaufen wie Julia Roberts im Film „Pretty Woman" oder man genießt die Freiheit auf dem Rücken eines wilden Pferdes durch die Camargue und liegt dann entspannt in trauter Zweisamkeit an endlos weißen Stränden unter Schatten spendenden Palmen.

In der Zwischenzeit sprüht man ein verdünntes echtes Parfum auf eine Schale und wischt mit einem Handstreich die ganzen vorgestellten Träume, Reichtümer einfach weg... verschenkt sie im Geist allen Wesen. Wenn ich heute - viele Jahre später - mit Safran umgehe, so fließen tief verankerte Eindrücke der Meditationspraxis über diesen exquisiten Duft mit ein.

BOTANIK

Wie die schillernde Iris ist Safran der edlen Familie von Schwertliliengewächsen (Iridaceae) zugehörig. Ursprünglich kommt der Safrankrokus aus Ländern wie dem Iran, Afghanistan, wurde später vor allem im östlichen Mittelmeergebiet heimisch. Die Vermehrung des Safrans findet vegetativ statt und zwar durch kleine Ableger aus der Mitte der Knollen. Die Pflanze kommt mit sehr ariden Gegenden - das heißt Gegenden mit wenig Wasser und hoher Lichttoleranz - zurecht. Dabei blüht der Safran nur wenige Tage im Herbst, die zur Ernte genutzt werden müssen. Danach verwelken die Blüten rasch. Die Safranblüte ist aus sechs violettfarbenen Perigonblättern aufgebaut, die unten in einer Blütenröhre münden. *Eine erstaunliche Farbverwandlung: Aus den dunkelroten Safranfäden entsteht ein sehr leuchtendes Gelb, sobald sie in Berührung mit einer Flüssigkeit kommen.* Die federleichten Safranfäden wiegen fast nichts.

Wer sich Ende Oktober, Anfang November in die karge Landschaft des spanischen Kastiliens begibt, wird zwischen Toledo und Albacete sein „violettes Wunder“ erleben. Ein violettes Blütenmeer liegt wie ein kostbares seidenes Tuch über dieser Erde und spannt sich von Horizont zu Horizont. Das Kontinentalklima mit seinen kalten Wintern und heißen Sommern begünstigt hier den Wuchs des Safrans. Safran aus der spanischen La Mancha gilt als Sorte der besten Qualität, eng gefolgt vom Safran aus dem indischen Kaschmir. Doch 90% des weltweit angebauten Safrans werden im Iran produziert. Seit 2007 gibt es auch in Österreich wieder Safrananbau, der „Pannonische“ oder „Wachaucher Safran“ und auch aus dem Dörfchen Mund in der Schweiz kommt in unseren Tagen eine feine Qualität.

GESCHICHTE

Dein Schoß ist ein Park von Granatbäumen mit allerlei köstlichen Früchten, Cypertrauben samt Narden, Narde und Safran, Gewürzrohr und Zimt samt allerlei Weihrauchhölzern, Myrrhen und Aloe mit den allerbesten Balsamen. Die Bibel, Auszug „Hoheslied“ 4, 13 – 14

Der Safran stammt ursprünglich aus fernen Ländern wie dem Kaschmir. Dort an steilen Hängen des Himalayas sollen erste Kulturen aus wildem Safran angelegt worden sein. Bis in unsere Zeit wird im Kaschmir Safran angebaut. Eine weitere Spur führt uns ins Zweistromland Mesopotamien. Die Namen *Safran* und *Crocus* leiten sich von einer alten assyrisch-babylonischen Bezeichnung ab. Beste Felder liegen auch heute in der gebirgigen Region im Norden Irans, nahe der afghanischen Grenze. Es waren die Griechen und die Römer, die sich auf ihren Seefahrten und Reisen wie auch Kriegszügen mit diesem besonderen Gewürz in der orientalischen Küche anfreundeten.

In richtiger Dosierung vermag Safran uns eine ganze Bandbreite an Wohlsein zu vermitteln, daher nannte man ihn auch ein „Himmelsgeschenk". „Safran erfreut das Herz und verjüngt das Gehirn", liest man in einem medizinischen Lehrbuch des 14. Jahrhunderts. *Crocus sativus* vermag zu entspannen und einen guten Schlaf zu fördern; bis hinein in unsere Träume begleitet er uns. Safran wurde in der medizinischen Anwendung eines Arztes wie Ibn Sina als Rauschmittel vorsichtig eingesetzt. Zu hoch dosiert, erzeugt er den berühmten „Safranrausch", wobei der unbändige Lachreiz in einen Lachanfall gipfelt: „Safran kann den Menschen lachender Gestalt umbringen", schrieb der griechische Arzt Dioskurides 512 vor Christus. Den heiteren Delirien folgen äußerst unangenehme „Nebenwirkungen" wie Lähmungen und dann der Herzstillstand.

Alles ist eine Frage der Dosis und dies gilt im Besonderen beim Safran; unterstand er doch im antiken Griechenland der Liebesgöttin Aphrodite. Sie sei es gewesen, die dieser violetten Krokusblüte die köstliche Fähigkeit verlieh, Gaumenschmaus, intensiv duftendes Aroma und Liebeslust zu verbinden, so dass Lebensfreude und Fröhlichkeit bei der Liebe zusammenkamen. „Und Crocus hieß der schöne Jüngling der griechischen Sage, der sein zärtliches Liebesspiel mit der Nymphe Smilax in den Wäldern Griechenlands trieb. Die mythologischen Wiesen der griechischen Sagen sind dicht mit Safrankrokus bewachsen, damit bei den Göttern wie Menschen" nie die Lust vergehen möge. (30)

HEILWIRKUNGEN

Die asiatische Medizin früherer Jahrhunderte nahm Safran zur Herzstärkung, generell wegen seiner entkrampfenden Wirkung. Selbst depressive Schübe ließen sich mit Safran lindern, weil er eine stimmungsaufhellende Wirkung besitzt, erkannte die frühere asiatische Medizin. So wurden hierbei drei Safranfäden mit kochendem Wasser überbrüht und wie ein Tee eingenommen. Ein interessanter historischer Hinweis, der sich nun in neueren Studien als richtig erweist. „In der persischen Volksheilkunde wird Safran gegen Depressionen eingesetzt", so ein Team aus Psychiatern am medizinischen Fachbereich der Universität von Teheran in der Fachzeitschrift *Journal of Ethnopharmacology*. Laut den

Studien der iranischen Forscher wirkt das Safrangewürz genauso stark wie viele Antidepressiva: Zwei Pflanzenstoffe im Safran, *Crocin* und *Safranal*, sorgen dafür, dass die Spiegel verschiedener chemischer Stoffe im Gehirn (*Serotonin, Dopamin* und *Noradrenalin*), welche die Stimmungslage heben und stabilisieren, auf dem richtigen Stand bleiben.

KULINARIK

Safran gehört zu den teuersten Gewürzen der Welt; somit purer Luxus, einmalig und durch nichts zu ersetzen. Alles was derart wertvoll ist, wird nun einmal gefälscht. Daher verwundert es nicht, dass Safran auch hier den Rekord hält. Wenn man liest, was alles genommen wird, vergeht einem der Appetit: Neben harmlosen getrockneten Ringelbumenblüten, Färberdistelblüten, Arnikablüten kommen auch Rindfleischfasern, rote Pilzfasern und rote Plastikfasern zum Einsatz.

Aufpassen: 1. Diese „Ersatzfäden" werden häufig täuschend echt mit roter wasserlöslicher Farbe gefärbt und mit synthetisch billigen Safranal beduftet. 2. Echte Safranfäden werden mit billigem Öl bedampft, um ihr Gewicht zu erhöhen. 3. Safran verpackt in rotem Zellophanpapier soll schlechte gelbliche Ware „rot" erscheinen lassen. Zu Safranpulver sollte man überhaupt nicht greifen, lässt es sich noch leichter fälschen als Safranfäden.

Qualitätshinweise: Über dem Blütenkelch hinaus ragen drei dunkelrote Fäden, Narbenschenkel genannt: die begehrten Safranfäden. Sie sitzen auf einem gemeinsamen gelben Stängel, der wie ein Stützpfeiler unter den drei Safranfäden steht. Dies ist der Griffel; er selbst ist aromalos und dient der Halterung. Je mehr Griffel im Gewürz sind, umso schlechter ist die Qualität. Der beste Safran, „elegiert" genannt, enthält nur die oberen drei tiefroten, trompetenförmigen Narbenschenkel, die das intensive Aroma verursachen. (31)

PRÜFUNG / HALTBARKEIT / TIPPS

Prüfung: Durch diesen Test kann man schon viele safranähnliche Pflanzenteile ausschalten. Ein Safranfaden, in warmes Wasser gelegt, färbt dieses intensiv rotgelb und macht es wohlriechend. Sobald der Faden im Wasser ist, entfaltet

er sich und lässt seine trompetenartige Form und seinen spatelförmigen Umriss erkennen. Echter Safran färbt beim Zerreiben die Finger dunkelrot.
Iranische Qualitätsbezeichnungen: Sargol (sar = Gold), auch *elegierte Ware* oder *Crocus electus* genannt: diese meist für den Export bestimmte gute Ware besteht aus roten, kurzen Narben. *Gol* (gol = Blüte): hoher Anteil an langen hellen Griffeln, schlechtere Qualität. In anderen Ländern wird diese Ware „Safran naturell" oder „Crocus naturalis" genannt.
Spanische Qualitätsbezeichnungen: 1. *Coupé* bis 5% Blütenreste, keine Griffel, beste Ware, 2. *Mancha* bis 5% Blütenreste, 10-15% Griffel, 3. *Rio* bis 10% Blütenreste, 20-25% Griffel, 4. *Sierra* bis 15% Blütenreste, 25-30% Griffel, mindere Ware.
Haltbarkeit. Safranfäden halten sich an einem trockenen, kühlen Ort etwa drei Jahre. Er sollte jedoch nicht im Kühlschrank oder gar in der Gefriertruhe aufbewahrt werden.
Tipps zum Kochen mit Safran. Safran darf grundsätzlich nicht gekocht werden, seine Aromen sind zum größten Teil „flüchtig". Kochprofis mörsern zuerst die Fäden und lösen sie in etwas warmer Flüssigkeit auf. Dann erst gibt man diesen gelösten Safran an die Speisen.

REZEPTE

„Nymphentanz" ***edles Raumparfum***
Schritt 1: Safrantinktur
1 Messerspitze Safranfäden sich in 1 Eßl. erwärmtem Alkohol (geruchsneutraler Wodka) etwa 10 Minuten auflösen lassen.
Schritt 2: Raumparfum
3 Tropfen Sandelholz indisch *Santalum album*
1 Tropfen Jasmin indisch 10% *Jasmin sambac*
5 Tropfen Orange *Citrus sinensis*
Safrantinktur
10 ml Leerfläschchen mit Tropfer

Geben Sie diese edlen ätherischen Öle in das leere Fläschchen, fügen dann die Safrantinktur hinzu. Gut schütteln und ein paar Tage reifen lassen. Mit wenigen Tropfen dieses intensiven Duftes den Raum beduften. Hierfür gibt es formschöne Duftobjekte aus Glas oder aus weißem noblen Alabasterstein, der Mondlicht-ähnlich zum Nymphentanz zu leuchten vermag.

Hinweis

Dieses Raumparfüm fördert Ihre Kreativität. In seinem Duft ist die Inspiration zuhause, lassen Sie sich überraschen. Von einem Raumparfum spricht man, wenn besonders edle Ingredienzien verwendet werden.

„Apollons Lebenselixier"

2 Messerspitzen feinste Safranfäden
etwa 2 Hände Melissenblätter *Melissa officinalis*, frisch
1 Vanilleschote *Vanilla planifolia*, aufgeschlitzt
20 g Schalen der Bitterorange oder Pomeranze *Citrus* × *aurantium* L.
2 Sternanis *Illicium verum*
0,7 Liter heller Brandy (Weinbrand)
Akazienhonig nach Wunsch
½ Blättchen Blattgold (Naturblattgold)

- Erwärmen Sie 2 Esslöffel vom Brandy und lösen darin die Safranfäden auf (ca. 10 Minuten). Geben Sie nun den gelösten Safran, Melissenblätter und Gewürze in ein großes Einmachglas. Füllen Sie mit dem Alkohol auf und rühren den flüssigen Honig ein.
- Das Ganze verschließen und gute vier Wochen an einem zimmerwarmen Ort reifen lassen. Gelegentlich schütteln.
- Das Elixier durch ein feines Sieb abseihen und in eine schöne durchsichtige Flasche füllen. Die Farbe ist herrlich! Das Blattgold dazugeben. Verschließen und im Dunkeln ca. 4 Wochen reifen lassen.

Hinweis

Paracelsus nannte das Heilkraut Melisse ein Lebenselixier und verkaufte sein

Das Bild zeigt die fünfzählige Blüte des Mandelbaumes (Prunus dulcis), der zur Familie der Rosengewächse (Rosaceae) gehört. Seine Samen, die Mandeln, werden als Nahrungsmittel und edles Kosmetikum genutzt.

Erzeugnis an Königs- und Fürstenhäuser Europas. Man bezeichnet Melisse auch als Goldmelisse, wobei der heute übliche Name Zitronenmelisse unkorrekt ist. Die Goldblättchen können Sie mittrinken. Dosierung: Ab und zu ein Likörgläschen.

„Mogul Safran-Hähnchen“

1 große Messerspitze feinste Safranfäden
2 EL warmes Wasser
4 Bio-Hähnchenbrüste (oder in Stücke geteiltes Bio-Hähnchen)

½ TL Koriandersamen, frisch gemahlen
1 Lorbeerblatt, getrocknet
2,5 cm Ceylon-Zimstange
30 g Sultaninen
300 ml Joghurt, griechische Art
2 EL Mandelcreme (oder geriebene Mandeln)
15 g geröstete Mandelblättchen
Salz und Pfeffer
Ghee (Butterschmalz)

- Safranfäden mörsern und mit 2 ELwarmem Wasser verrühren.
- Hähnchenstücke salzen, mit frisch gemahlenem schwarzen Pfeffer würzen.
- Ghee in einer großen Pfanne erhitzen. In das erhitzte Ghee die ersten zwei Hähnchenstücke hineingeben und von beiden Seiten gut anbraten – beiseite stellen – und die nächsten 2 Hühnchenteile anbraten.
- Fleisch aus der Pfanne nehmen. Die Temperatur der Pfanne nun reduzieren auf eine mittlere Hitze, ggf. neues Ghee hinzufügen und erhitzen. Nun den Koriander in das Fett geben, umrühren, dann Lorbeer, Zimtstange, Sultaninen.
- Das Hähnchen in die Pfanne zurückgeben. Mit geschlossenem Deckel bei reduzierter Hitze je nach Dicke ca. 30 Minuten garen. Pfanne vom Herd nehmen, Lorbeerblatt und Zimtstange entfernen, das Fleisch heraus nehmen - warm halten. Nun das Mandelmuss, den Joghurt und Safran mit dem Einweichwasser einrühren, sanft erwärmen. Die warm gehaltenen Hähnchenbrüste hinein gleiten lassen.
- In einer Pfanne ohne Fett Mandelblättchen leicht anrösten, zum Servieren auf das Hühnchen streuen. Dazu einen gut duftenden Basmatireis servieren.

Hinweis

Der Duft und der Geschmack dieses köstlichen Safranhähnchens erinnert an die opulenten Zeiten der indischen Mogulherrschaft (1526 bis 1858). Sahne und Mandeln sind vielverwendete Zutaten dieser Speisen des nordischen Indiens.

ORANGE

DAS KARUSELL

(Jardin du Luxembourg)

Mit einem Dach und seinem Schatten dreht
sich eine kleine Weile der Bestand
von bunten Pferden, alle aus dem Land,
das lange zögert, ehe es untergeht.
Zwar manche sind an Wagen angespannt,
doch alle haben Mut in ihren Mienen;
ein böser roter Löwe geht mit ihnen
und dann und wann ein weißer Elefant.

Sogar ein Hirsch ist da, ganz wie im Wald,
nur dass sich mit der kleinen heißen Hand,
dieweil der Löwe Zähne zeigt und Zunge.

Und dann und wann ein weißer Elefant.
Und dann und wann ein weißer Elefant.

Und das geht hin und eilt sich,
dass es endet,
und kreist und dreht sich nur und hat kein Ziel.
Ein Rot, ein Grün, ein Grau vorbeigesendet,
ein kleines kaum begonnenes Profil - .
Und manchesmal ein Lächeln und verschwendet
An dieses atemlose blinde Spiel...
Rainer Maria Rilke (1)

Zum Nachhören: Heino Ferch: „Das Karussell“
RILKE PROJEKT CD 3 „Überfließende Himmel“ Nr. 3 (2)

Das Karussell

(Jardin du Luxembourg)

Mit einem Dach und seinem Schatten dreht
sich eine kleine Weile der Bestand
von bunten Pferden, alle aus dem Land,
das lange zögert, eh es untergeht.
Zwar manche sind an Wagen angespannt,
doch alle haben Mut in ihren Mienen;
ein böser roter Löwe geht mit ihnen,
und dann und wann ein weißer Elefant.

Sogar ein Hirsch ist da, ganz wie im Wald,
nur dass sich mit der kleinen weißen Hand,
dieweil der Löwe Zähne zeigt und Zunge.

Und dann und wann ein weißer Elefant.
Und dann und wann ein weißer Elefant.

Und das geht hin und eilt sich, dass es endet,
und kreist und dreht sich nur und hat kein Ziel.

Ein Rot, ein Grün, ein Grau vorbeigesendet,
ein kleines kaum begonnenes Profil –.
Und manchmal ein Lächeln und verschwendet
An dieses atemlose blinde Spiel …

Rainer Maria Rilke

Pink Moon

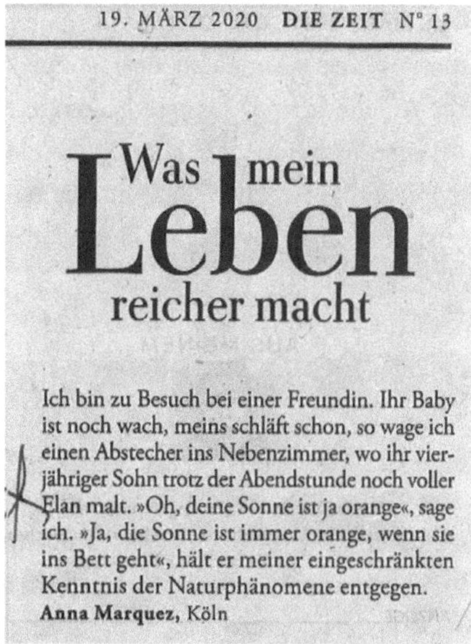
19. MÄRZ 2020 DIE ZEIT N° 13

Was mein Leben reicher macht

Ich bin zu Besuch bei einer Freundin. Ihr Baby ist noch wach, meins schläft schon, so wage ich einen Abstecher ins Nebenzimmer, wo ihr vierjähriger Sohn trotz der Abendstunde noch voller Elan malt. »Oh, deine Sonne ist ja orange«, sage ich. »Ja, die Sonne ist immer orange, wenn sie ins Bett geht«, hält er meiner eingeschränkten Kenntnis der Naturphänomene entgegen.
Anna Marquez, Köln

Wir lieben die romantische Stimmung eines Aprilvollmonds, der farblich ins Orange tendiert oder einen Sonnenaufgang, der die Landschaft am Morgen in ein Apricot-Orange-Gelb erstrahlen lässt. Wenn die Sonne oben am Horizont steht, ist sie gelb, nahezu weiß. Beim Untergehen wechselt sie in ein sanfteres Orange, so dass wir Menschen sie nun anzusehen vermögen - vorher ist ihr Licht zu grell, zu intensiv für unsere Augen. Der Eindruck des Sonnen-Orange entsteht durch Partikel in der Luft. Obwohl der Aprilvollmond auch „Pink Moon" genannt wird, zeigt er sich doch eher von seiner orangenen Seite. Der Name „Pink Moon" wurde ursprünglich von Ureinwohnern Amerikas so verwendet. Sie bezogen sich hierbei auf pinkfarbene Blumen, die während der Zeit des Aprilvollmonds blühen. (3)

Morgenorange?

Es ist erstaunlich. Bevor die Apfelsinen nach Europa kamen, gab es keine Bezeichnung für diesen Farbton. In wohl allen Sprachen ist der Name der Farbe identisch mit dem Namen der Frucht Orange. Die Orange wurde in Indien als „nareng" bezeichnet. Von Indien kam sie nach Arabien und hieß nun hier „narang", bevor sie in Spanien landete. Bei den nun spanischen „Naranja" wurde das erste „a" in ein „o" umgetauscht und kam so dem „or", was Gold heißt, nahe. Gold und Orange, das passte gut zusammen und so erhielt die Orange ihren einprägsamen Namen.

Echtes Orange, gemischt aus gleichen Anteilen von Rot und Gelb, ist auf europäischen Gemälden des Mittelalters als Kleiderfarbe nicht zu finden. Die alte Ablehnung des Orange bestimmt noch heute unsere Wahrnehmung der Farbe. „Man spricht vom „Abendrot“, obwohl „Abendorange“ zutreffender wäre, auch die „Morgenröte“ ist eher ein „Morgenorange“. Wir nennen ihn den „roten Felsen“, doch genauer besehen sind es eher orangefarbene Felsen.“ (4)

Orange - die Farbe des Wandels

Anders gestaltet sich dies in Asien. Geradezu beliebt ist die Farbe Orange in Indien oder China. In China gilt Gelb als edel, diese Farbe symbolisiert in der daoistischen Sichtweise „Vollkommenheit“. Rot wird als Farbe des Glücks gesehen. Orange steht somit zwischen Gelb und Rot und erhält eine eigene Bedeutung: Orange, die Farbe des Wandels. Dabei ist die Philosophie des Wandels im Konfuzianismus elementar. Eines der bekanntesten Bücher ist hier das I GING, das Buch der Wandlungen. In Indien wird Orange in allen Tönen eine besondere Bedeutung zugesprochen. Im Hinduismus werden Götter mit orangefarbener Haut und Kleidung gemalt. Die farbenfrohen Saris der Inderinnen sind auch orangefarben, gern mit Gold kombiniert. In Indien trugen Adlige safrangefärbte Kleidung. Färber vermochten hier das Farbspektrum des Safran vom klaren Gelb bis zum tiefen Orangerot zu variieren. Preiswerter war das Färben mit Saflor, einer Distel mit orangefarbenen Blüten. Damit ließen sich Stoffe gelb (wasserlöslich), aber auch rot-orange färben (licht- und waschecht).

Bei meiner ersten großen Reise direkt nach dem Abitur nach Nordafrika wurden uns in Kenitra wunderschöne orangefarbene Muster mit dem Pflanzenpulver Henna auf Hände und Füße übertragen.

Eine Geduldsprobe, da dies mit dünnen Holzstäbchen vorgenommen wird und um die Intensität des Farbtons zu steigern, der Auftrag mehrmals erfolgt, haargenau entlang den feinen Linien des Musters. Auch mein dunkles Haar wurde mit Henna gefärbt, dabei kam zusätzlich gut duftendes Nelkenpulver in das Pflanzenpulver (siehe Rezepte).

Orangenes heute

Die Farbe Orange galt noch bis Ende der 1980er Jahre als billig; auffallend waren Plastikartikel von orangener Farbe oder man sah sie als Signal- und Sicherheitsfarbe im Straßenbau und bei der Müllabfuhr. So ist es jetzt Anfang des 21. Jahrhunderts so, als wäre das konfuzianische „Orange als Farbe des Wandels" in seiner positiven Wirkung nun auch bei uns im Westen angekommen. Orange gilt heute als modern. Interessant ist die Bedeutung von Orange bei unseren niederländischen Nachbarn. Hier ist Orange die tradionelle Nationalfarbe, die Farbe des Königshauses, der Oranier.

Freudvolles Orange

„Jedermann weiß, dass Gelb, Orange und Rot Ideen der Freude und des Reichtums einflößen und darstellen", schrieb der Maler Eugène Delacroix. (5) Orange als eine Kombination aus Licht und Wärme wird als heiter empfunden. Dass Orange als Farbe der Freude bei uns doch eine alte Tradition aufweist, zeigt folgendes: Dionysos, griechischer Gott (römisch *Baccchus*) des Weines, des Rausches und der Fruchtbarkeit trug orangefarbene Kleidung. Beim römischen Bacchus-Kult gab es keine Priester, sondern Priesterinnen, die Bacchantinnen. Sie trugen orange gefärbte Gewänder, bekränzten sich das Haupt mit Weinlaub.

Kulinarisches Orange

Romantiker bezeichnen Sonnenuntergänge auch als pfirsichblütenfarben, dieses in Pastell getauchte Rosa, Gelb-Goldene. Wir sprechen von einer samtenen Pfirsichhaut, die Jugendlichkeit ausstrahlt. Somit wird auch der Genuss reifer Pfirsiche eine sinnlich duftende, taktile Erfahrung (6). Wohl kein Zufall, dass Pfirsiche zu den Rosengewächsen (*Rosaceae*) zählen. Köstlich munden Pfirsichspalten mit einer Haube von Duftrosen-Sahne. Übrigens bevorzuge ich die ursprünglicheren Pfirsiche vor Nektarinen, einer Mutation des Pfirsichs und heute wegen der glatten Haut meist bevorzugt.
Orangenfarbene Früchte und Gemüse stehen uns reichlich zur Verfügung wie an erster Stelle natürlich unsere Orangenfrucht oder die so süß-aromatischen Mandarinen. Weiter geht's mit Zuckermelone (Cantaloupe), Aprikosen, Papaja, Mango, Sanddorn-Fruchtsaft, Paprika orange, Kürbis (Hokkaido), Pfifferlingen, Scamorza, ein geräucherter kleiner Brühkäse und die orangefarbenen Karotten.

Und wie duftet nun Orange ?

Wenn Orangen oder Mandarinen zwischen grünen Blättern heraus leuchten, so signalisiert allein schon ihre Farbe den Grad des Reifezustands. Grün gilt zwar als die lebendigste Farbe, jedoch mit Reife verbinden wir Gelb-Orange-Rot. Es ist der Sonnencharakter von Aprikosen, der uns träumen lässt, so auch die hier gereichte Frucht als Aphrodisiakum in Shakespeares Sommernachtstraum. Und wenn wir uns weitertragen lassen, so sind wir bei den sanften Blüten *Osmanthus* angelangt und ihrem sagenhaften Duft, der etwas den Aprikosen Ähnliches in sich birgt.

Orangene Düfte tragen das Motto ihrer Farbigkeit, die reicht von heiterer Sinnlichkeit bis zum fröhlichen Übermut. Was kostet die Welt? Mandarinenduft, ein typischer Kinderduft, vermittelt uns - ob Klein, ob Groß - etwas Freundliches, Warmes, er erheitert das Gemüt. Warme Holzduftnoten wie die von Sandelholz und Zeder geben eine angenehme Basis, auf der die oberen Töne sich tummeln dürfen, vielleicht ganz leicht gewürzt mit einem Hauch von Zimt und Kardamom? Herrlich!

Ein sonnig warmes Gelb-Orange finden wir im besonderen Duft Styrax (7). Dieser Duft wird aus dem Harz des Amberbaumes (*Liquidamba orientalis)* gewonnen. Er ist ein echtes Sonnenkind. Der botanische Gattungsname für *Liquidamba orientalis* leitet sich vom lateinischen Wort *liquidus* für flüssig und dem arabischen Wort *ambar* für Bernstein ab, was so viel bedeutet wie „flüssiger Bernstein". Er liebt licht-durchflutete Standorte in feuchten, nährstoffreichen, lockeren und leicht sauren Böden. Bis in die Tertiärzeit - also bis zur Eiszeit vor ungefähr 2,6 Millionen Jahren - waren Amberbäume auch in weiten Teilen Europas heimisch. Sie weisen einen hohen Anteil an Baumharz auf. *Es waren diese uralten Amberbäume sowie harzende Nadelbäume, die das ungeheuer große Bernsteinvorkommen im Ostseeraum ermöglicht haben.*

ART PARFUM ORANGE heiter

Orangefarbene Früchte leuchten wie sanft untergehende Sonnen. Diese Farbstimmung in Musik ausgedrückt und wir lauschen beschwingt einem ganzen Orchester mit Beethovens „Freude schöner Götterfunken". Es sind die besonderen Momente, wenn wir uns im Einklang mit allem um uns herum fühlen. Wir tanzen, sind beschwingt und könnten die ganze Welt umarmen.

Sandelholz*, Styrax / Amber*, Kardamom, Zeder, Zimt, Ingwer, Osmanthus*, YlangYlang, Orange, Mandarine Rot* (8)

Zingiberaceae.
Elettaria Cardamomum White et Maton

Kardamom

Elettaria Kardamomum

Familie: Ingwergewächse, Zingiberceae
Duft-Charakteristik: warm, süß-würzig, exotisch, aphrodisierend, lebendig machend
Parfumzuordnung: Herzduftnote (Coeur) - Kopfduftnote (Tête), florale und maskulin asiatisch, orientalische Parfums
Wirkung:
Körperlich: antiseptisch, entkrampfend bei Menstruationsleiden
Psychisch: stimmungsaufhellend, wärmend
Herkunft: Indien, Indonesien, Sri Lanka, Guatemala
Gewinnung / Pflanzenteile: Wasserdampfdestillation getrockneter Samen
Besonderheit: Trotz des hohen Wuches vermag er die Erde erblühen zu lassen

PARFÜMERIE / DUFT / PERSÖNLICHES

Was für eine prachtvolle Pflanze? Und mit welch wundervoll aromatischem Duft sie uns beglückt. Kardamom – ein Gewürz, das seit uralten Zeiten verwendet wird! In Indien gern als „Königin der Gewürze" betitelt. Den Thron teilt sie sich mit dem noch bekannteren „König der Gewürze", dem Pfeffer. Beliebt und vielfältig im Einsatz in der arabischen Küche, gibt Kardamom gerade in orientalischen Parfums eine überraschend schöne warm-exotische, gar aphrodisische Nuance. Kardamom – ein Duft, der Wünsche zu erfüllen vermag. Es ist, als könnten wir uns auf seinen Duftschwingen in die Lüfte erheben. Er macht uns leichter, lässt uns lebendiger werden. Wie das? Ganz einfach, indem dieses Duftwunder unser Allgemeinbefinden verbessert. Das Leben scheint uns wieder weniger mühevoll, eben luftiger, leichter...

Vom Kardamom in grüner Schale, Typ *Malabar - Elettaria Kardamomum,* gibt es ein wundervolles ätherisches Öl. Der bekannte britische Aromatherapeut Robert Tisserand notiert (9): „Die meisten Menschen halten den Geruch des Kardamoms für außergewöhnlich angenehm. Meiner eigenen Erfahrung nach hat Kardamom eine deutlich stimmungshebende und erhellende Wirkung. Man kann auch eine tonisierende, aphrodisische Wirkung erkennen.“ Ich schätze auch ein seltenes ätherisches Öl des schwarzen Kardamom, damit vermag man in maskulinen Kompositionen etwas „Mysticism“ hinein zu zaubern.

BOTANIK

Man unterscheidet hauptsächlich zwischen dem *Schwarzen* und dem *Grünen Kardamom*. Beim grünen Kardamom gibt es eine Differenzierung in zwei Arten: *Malabar*- und *Ceylon-Kardamom*. Beim grünen Malabar-Kardamom (*Elettaria Kardamomum)* handelt es sich um eine ausdauernde Pflanze mit Wuchshöhen von 2 bis 5 Meter. Der *Schwarze Kardamom* stammt aus dem östlichen Himalaja und China; er wird in Nepal und im indischen Bundesstaat Sikkim angebaut. Kardamom gehört wie Kurkuma (Gelbwurz) und Ingwer zu den Ingwergewächsen. Ihre Heimat ist Südostasien, aber auch Südindien und der Irak. Die Pflanze bildet ein starkes bewurzeltes Rhizom als Überdauerungsorgan aus.
Der große Unterscheid zu anderen Ingwergewächsen ist, dass man hier nicht die Rhizome isst bzw. zur ätherischen Ölgewinnung nimmt, sondern die aromatischen Samen.
Die Pflanze besitzt lanzettliche Laubblätter, die uns in ihrer Form an große Maiglöckchenblätter erinnern. Es erstaunt, dass das feine Aroma dieser Pflanze nicht nur in den Samen zu finden ist, sondern auch schon in ihren Blättern. Geradezu eigenartig darf man die Blüten des Kardamom bezeichnen. Sie wachsen nämlich nicht an der Spitze der Pflanze, wie wir das gewohnt sind, sondern es sind auf der Erde kriechende Triebe, an deren Enden sich Blüten in langen Rispen mit acht bis zwölf Blüten bilden. Ab einem ganz bestimmten Moment richten sie sich auf. Man erhält dabei den fantastischen Eindruck, als würde der Boden blühen.

„Aus den Blüten entwickeln sich grünlich-gelbe Schoten. Sehr ungewöhnlich ist hierbei die dreieckige Form dieser Kapseln, in denen die Samen wie kleine Steinchen aussehend liegen. Es ist als würde die Bodennähe der Blüten darin ausgedrückt, dass die Samen so unregelmäßig wie winzige abgebrochene Felsbrocken aussehen.

Während sonst Pflanzen ja zu eher runden Samen tendieren.“ (10) Die Kapseln mit den darin liegenden Samen werden vorsichtig von Hand gepflückt, da sich sonst die Kapseln nur allzu leicht öffnen würden.

GESCHICHTE

Indien gilt als die Wiege des Kardamom. Gewürzhändler durchquerten über Jahrtausende hinweg die Regenwälder der Kardamomberge, eines südindischen Gebirgszugs auf der Suche nach den wertvollen Samenkapseln. Schon in frührömischer Zeit war dieses indische Gewürz hoch begehrt und wurde in riesigen Mengen importiert. Die alten Römer nutzten Kardamom, wie es viele Menschen in Indien auch heute noch tun, als Zahnbürste der Natur. Kardamom reinigt die Zähne und erfrischt den Atem. Es gehört sogar zu den wenigen Substanzen, die helfen, nach einem großzügig mit Knoblauch gewürztem Gericht den berüchtigten Mundgeruch loszuwerden.
In der ayurvedischen Medizin wurde Kardamom bereits im 4. Jahrhundert vor Christus erwähnt bei Blähungen, als Tonikum, aber auch als begehrtes Aphrodisiakum. In den Westen kam Kardamom in der vorhellenistischen Zeit. William Cole beschrieb ihn im 17. Jh. als „wichtigsten aller Samen“ und meinte, dass er „phlegmatische Säfte aus Kopf und Magen ziehe.“

HEILWIRKUNGEN

Das ätherische Öl enthält sehr gut verträgliches *Eukalyptol.* Damit kann es zum Inhalieren bei Erkältungen eingesetzt werden, außerdem soll es Karies-Bakterien in Schach halten. Eine Zugabe hat sich bei Mundwässern bewährt. Zudem beeinflußt die frische Kopfnote die Gehirnleistung. (11) Das in ihm enthaltene *Cineol* wirkt antiseptisch und tötet Bakterien, die Mundgeruch verursachen können, erfolgreich ab. Das Gewürz verfügt über eine entkrampfende Wirkung, besonders hilfreich im Einsatz bei Menstruationsleiden. Frauenleiden haben häufig mit den vegetativen Kräften, hier speziell mit den Fortpflanzungskräften, zu tun – also mit Lebenskräften. *So hilft dieses ätherische Öl wieder etwas ins Fließen zu bringen, was zuvor ins Stocken geraten war.*

KULINARIK

Das lebendig Machende des Kardamom, spürt man in seinem Duft wie auch im Geschmack. Frisch gemahlen hat er etwas leicht prickelnd, stechendes. So trinken die Araber ihren Kaffee - den sogenannten *Gahira* mit Kardamom. Gästen diese arabische Kaffeespezialität zu reichen gilt als Zeichen großzügiger Gastfreundschaft. Auch im hohen Norden, in Skandinavien, schätzt man eine Kardamomzugabe im Kaffee. Hier sind es – anders als im tiefen Süden - die langen, dunklen Perioden im Winter, die die Menschen von der leicht wach machendenden Wirkung des Gewürzes profitieren lässt. Es heißt, schon die Wikinger hätten den Kardamom hoch in den Norden, in ihre Heimat, mitgebracht. So finden wir in Norwegen, Schweden, Dänemark und Finnland auffallend häufig Kardamom in Kuchen und Keksen, in süßen Broten, im Gebäck, aber auch in eingemachtem Obst und Gemüse. Fast jedes norwegische Kind kennt das Kinderbuch „Folk og røvere i Kardemomme by“ von Thorbjørn Egner, mit deutschem Titel „Die Räuber von Kardemomme“ (Buch und Hörbuch). Während des kalten nordischen Winters genießt man gern einen heißen Glühwein, serviert in Schweden als Glögg und gut gewürzt mit Kardamom.

DAS LEBENDIGE?

Finden wir etwa einen Anklang des Lebendigmachens in der Vorsilbe „Leb“ bei Lebkuchen? Typische Lebkuchengewürze sind neben Kardamom: Anis, Fenchel, Ingwer, Koriander, Macis, Muskat, Nelken, Piment und Zimt. Eine bisher wenig beachtete Besonderheit ist das Kochen mit schwarzem Kardamom. Den zusätzlich leicht-rauchigen Geschmack verdankt er der traditionellen Trocknung über dem offenen Feuer, geeignet etwa für etwas deftigere indische Rezepte. Eine hervorragende Qualität kommt aus dem wunderschönen Land Sikkim (12), das unter biologischen Standards Gewürze in die Welt liefert.

Im Bild, rechts oben die Kapseln des grünen Kardamoms und rote Safranfäden.

„Wunschlos glücklich“ *cremig sinnliche Körpersahne*
5 Tropfen Kardamom *Elettaria Kardamomum*
4 Tropfen Ingwer *Zingiber officinale*
8 Tropfen Vanilleextrakt 35% *Vanilla planifolia*
3 Tropfen Magnolie 15 % *Michelia champaca*
2 Tropfen Jasmin sambac *Jasmin sambac*
5 Tropfen Mandarine rot *Citrus reticulata*
75 g Sheabutter
50 g native Kakaobutter
90 g Aprikosenkernöl oder Mandelöl

- In einem 1-Liter-Rührgefäß schmilzt man vorsichtig im Wasserbad (nicht über 40°C) die Sheabutter und Kakaobutter miteinander.
- Wenn diese beiden Bestandteile nun aussehen wie flüssiges Speiseöl, fügt man das Aprikosen- oder Mandelöl hinzu.
- Nun wird diese Mischung mit einem sauberen Löffel kalt gerührt. Das kann dauern; daher das Gefäß in Eis oder Schnee gebettet rühren, so kühlt alles schneller ab.
- Die Mischung wird nun immer weißer und sahniger und auch fester.
- Jetzt ist der Zeitpunkt, um die ätherischen Öle unterzurühren. Tropfen Sie diese nacheinander in die Masse hinein. Gut vermischen.
- Nun kommt ein elektrischer Mixer zum Einsatz; man rührt bis zu 10 Minuten lang, bis alles duftig sahnig wird.
- Mit zwei Löffelchen schöpft man die Masse vorsichtig in die mit Alkohol gereinigten Salbtiegel. Die Creme mit einem Spatel entnehmen.

Hinweis
Ich nehme native Kakaobutter. Sie weist im Gegensatz zur raffinierten noch einen feinen Schokoduft auf. Die Konsistenz dieser Körpersahne ist ein Traum. Dazu kommt, dass sie recht lange haltbar ist (ca. 5 Monate), da hier keine wässrigen Inhaltsstoffe - wie etwa bei einer Lotion - verarbeitet wurden.

„Indian Dreams" *göttlicher Nachtisch mit Kardamom und Safran*

Für 4 Personen

6 grüne Kardamomsamen, gemörsert
1 Messerspitze feinste Safranfäden
2 EL Milch, erwärmt
45 g Butter
46 g weicher brauner Zucker
½ TL Zimt, gemahlen
2 Bio-Bananen
500 g Joghurt, griechischer Art
2-3 EL klarer Akazienhonig oder Agavendicksaft
30 g Mandelblättchen, geröstet

- Safranfäden in ein Stück Alufolie falten, leicht in einer Pfanne so anrösten.
- Nun die Safranfäden auswickeln, in eine kleine Schüssel geben, mit der warmen Milch 10 Minuten einwirken lassen. Die frisch gemörserten Kardamomsamen hinzufügen, umrühren und abkühlen lassen.
- In einer trockenen Pfanne die Mandelblättchen leicht anrösten, herausnehmen.
- Butter in der Pfanne zerlassen, Zucker und Zimtpulver hinzufügen, gründlich verrühren.
- Bananen schälen und in Scheiben schneiden. Diese etwa 1 Minute lang bei schwacher Hitze mitbraten. Die gewürzten Bananenscheiben aus der Pfanne nehmen und in vier dekorative Dessertschalen füllen.
- Joghurt mit der nun kalten gewürzten Milch und dem Honig verrühren. Diese Mischung oben auf die Bananen geben und mit den gerösteten Mandelblättchen bestreuen. Vor dem Servieren kaltstellen.

Hinweis

Als Kardamom-Fan bereite ich dieses unkomplizierte köstliche Dessert immer wieder gerne zu. Getrockneter grüner Kardamom sollte noch eine leicht grüne Schalenfarben haben, sonst ist er zu alt. Um an die Samen zu kommen, üben Sie mit einem Nudelholz einen sanften Druck auf die Kapseln aus.

Aurantieae.

Orange

Citrus sinensis

Familie: Rautengewächse, Rutaceae
Duft-Charakteristik: süß, fruchtig, lecker, einhüllend, warm, entspannend
Parfumzuordnung: Kopfduftnote (Tête), sportive und florale Parfums
Wirkung:
Körperlich: krampflösend bei Bauchschmerzen, appetitanregend
Psychisch: beruhigend, ausgleichend, antidepressiv, aufhellend, angstlösend
Herkunft: Sizilien, Spanien, Südafrika, Cypern, Israel, Algerien, USA, Westindische Inseln
Gewinnung / Pflanzenteile: Kaltpressung – Raspelung der Schale
Besonderheit: Ein ungeheure Vielfalt an Möglichkeiten bietet uns die Orange

PARFÜMERIE / DUFT / PERSÖNLICHES

Orangenduft. Gleich wenn man die Wohnung betritt, duftet es intensiv nach süßen, leckeren Orangen. Beim Schreiben meiner Duftportraits gehe ich nach Liste vor und… das neue Jahr 2018 beginnt mit fröhlichem Orangenduft. Das nehme ich gleich mal als ein gutes Omen! Gerade habe ich passend zum Thema eine Kiste Orangen und Mandarinen frisch aus Sizilien erhalten. Fast täglich gibt es nun von zimmerwarmen kleineren Bio-Orangen einen frisch gepressten Orangensaft zum Frühstück. Und die Schalen? Ja, die werfe ich doch nicht einfach weg, sondern bereite damit einen „Orangen-Zucker" (siehe Rezept) zu. Und diesen herrlichen Duft im Eingangsbereich, der während der Trocknung entsteht, gibt´s noch gratis obendrauf.

Allein diese Farbe!

Dass die Farbe Orange einen spontan fröhlicher stimmt, bemerkt jeder. Das entspricht auch dem „Programm" dieses Duftes: fröhlich, heiter, entspannt lecker... Einfach mmmh. Über 90 Prozent der Menschen lieben diesen Duft. Von Klein bis

Groß, von Alt bis Jung, weltweit. Universeller geht es kaum, der „Harry Potter“ unter den Düften. Die Magie liegt in seiner geheimen Duftformel, die alle bezirzt. Interessant bei der Farbe von Orangen ist folgender Vorgang, den kaum jemand kennt: Man glaubt ja, dass die gelbroten Orangen die reifen Früchte seien, während die grünen die unreifen wären. Das stimmt so nicht. Die Früchte färben sich um ins typische Orange, wenn es kalte Nächte gibt. Dabei entsteht *Ethylen.* Mit dem Ansteigen des Ethylengehalts in der Frucht beginnt dann der Farbumschlag von Grün über Gelb nach Orange. Dieser äußere Kälteprozess leitet somit eine innere Durchwärmung der Frucht ein, wodurch auch die uns wärmer erscheinende Farbe Orange entsteht.

Ganz außen besitzt die Orange eine wächserne Haut, die die darunter liegenden Ölduftdrüsen vor einer Austrocknung schützen soll. Die kleinen Öldrüsen in den Schalen der Zitrusfrüchte sind mit bloßem Auge durchaus erkennbar. Orangenöl wird aus den Schalen der Früchte in riesigen „Waschmaschinen“ geraspelt. Die Trommeln sehen von innen aus wie unsere Raspel, die wir in der Küche benutzen. Anschließend wird mit Wasser gespült und zur Trennung zentrifugiert. Dieser Duft erfährt also keine Beeinträchtigung durch einen Hitzeprozess. Will man Orangenöl nutzen, so gilt es die optimale Haltbarkeit von einem Jahr zu beachten.

BITTERORANGENÖL / CITRUS AURANTIUM

Eine Besonderheit stellt das ätherische Öl der Bitterorange dar, gewonnen aus den Schalen der Früchte von *Citrus aurantium,* auch als Pomeranze bekannt. Dieses ätherische Öl unterscheidet sich von dem der Süßorangenschalen durch seinen niedrigeren *Aldehyd-* und höheren *Estergehalt.* Bitterorangenöl wird gern zur Entwicklung von Eau de Parfums und dessen leichtere Variante – ein Eau de Toilette – verwandt (siehe Neroli, die Bitterorangenblüte).

PHOTOSENSIBILITÄT / FUROCUMARINE

Orangenöl ist in einem Raumduft wundervoll, nur bei Parfum- und Kosmetikzugaben müssen wir aufpassen. Dies gilt leider generell für die so beliebten Agrumenöle, zu denen auch die Orange gehört. Die darin enthaltenen Furocumarine wirken photosensiblisierend. Eine UV Strahlung durch ein intensives Sonnenbad oder

Rotlicht verstärkt den Effekt erheblich. Diese Stoffe dürfen in Parfums oder Kosmetika nur in einer Konzentration von 1 ppm zugesetzt werden. Am höchsten sind die Werte bei Bergamotte (25.326 ppm), Limette (20.000 ppm) und Zitrone (13.932 ppm). (13) Am Markt gibt es - speziell für die Zugabe in Parfums und Kosmetika - Zitrusdüfte, bei denen die Furocumarine in nur noch geringem Maße enthalten sind, was allerdings leider Auswirkung auf den Duft hat.

BOTANIK

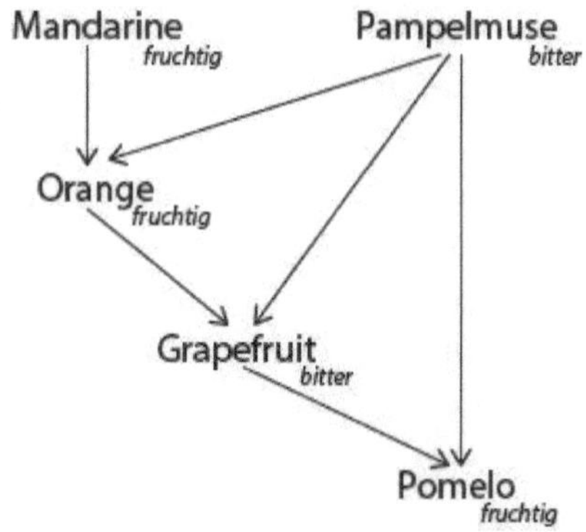

Die Bäume der süßen Orange sind mittelgroß, bis etwa zehn Meter hoch. Sie besitzen eine runde Krone mit regelmäßigen Verzweigungen und relativ lange, biegsame sowie stumpfe Dornen. Wie bei den meisten Obstbäumen zeigt sich in der Kronenart schon in etwa die Form ihrer Früchte. Was den meisten wohl unbekannt sein dürfte: unsere allseits beliebte Orange ist aus der Kreuzung von Mandarine (fruchtig, süß) und Pampelmuse (bitter) hervorgegangen.

GESCHICHTE

Der Orangenbaum stammt – wie fast alle Zitruspflanzen – ursprünglich aus China, wo sie schon 2000 v.Chr. kultiviert wurden. Apfelsine, der „Apfel aus China (= sine)“, ist eine weitere Bezeichnung für die Orange. Die ersten Europäer, die von diesen besonderen runden Früchten Chinas erfuhren, waren wohl Kundige während des Indienfeldzugs Alexander des Großen. Man sprach von einem medischen oder persischen Apfel oder von Wunderbäumen mit goldenen Äpfeln.

Zuerst war es die Pomeranze bzw. Bitterorange, die nach Europa eingeführt wurde. Die Europäer hielten die Bäume beim ersten Kennenlernen für so edel, dass sie nicht auf die Idee kamen, dass die Früchte verzehrbar seien. Man erfreute sich des schönen Wuchses und des außergewöhnlichen süß-sinnlichen Blütenduftes.

HEILWIRKUNGEN

In der chinesischen Medizin werden getrocknete Orangenschalen gegen Oberbauch- und Verdauungsprobleme sowie zur Linderung von Krämpfen, Husten, Erkältungen und Appetitlosigkeit eingesetzt.

ORANGEDUFT REDUZIERT ZAHNARZT-ANGST

Wem ist nicht bange vor einem Zahnarzt-Besuch, so sympathisch diese Ärzte und Ärztinnen auch sein mögen? Jetzt gibt es Hilfe: Eine Untersuchung an drei europäischen Universitätskliniken zeigt Verblüffendes: *Sanfter Orangenduft und echter Lavendelduft bewirken eine beruhigende Stimmung im Wartezimmer von Zahnärzten*: Die Probanden waren 100 Männer und 100 Frauen (14): „Wir stellten fest, dass die Patienten, die Orangen- oder Lavendelduft ausgesetzt worden waren, einen niedrigeren Wert situationsspezifischen Angstgefühls hatten, in positiverer Stimmung waren und höhere Ruhewerte hatten als die Patienten in der Kontrollkondition." Diese Untersuchung führte dazu, dass heute in Wartebereichen von Arztpraxen und Kliniken mit diesen beruhigenden Düften gearbeitet wird. Orangenöl ist zudem das weltweit meist produzierte ätherische Öle, 15.000 Jato, und auch in guter Qualität relativ preiswert. Nicht nur bei psychischen, sondern auch bei körperlichen Beschwerden hat sich Orangenöl bewährt. Es fördert den Lymphfluss und wirkt somit entstauend. Diese Eigenschaft macht man sich unter anderem bei Behandlung von Lymphstau und Cellulite zunutze. (15)

KULINARIK

Während die Bitterorange spätestens im 11. Jahrhundert nach Italien gekommen ist, wurde ihre süße Variante, vor allem die Sorte „Blondorangen", 400 Jahre später, im 15. Jahrhundert nach Portugal eingeführt. Weil die Portugiesen besonders die süße Orangenart schon früh anbauten, gewann hier in der Züchtung die Saftigkeit von Orangen an Bedeutung. So entstanden auch die beliebten Sangria-Getränke, bowlenartig erfrischende Getränke, die aus Wein, Fruchtsäften und Gewürzen gemixt werden (siehe Rezept unten). Die Weine der damaligen Zeit waren deutlich herber als heute.

Kaum bei uns bekannt: Der Verzehr von Zitrusfrüchten wirkt kühlend.

Kommen diese Früchte zudem direkt aus dem Kühlschrank, bedeutet es für den Magen „Schwerstarbeit“, diese eiskalten Früchte zu verdauen. Für diesen Vorgang ist eine innere Verdauungshitze notwendig. Ein Wissen, das in der chinesischen wie auch in der ayurvedischen Küche bekannt ist. Vor allem im Winter gilt es also aufzupassen und lieber zu zimmerwarmen Früchten zu greifen.

ORANGEN-LIKÖR UND COCKTAILS

Auf spanischen Plantagen wächst eine Bitterorangen-Unterart: die sogenannte „Curaçao-Frucht“ (*Citrus aurantium currassuviensis*). Der Name *Curaçao* wurde nach der vor Venezuela liegenden *Insel Curaçao* benannt. Der bekannte *Mai Tai* ist einer der Cocktails, die mit Curaçao-Likör zubereitet werden.

REZEPTE

„Anti-Stress Parfum“ *unkompliziert, sofort anwendbar*

Reiben Sie dieses „Anti-Stress Parfum“ (16), das im Duft an ein gutes Kölnisch Wasser erinnert, in Stresssituationen auf Ihre Unterarme:

6 Tropfen Bitterorangenöl *citrus aurantium ssp. amara*
2 Tropfen Petitgrainöl *Citrus aurantium var. amara*
10 ml Mandelöl

Geben Sie die ätherischen Öle in ein Fläschchen mit Mandelöl, schütteln und fertig zum Auftrag.

Hinweis

Nutzen Sie die herrlich entspannende Wirkung dieser beiden Düfte. Dabei fügen Sie zusammen, was an einem Baum gewachsen ist: Bitterorangenöl, das Öl der Fruchtschalen und das ätherische Öl der Blätter des Bitterorangenbaumes, genannt „Petitgrainöl“, kommen hier vereint zum Einsatz.

„Pflanzengefärbte braune Haare“ ***stärkend, glänzend***

1 Packung Pflanzenhaarfarbe, pulverisiert in Mittelbraun, Dunkelbraun, Rot (17)
3 Tropfen Orange *Citrus sinensis*
Eine Prise Nelkengewürz-Pulver

- Zuerst die Haare mit etwas mildem Shampoo waschen, um alle Reste von Haarspray etc. herauszubekommen.
- Nun rühren Sie die Pflanzen-Haarfarbe trocken an. *Ich mische hierbei drei Pflanzenpulver: In die Grundlage des Mittelbrauntons gebe ich etwa zusätzlich 1 Esslöffel Rot und 2 Esslöffel Dunkelbraun hinzu.*
- Der Anteil an Rot ist notwendig - vor allem beim ersten Färben grauer Haare -, um einen eventuellen Grünstich zu vermeiden.
- Mit etwas heißem Wasser das gemischte trockene Pflanzenpulver mit einer Gabel anrühren bis ein sämiger Brei entsteht. *Eine zusätzliche Prise Salz verlängert die Haltbarkeit.* Die Konsistenz sollte so sein, dass sie nicht zu dick ist, um sie gut auftragen zu können und auch nicht zu dünn, damit nichts herunterläuft.
- Nun fügt man die ätherischen Öltropfen und das Nelkenpulver in den Pflanzenbrei hinzu. So duftet der Pflanzenbrei nicht so muffig, außerdem tut insbesondere das Nelkenpulver der Kopfhaut gut.
- Mit Gummihandschuhen und breiten Färbepinsel den Pflanzenbrei Strähne für Strähne aufs Haar auftragen. Um Hautverfärbungen zu vermeiden gibt man auf etwas Watte ein fettes Pflanzenöl und säubert den Haaransatz etc.
- Mit einer Wärmehaube alles gut abdecken. Ein großes Handtuch wie einen Turban um den Kopf wickeln, das intensiviert die Wärmebildung und damit den Färbevorgang. Nun darf das Ganze gute drei Stunden einwirken.
- *Dann zuerst ohne Shampoo spülen (z.B. in einer Waschschüssel, Wasser, das man im Garten entsorgen kann).* Anschließend mit mildem Shampoo zwei Mal waschen und weiter verfahren mit dem Haarstyling wie gewohnt.

Hinweis

Seit einer Reise nach Marokko 1978 färbe ich meine Haare mit Pflanzenpulver. Die inzwischen grau gewordenen Haare fühlen sich stärker an, anders als wenn man mit synthetischen Stoffen das Haar färbt. Außerdem verfügen sie über einen schönen Glanz und lassen sich leichter formen.

„Sommernachtstraum“ *eine herrlich fruchtige Sangria*

Rezept für 2 Personen.

300 ml Rotwein

50 ml Cointreau

4 Bio-Orangen

1 Bio-Limette

1 Pfirsich

2 Zimtstangen

Agavendicksaft nach Gusto

- Rotwein, Cointreau in eine Karaffe füllen. Drei Orangen auspressen, den frischgepressten Saft durch ein Sieb gießen und danach ebenfalls in die Karaffe geben.
- Obst waschen. Die Limette in Scheiben schneiden. Den Pfirsich achteln, die Orange halbieren, in dünne Scheiben schneiden und mit den Zimtstangen zum Alkohol geben.
- Wer es etwas süßer mag, rührt flüssigen Agavendicksaft hinein. Rund 30 Minuten abkühlen lassen, evtl. mit Eiswürfeln servieren und an einem lauen Sommerabend genießen!

Hinweis

Es gibt unzählige Rezepte für Sangria, als klassische Hauptbestandteile bekannt sind: Rotwein mit einem eher niedrigen Gehalt an Alkohol, Zitrusfrüchte, Fruchtsaft und Weinbrand. Ein echtes Sommergetränk.

Vier Schritte zum „Orangenzucker"

„Mein Orangenzucker“

- 8 mittelgroße Bio-Orangen waschen, gut trocknen. Schale ohne das bittere Weiße abreiben, das ergibt circa 50 g frisch geriebene Orangenschale.
- Diese frisch geriebenen Schalen mit 80 g feinem Zucker mischen und die feuchte Masse auf ein Metalltablett ausbreiten. Das Tablett zwei bis drei Tage in der warmen Küche stehen lasse.
- Die trockene Masse ist recht hart und man benötigt Kraft, um sie mit einem Esslöffel vom Metalltablett zu lösen. Nun 1 Tag trocknen lassen.
- Anschließend die festen, trockenen Stücke mit einer elektrischen Kaffeebohnenmühle mahlen, die nur für Gewürze und Kräuter genutzt werden sollte.
- Den Orangenzucker in kleine Gläschen abfüllen; auch ein ideales Geschenk.

Hinweis

Den Orangenzucker füge ich einem Mürbeteigplätzchen-Teig (halb Mehl, halb gemahlene Mandeln) als Gewürz hinzu. Die gebackenen Kekse erhalten einen Klecks Guss (mit Orangensaft angerührter Puderzucker) und darüber kann man nochmals Orangezucker streuen. So duften und schmecken meine köstlich fruchtigen Sommerkekse besonders gut.

Zimt

Cinnamomum verum (Ceylonzimt)

Familie: Lorbeergewächs / Lauraceae
Synonyme: Zimtrindenöl, Echter Zimt, echter Kanehl, Zimmet
Duft-Charakteristik: sehr erwärmend, anregend, kräftig, süß, intensiv würzig, charaktervoll
Parfumzuordnung: Basisduftnote (Fond), Orientalische Parfums
Wirkung:
Körperlich: hohe Wirksamkeit gegen Bakterien, Keime und Pilze
Psychisch: Gefühl von Geborgenheit, für fröstelnde Menschen, auch seelisch wärmend
Herkunft: Sri Lanka, China, Madagaskar, Komoren, Seychellen, Vietnam, Südindien, Burma, Indochina und Jamaika
Gewinnung / Pflanzenteile: Wasserdampfdestillation aus Spänen und Bruchstücken der getrockneten Rinde
Vorsicht: Ätherisches Zimtrindenöl ist äußerst intensiv, hautreizend.

PARFÜMERIE / DUFT / PERSÖNLICHES

Was würden Sie darum geben, wenn Sie wüssten, wie man in ein Parfum einen Hauch vom Paradies hineinzuzaubern vermag? Was stellen Sie sich unter einem Paradies überhaupt vor? Duftende Rosenstöcke, sinnlichen Jasmin, Mandarinen- und Apfelbäume voll reifer lachender Früchte? Darunter liegen friedlich zusammen ein Lämmchen mit dem Wolf?
Düfte sind Botschafter. Das feine Aroma des Zimts vermittelt uns genau dies… ein *Erahnen* paradiesisch friedvoller Zustände. Ist das nicht herrlich?
Der ersten menschlichen Kleidung von Eva und Adam, das ja noch im Paradies gewirkt worden war – so eine Sage – daran hafte noch der *Duft des Paradieses*. Menschen des Mittelalters jedenfalls kam dieses so ungewöhnlich intensive, charaktervoll süße Aroma des Zimts wie direkt aus dem Paradies „entsprungen“

vor. So stand schon früh fest, welcher Tag im Jahr der des Paradieses sein sollte, nämlich, der 24. Dezember, der Heiligabend. Kein Wunder also, dass Zimt zu einem so beliebten Weihnachtsgewürz wurde. Die Menschen in früheren Zeiten haben diese Bedeutungen miteinander verwoben. Sie lagen damit intuitiv richtig, da uns der Zimt so herrlich zu durchwärmen vermag. Besonders hilfreich gerade dann, wenn wir diese Wärme in unseren Breitengraden am nötigsten haben, in der dunkelsten und kältesten Jahreszeit, dem Winter.

Erinnerungen werden in uns wach an Speisen der Kindheit wie Reisbrei mit Zimt (*siehe Rezept).* Als Kind vermag man Weihnachten inniglich zu erleben, mit all dem Lichterglanz am Christbaum, dem intensiven Tannenduft im Wohnzimmer und den Hauswichteln, denen am Morgen des Heiligabend ein feiner Zimtbrei als Dank in eine Hausecke gestellt wird. Auch recht rationale, intellektuelle Erwachsene werden auf einmal von Weihnachten wieder angesteckt, wenn sie selbst in die Rolle kommen, nun für ihre eigenen Kinder dieses Fest der Feste zu gestalten. So wie die Vanille als einziges Gewürz von einer Orchidee gewonnen wird, so haben wir auch beim Zimtgewürz etwas Seltenes – es stammt aus den inneren Schichten einer Baumrinde.

ES IST NICHT GLEICHGÜLTIG, WORAUS EIN DUFT GEWONNEN WIRD

Heilsalben, die aus Rinden gerührt werden, weisen daraufhin, dass diese bei Erkrankungen zur Anwendung kommen, die mit einer „Grenzüberschreitung“ zu tun haben. Die Rinde bildet für einen Baum eine Grenze und Schutz nach außen. Somit ist sie adäquat zur Haut von Menschen und Tieren. Man kann sagen: In der Rinde selbst ist also etwas Begrenzendes, im Duft dagegen ist etwas Grenzauflösendes, also eine gegenläufige Tendenz vorhanden.

Der Bast ist es vorwiegend, der die Borke am Baum hält. Diese Schicht kann auf der einen Seite etwas sehr Hartes, nämlich die Borke halten. Auf der anderen Seite hält sie sich am Lebendigen des Baumes, bildet also den Übergang vom eher Flüssigen zum ganz Festen. Das ist das Besondere dieser Bastschicht, die man zur Herstellung der Zimtröhrchen nimmt. Die Innenschicht ist sehr elastisch, solange sie noch nicht getrocknet ist. (18) Das Aroma des Ceylon-Zimts wird

durch das darin enthaltende ätherische Zimtöl geprägt, insbesondere durch seinen Inhaltsstoff, den *Zimtaldehyd.* Beim Ceylon-Zimt kommt noch ein Anteil *Eugenol* hinzu, während dieser beim Cassiazimt, der auch „chinesischer Zimt" (*Cinnamomum cassia*) genannt wird, fehlt. In ein orientalisch, würzig angelegtes Parfum vermag Zimt eine geheimnisvolle Süße in den Fond zu zaubern, eine eben geradezu paradiesische Ahnung. Der dunklere leicht marzipanartige Duft des Cassiazimts gibt in maskulinen Kompositionen das gewisse Etwas. Feinst justiert, kommt niemand darauf, was da im Hintergrund mitspielt.
Ätherische Zimtöle sind im hohen Maße hautreizend und sollten daher mit größter Vorsicht verwendet werden. Sie sind so intensiv, dass man sie nur als Nuanceur in Kompositionen einsetzt (siehe auch bei Muskat).

NAMENSVERWIRRUNG

Bezüglich des Names „Cassia" gibt es einige Verwirrung: Es gibt den chinesischen Zimt, auch als Kassia- oder Cassiazimt (*Cinnamomum cassia*) bezeichnet. Von Cassis spricht man, wenn ein Duft an schwarze Johannisbeeren erinnern soll (meist synthetische Düfte). Und als dritte Variante liest man von Cassie; in der Parfumsprache ist hier vom zarten Mimosenduft die Rede (*Acacia dealbata).* (19)

ZIMTBLÄTTERÖL

Beim Schreiben dieser Zeilen habe ich ein Fläschchen des ätherischen Zimtrindenöls neben mir sowie eines des Zimtblätteröls - *Cinnamomum zeylanicum* - und eines des Cassiazimtöls. So lassen sich die Düfte gut vergleichen. Zimtblätteröl wird – wie der Name bereits sagt – von den Blättern des ceylonesischen Zimtbaums in Destillation gewonnen. Die Leitsubstanz ist nicht Zimtaldehyd wie beim ceylonesischen Zimtrindenöl oder Cassiaöl, sondern das etwas mildere *Eugenol* (etwa 80%). Daraus folgt, dass das Zimtblätteröl in seiner Wirkung auf die Haut sehr viel milder und verträglicher ist. Ihm fehlen jedoch die warmen, einhüllenden Duftfaktoren.

BOTANIK

Man unterscheidet etwa 275 verschiedene Zimtbaumarten, von denen mindestens fünf zur Zimtgewinnung herangezogen werden, darunter Ceylon-Zimt und Cassiazimt. Beide stammen sie aus der Gattung immergrüner Bäume ab, aus der Familie der Lorbeergewächse. Sie wachsen bis etwa zehn Meter hoch, ihre Blätter sind circa 20 cm lang, ledrig, breit, oval und stehen gegenständig zueinander. Der Ceylon-Zimt ist ursprünglich ein „Insel-Zimt", das heißt, er nimmt durch seinen Standort sehr viel mehr Wasserkräfte in sich auf, die dieses fein Fließende im Aroma vermittelt. Der chinesische Zimt weist deutlich auf etwas Festeres in seinem Wachstum hin. Er wird daher auch als gröber wahrgenommen.

Wenn Ceylon-Zimt von guter Qualität sein soll, so kann man nur die etwa fingerdicken Zweige nehmen, von denen man mit einem gebogenen Messer die Rinde abschält und sie ziemlich aufwändig zerlegt. Zimtschäler schneiden nur wenige eineinhalb jährige Triebe, lösen deren Rinde ab und schlagen sie über Nacht in Kokosmatten ein. Die Innenrinden rollen sich von beiden Seiten selbst auf. Es werden etwa sechs bis zehn Zimtrollen ineinandergefügt, die man dann zum Trocknen aufhängt. Sie ergeben unsere bekannten herrlich duftenden Zimtstangen.

GESCHICHTE

Zimt als eines unserer ältesten Gewürze spielte schon vor 5000 Jahren eine wichtige Rolle im Handel zwischen Indien, China und Ägypten. 2700 v. Chr. wird er bereits in einem chinesischen Arzneibuch erwähnt. Der China-Zimt wurde über die innerasiatischen Seiden- und Gewürzrouten transportiert. Babylon war vor etwa 4500 Jahren wichtigster Umschlagplatz für Zimt. In Indien wie auch in China wurde der Duft in edlen Kosmetika wie auch als Gewürz geschätzt. *Als ein „Gewürz der Unsterblichen" galt Zimt den Chinesen, denn nach ihrer Überlieferung stammte dieser Baum aus dem Garten des Paradieses.*

Im Alten Testament wird Zimt - unter dem Namen *quesiah* - häufig erwähnt. In der Bibel wird berichtet, dass der Gott Jahwe vor dem Auszug aus Ägypten Moses befahl, 500 Sack Myrrhe mit zu führen sowie 250 Sack mit Zimtrinde, 250 Sack duftende Rosen, des weiteren Galbanum, Weihrauch und Olivenöl, um daraus ein

heiliges Salböl für liturgische Zwecke herstellen zu können. Im „Papyrus Ebers“ Alt-Ägyptens wird Zimt als Bestandteil des berühmten Räucherwerks *Khyphi* aufgeführt, eine herrliche beruhigende Räuchermischung, die auch Rosinen, Honig und Wein enthalten hat. Es ist bekannt, dass die alten Ägypter zur Eindämmung von Epidemien und zum Einbalsamieren Zimt verwendeten.
Noch vor der Zeitenwende übernahmen die Phönizier den Zimttransport per Schiff, man unterschied bereits zwischen den beiden Zimtsorten. Im Mittelalter war dieses so einprägsam duftende exotische Gewürz rar und damit teuer zu erstehen. Zimt gelangte aus China auf der Handelsroute von Indien nach Syrien und Ägypten. Verschifft von dort weiter nach Venedig, an Wert kontinuierlich zulegend von Kilometer zu Kilometer weiter in die nördlichen Länder Europas. Zimtstangen trug man mitunter als Schmuck am Hals, was sicherlich angenehm war, weil durch die ausströmende Wärme der Haut ständig ein leichter Zimtgeruch aufstieg.

HEILWIRKUNGEN

Die alten Erfahrungen mit der medizinischen Seite des Zimts finden heute Eingang in die Wissenschaft. So zeigen Studien, dass eine niedrig dosierte Zimteinnahme sich blutdrucksenkend auswirken kann. Wissenschaftler aus Pakistan, den Niederlanden und der Medizinische Hochschule Hannover berichten in drei großen Studien, bei denen Zimt bei Diabetes (Typ II) erfolgreich getestet wurde (*Senkung des Blutzuckerspiegels, Verbesserung des positiven Cholesterins und eine verstärkte Insulinaktivität*). Die positive Wirkung soll über die Leber gehen. (20) Zimtrindenöl besitzt eine hohe Wirksamkeit gegen Bakterien, Keime und Mykosen. Allerdings wirkt das ätherische Öl durch seinen hohen Zimtaldehyd-Anteil haut- und schleimhautreizend, deshalb gilt es in der Anwendung als nicht unproblematisch und sollte nur von Medizinern in Heilanwendungen verwendet werden.

ZIMT HILFT AUCH BEIM ABNEHMEN

Wer unter hohem Blutzuckerspiegel leidet, hat anfangs auch einen hohen Insulinspiegel, weil der Körper diesen Blutzuckerspiegel senken möchte. Deswegen wird durch die Bauchspeicheldrüse Insulin ausgeschüttet. Wenn alles normal verläuft, treibt Insulin den Blutzucker aus dem Blut heraus, hinein in die Körperzellen. Dadurch haben die Zellen genügend Energie. Und das Blut ist wieder weitgehend von überschüssigen Zucker befreit. *Zimt vermag regulierend auf die Bauchspeicheldrüse zu wirken, damit ist verbunden, dass nicht so viel Insulin produziert wird.* Beide Spiegel – der des Blutzuckers sowie der des Insulins – können wieder in den normalen Bereich sinken. Natürlich muss dies durch eine bessere Ernährung und verschiedenste andere Maßnahmen flankiert werden. (21)

Um die positive Wirkung von Zimt zu erfahren, muss man ihn noch nicht einmal essen, allein sein Duft vermag so einiges zu bewirken. Denn der Zimtgeruch kann dem Gehirn auf die Sprünge helfen und die kognitiven Leistungen verbessern, was in einer Studie in West Virginia festgestellt wurde.

KULINARIK

Ceylon-Zimt als Gewürz, mit seinem süß-würzigem Aroma, findet Eingang in sehr viele Rezepte. In Europa und den USA kennt man ihn in süßen Gerichten wie im Apfelkuchen, Gewürzkuchen, Milchreis, Kaiserschmarrn und leckeren Plätzchen wie Zimtsternen und Spekulatius zu Weihnachten. Schwedische Zimtschnecken (Kanelbullar) sind berühmt und Teil des schwedischen Fika, einer geselligen Nachmittagspause mit Kaffee und Gebäck. Mit Zimt wird Glühwein gewürzt. Man streut ihn auf frisch aufgeschnittene Ananasstücke oder Orangenscheiben. In Asien und im Orient favorisiert man Zimt fast ausschließlich in herzhaften Gerichten. So ist er Teil der marokkanischen Gewürzmischung Ras El-Hanout oder in indischen Currypasten und Garam Masalas.

Im Winter bereite ich gern einen aryurvedischen Gewürztee (22) zu. Eine klassische Mischung besteht aus Zimt, Kardamom, Ingwer, Nelken und schwarzem Pfeffer. Herrlich erwärmend wirkt ein Apfelpunsch mit Orangensaft und einem „Zimt-Orangen-Honigsirup“, siehe Rezept beim Duftportrait Mandarine (23).
Übrigens: Wussten Sie, dass Zimt ein wichtiger Geschmacksträger des weltweit bekannten Softdrinks CocaCola ist (auch in Bio-Qualität mittlerweile erhältlich)?

REZEPTE

„Winterwald" ***waldig, leicht zimtig duftend im Raum***
22 Tropfen Weißtanne *Abies alba*
8 Tropfen Fichtennadeln *Picea obovata*
10 Tropfen Orange *Citrus sinensis*
1 Tropfen Zimtrinde *Cinnamomum verum*
10 ml Leerflasche, mit Tropfer (Apotheke)
Tropfen Sie die ätherischen Öle nach und nach in das Glasfläschchen, schütteln. Geben Sie einige Tropfen dieser Grundmischung auf ein Taschentuch und legen es auf einen warmen Heizkörper. Durch die Hitze steigt der Duft in den Raum. Oder Sie tropfen *Winterwald* entsprechend der Anleitung in eine Duftlampe, einen Aroma-Vernebler.

Hinweis:
Ab Oktober kann es im Allgäu schon recht kalt sein. Für typische Weihnachtsdüfte ist es mir dennoch zu früh. So entstand die Idee zum „Winterwald".

„Mamas bester fluffiger Reisbrei" ***mit Zimt-Zucker***
Hauptspeise für 2 Personen, als Dessert 4 Personen
3/4 Liter Demeter-Kuhmilch
¼ Liter Wasser
Prise echtes Vanillepulver (z.B.: Fa. Rapunzel)
Prise Salz
250 g Rundkornreis
2 Eier, ganz frisch
Zimtzucker: *½ Tasse Bio-Zucker mit 2 Teelöffel gutem Zimtpulver verrühren*

- Den gewaschenen Milchreis in Milch und Wasser geben, einmal kurz aufkochen lassen. Nun die Kochplatte auf kleinste Stufe stellen und den Reis bei leicht aufgelegtem Deckel ausquellen lassen.

- In etwa 20 Minuten ist der Reis gar, mit einer Prise Salz und Vanillepulver würzen. Eventuell noch etwas heißes Wasser nachgeben, die Konsistenz des Breis sollte weder zu flüssig noch zu fest sein.
- Den Topf vom Herd wegziehen. Die Eier trennen. Die Eigelbe in eine kleine Schüssel geben, das Eiweiß zu steifem Eischnee schlagen.
- *Nun die beiden Eigelbe an den Brei legieren*: Man gibt zu den Eigelben zuerst einen Esslöffel des heißen Reisbreis, verrührt dies. Dann fügt man noch 2 bis 3 weitere Esslöffel heißen Brei hinzu. Zum Schluss gibt man die angerührten Eigelbe zum Reisbrei hinzu. Der Brei erhält so eine hellgelbe, schöne Farbe.
- *Danach kommt das „Fluffige" ins Spiel*: Heben Sie den Eischnee leicht unter den Brei. Den guten Reisbrei in vorgewärmte Teller oder als Dessert in Gläser füllen, mit Zimtzucker bestreuen und ein selbstgemachtes Apfelmus dazu servieren. Köstlich!

Hinweis:
Milch ist für Erwachsene oft schwer verdaulich. Meine Mutter mischte sie für diesen Brei daher mit etwas Wasser. Auch verhilft der Zimt zu einer besseren Verdaulichkeit.
Tipp: Ein weiteres Rezept meiner Mutter mit Zimt ist unsere beliebte Familien Festtagstorte „Schwarzwälder Kirsch". Im Biskuitboden findet ein perfektes Zusammenspiel von Zimtgewürz und echtem Bittermandelaroma statt. Das Rezept spielt eine Rolle in meiner Märchenroman-Trilogie „Punja & Tashi" als berühmte „Steinacher Schwarzwälder Kirschtorte". Diesen Romanzyklus veröffentliche ich unter meinem Pseudonym Johanna Arven: www.arven-verlag.de - siehe (24).

BLAU

MEIN LEBEN IST WIE LEISE SEE

Mein Leben ist wie leise See:
Wohnt in den Uferhäusern das Weh,
wagt sich nicht aus den Höfen.
Nur manchmal zittert ein Nahn und Fliehn.
Aufgestörte Wünsche ziehn
Darüber wie silberne Möwen.

Und dann ist alles wieder still...
Und weißt du was mein Leben will,
hast du es schon verstanden?
Wie eine Welle im Morgenmeer
Will es, rauschend und muschelschwer,
an deiner Seele landen.

Rainer Maria Rilke (1)

Zum Nachhören: Jürgen Prochnow: „Mein Leben ist wie leise See"
RILKE PROJEKT CD 3 „Überfließende Himmel" Nr. 9 (2)

Mein Leben ist wie leise See

Mein Leben ist wie leise See:
Wohnt in den Ufern-häusern das Weh,
wagt sich nicht aus den Höfen.
Nur manchmal zittert ein Nahn und fliehn.
Aufgestörte Wünsche ziehn
Darüber wie silberne Möwen.

Und dann ist alles wieder still...
Und weißt du was mein Leben will,
hast du es schon verstanden?
Wie eine Welle im Morgenmeer
Will es, rauschend und muschelschwer,
an deiner Seele landen.

Rainer Maria Rilke

Den Blick, den wir in etwas Grenzenloses auf dieser Erde tun, ist der in die unendliche Weite des Himmels oder des Meeres. So scheint es kaum verwunderlich, dass Blau in zahlreichen Weltkulturen für Freiheit, Entgrenzung, Ferne, Transzendenz, Ausgleichung, Entspannung, Harmonie, Treue und viele andere Tugenden steht. *Wir sehen Blau gerne an, nicht weil es auf uns dringt, sondern weil es uns nach sich zieht*, bemerkt Goethe in seiner Farbenlehre. An anderer Stelle nennt er es *ein reizendes Nichts*.

Das *Blau des Wassers*, der Seen, Meere und Flüsse wird dem lebensspendenden Prinzip, dem Weiblichen zugeordnet. Das Leben begann ursprünglich im Wasser, alles Lebendige ist auf das Wasser angewiesen. Das *Blau des Himmels* symbolisiert dagegen das Ferne, das Göttliche, das Geistige. Das Himmelsblau ist die Farbe der Himmelsgötter und wird mit dem Männlichen verknüpft. Wir empfinden Wasser und Luft als blau, obwohl sie nicht wirklich blau sind. In unserer Erfahrung entsteht das Blau aus dem Transparenten. Weil Blau durch die unendliche Vervielfältigung des Transparenten entsteht, ist es die Farbe der großen Dimensionen.

Blau ist groß.

Bis heute steht bei jeder nationalen wie internationalen Umfrage nach der Lieblingsfarbe - mit bis zu 45 Prozent der Nennungen - Blau als Farbe an erster Stelle, weit vor allen anderen des Spektrums. Ein Farbton wirkt umso näher, je wärmer er ist und wirkt umso entfernter, je kälter er ist. Betrachtet man eine Farbkomposition aus Blau-Rot, dann erscheint Blaues am weitesten entfernt, Rotes hingegen im Vordergrund. „Wir verbinden mit Farben Entfernungen, weil sich Farben durch Entfernungen verändern. Rot leuchtet nur, wenn es nah ist. Je weiter entfernt es ist, desto bläulicher wird es. Jede Farbe wird in der Ferne trübe und bläulich, weil sie von Luftschichten überdeckt wird. Deshalb wirken kräftige Farben näher als blasse.“ (3)

„Blau ist eine typisch himmlische Farbe, die den Menschen in das Unendliche ruft.“

Wassily Kandinsky

Die Farbe der Treue, der Sehnsucht

Blau hat etwas mit Vertrauen, mit Treue zu tun. Und Treue ist keine Tugend, die etwas demonstrativ zur Schau stellt. So verwundert es nicht, dass auch die blauen Blumen, die die Treue symbolisieren, eher bescheiden wirken: Veilchen, Vergissmeinnicht, blaues Männertreu, Wegwarte, Ehrenpreis. Zwei blaue Steine, *Saphir* und *Lapislazuli*, der eine licht, der andere opak, werden in ihrer Symbolik mit der Treue verbunden. Treue im Sinne auch von Verlässlichkeit und der Treue zu den eigenen Idealen.

Die „blaue Blume“ ist der Inbegriff der Dichtung der Romantik. Novalis (Georg Philipp Friedrich von Hardenberg, 1772 – 1801) war auf der Suche nach der blauen Blume, ein Symbol der Sehnsucht. 1802 erschien sein Romanfragment „Heinrich von Ofterdingen“. Der Protagonist träumt von einer blauen Blume, die in einem Garten wächst, zwischen blauen Felsen, an einer blauen Quelle. Mit Erstaunen sieht er, wie sich die Blume verwandelt. In den Blütenblättern erscheint das zarte Gesicht eines Mädchens und der Traum endet abrupt, denn Heinrich wird von seiner Mutter geweckt. Aber der unvollendete Traum verfolgt Heinrich, es treibt ihn fort. Mit dem Geist der Poesie will er die Welt entdecken. In der Fremde begegnet er Mathilde, die ihn an das zarte Gesicht im Traum erinnert. Es ist also Mathilde, nach der er sich so sehr sehnte. Doch dieser Liebe ist ein baldiges Ende beschieden, Mathilde stirbt. Aber der Tod vermag die Liebenden nicht zu trennen. Novalis` farbenschillernder Roman handelt von der Sehnsucht nach einem Lebenssinn, die aus mystischer Erkenntnis entsteht und die auch den Tod überwindet. Wir empfinden Sehnsucht als blau, denn sie ist mit der Ferne verknüpft.

Muttergottes und Medizinbuddha

Maria, die Muttergottes, ist die am häufigsten gemalte Gestalt in der christlichen Kunst. Doch warum ist Maria immer sofort als Maria zu erkennen? Dies hängt nicht nur mit der Figurenkonstellation mit dem Christuskind zusammen, sondern liegt auch an der Farbgebung ihrer Kleider: Fast immer trägt Maria blau. *Es handelt sich meist um den Ausdruck der Schutzmantelmadonna* (4). Diese hält beschützend alle Menschen unter ihrem blauen Mantel. Maria als Mittlerin zwischen Himmel und Erde wird stets in einem blauen Gewand dargestellt.

Ein heilender Aspekt ist im Buddhismus mit der Farbe Blau verbunden. Es handelt sich um den blauen „Medizinbuddha“ (tibetisch *Sangye Menla*). Inmitten eines Palastes aus durchsichtigem Kristall thront er auf einem Sitz aus Lapislazuli, dem Edelstein, der im Buddhismus als Emblem für Medizin gilt. Seine linke Hand ruht in der Mudra (Gestik) der Meditation in seinem Schoß und hält eine Schale gefüllt mit heilendem Nektar und Früchten. Seine rechte Hand ruht auf seinem Knie, wobei die Handfläche in der Mudra des Gewährens von Segen nach außen zeigt, dabei einen Zweig der *Myrobalan*-Pflanze (*Terminalia chebula*, tibetisch *Arura*) haltend. Man

Diese Pflanze (Terminalia chebula) hält der Medizinbuddha in Händen.

gewinnt aus ihr königliche Heilkraft zur Behandlung geistiger wie körperlicher Erkrankungen. Auffallendes Merkmal des Medizinbuddhas ist seine Farbe, das tiefe Blau des Lapislazuli. Dem in Meditationen visualisierten blauen Licht spricht man grundsätzlich eine heilende Wirkung zu. Darin eingetaucht beim Singen entsprechender Gesänge und Mantren verbindet man sich mit dem Aspekt des Medizinbuddhas.

Die blaue Buddhafamilie

Es gibt im tibetischen Buddhismus unterschiedliche Farbzuordnungen; man sieht diese grundsätzlich als ein „geschicktes Mittel". Wenn man sich die blaue Buddhafamilie mit Namen „Vajra" ansieht, so wird diese im Osten lokalisiert und mit der Morgendämmerung in Zusammenhang gebracht. Es ist die Schärfe des Erlebens am frühen Morgen, wenn wir aufwachen. Die Morgendämmerung, in der das Licht zum ersten Mal von der Erde reflektiert wird, sieht man als Symbol einer aufwachenden Wirklichkeit. Das Erlebnis von Vajra ist wie ein schneidender, beißend kalter Winter. Was den Intellekt betrifft, ist Vajra sehr scharf. Alle intellektuellen Traditionen gehören zu dieser Familie. Ein Mensch der Vajrafamilie kann vorgebrachte Standpunkte logisch bewerten. Er erkennt, ob die Vorstellungen richtig oder falsch sind. Der Intellekt der Vajrafamilie beinhaltet auch ein Gefühl ständiger Offenheit. Der Intellekt ist nicht nur umfassend wie eine Enzyklopädie, er ist auch gekennzeichnet durch Schärfe, Direktheit und dem Gewahrsein von Perspektiven. (5)

Die neurotische Form des Vajra hat mit Zorn und intellektueller Fixierung zu tun. Wenn wir an einer bestimmten Logik festhalten, kann die Schärfe des Vajra erstarren. Wir wollen unsere Einsicht zu unserem Besitz machen, anstatt uns eine offene Perspektive zu bewahren. Der Zorn der Vajraneurose kann pure Aggression oder Angespanntheit sein. Vajra ist auch mit dem Element Wasser verbunden. Trübes, bewegtes Wasser symbolisiert die sich verteidigende, aggressive Natur des Zorns, während klares Wasser das scharfe, genaue, klare Widerspiegeln der

Kurzfassung blaue Vajra Familie

Buddha Akshobhya
Richtung: Osten
Symbol: Vajra
Element: Wasser
Farbe: Blau
Blockierende Muster: Wut, Zorn, intellektuelle Fixierung
Weisheit: Spiegelgleiche Weisheit
Tageszeit: Morgengrauen
Jahreszeit: Spätherbst
Landschaft: schroffe Felsen, eisige Flüsse
Form: Kreis
Körperbau: schlank, hart, klare, scharf geschnittene Gesichtszüge
Sinneswahrnehmung: Sicht

Vajraweisheit bedeutet. So wird Vajraweisheit auch traditionell als „Spiegelgleiche Weisheit" bezeichnet, wie es das Bild eines ruhigen Weihers hervorruft.

Lapislazuli - Ultramarinblau

Zu den kostbarsten Malerfarben gehört echtes Ultramarineblau. Je leuchtender es ist, desto teurer. Gewonnen wird die Farbe aus dem Halbedelstein Lapislazuli. In bester Qualität ist er tiefblau, undurchsichtig, mit sehr feinen weißen Adern und meist mit gold-glänzenden Pyrit-Einsprengseln. „Ultra marin" heißt „von jenseits des Meeres", und da kam der Lapislazuli auch her: nämlich aus Persien und aus dem Hindukusch. Albrecht Dürer notierte in seinem Tagebuch folgendes Tauschgeschäft: „Ich hab dem für 12 Ducaten Kunst für ein Untz gut Ultramarin geben." (6) Dürer tauschte Drucke im Wert von zwölf Dukaten - das sind 42 Gramm Gold - gegen 30 Gramm Ultramarin.

Blau - die Kälte, das Kühle, heute auch das Männliche
Orange empfinden wir als eine warme Farbe, Blau hingegen als kühl, kalt. Eis und Schnee schimmern bläulich, auch die Haut wird in der Kälte blau. Blau gilt heute als Farbe des Männlichen, Hellblau als Farbe für männliche Babys. Das war nicht immer so. Nach alter Tradition symbolisierte Blau das weibliche Prinzip (siehe

Mantel Mariens) und Rot - es war die teuerste Farbe - das männliche. Blaue Kleidung wirkt heute unauffällig, für jeden und jede Gelegenheit passend. Blau wirkt dabei korrekt, aber in der Regel nicht so elegant oder elitär wir etwa Schwarz.

Die machen schon wieder blau!

Über viele Jahrhunderte wurde der Farbstoff aus der Waidpflanze (*Isatis tinctoria*) gewonnen. Mit ihr färbten schon die Kelten ihre Gesichter blau, um die Truppen Caesars zu erschrecken. Im Mittelalter wurde Waid in großen Mengen angebaut. Noch Anfang des 18. Jahrhunderts lebten mehr als dreihundert thüringische Dörfer vom Waid. Unser Sprichwort - vom Blau machen - stammt von diesem Färben. Die Blaufärberei erforderte schönes Wetter. In einem Bottich gab man getrocknete Waidblätter. Dazu kam eine Flüssigkeit, bis alle Blätter damit bedeckt waren. Es ist eine chemisch erstaunliche Flüssigkeit, die man hierzu brauchte: frischen menschlichen Urin. In der Hitze der Sonne beginnt die Urin-Waid-Brühe zu gären, dabei entsteht Alkohol, der den blauen Farbstoff aus den Blättern löst. Durch eine zweite Gärung wird dann der Farbstoff wasserlöslich und erst dann konnte gefärbt werden. Dabei kann die Gärung mittels Alkohol verstärkt werden. Allerdings kippten die Färber den Alkohol nicht einfach in die Brühe. Das erschien ihnen nun doch als eine arge Verschwendung. Daher tranken sie ihn lieber und entledigten sich dann des nun hochprozentigen Urins in den Bottich. Das ganze Prozedere konnte sich über 3 Tage bis zu einer Woche hinziehen. Zuletzt mussten die Stoffe und Garne im Sonnenlicht trocknen, dem sogenannten „Verblauen". Blau ist ein Oxydationsfarbstoff, der erst im Licht entsteht, was den großen Vorteil hatte, dass diese Farbe lichtecht ist.

Wenn nun die Bauern im Schweiße ihres Angesichts in praller Sonne die Färber bei ihrer „Arbeit" sahen, wie sie so auf der Wiese herumlagen, es sich gut gehen ließen... so kam der Spruch zustande: „Ach die, die machen schon wieder blau!" Und wer Blau machte, der war blau. Anfang des 18. Jahrhunderts war es allerdings mit der schönen Blaufärberei vorbei, denn nun verdrängte „Indigo", „das Indische" (*Indigofera tinctoria),* die heimische Waidpflanze.

Vom Königsblau zum Jeansblau

Mit Indigo gefärbte Luxusstoffe wurden seit dem 12. Jahrhundert aus Asien importiert, den europäischen Färbern war diese Strahlkraft an Blau ein Rätsel. So hatten seit dem 13. Jahrhundert die Krönungsmäntel der französischen Könige dieses leuchtende Blau, „Königsblau“ wurde es genannt. Je billiger in Europa mit Indigo gefärbt werden konnte, desto beliebter wurde das leuchtende Blau als Farbe der Kleidung. Noch heute sind die Bluejeans weltweit beliebt, die Arbeitskleidung der ehemaligen Goldgräber und Cowboys, das elementare Kleidungsstück, das nun mit einem Gefühl von Freiheit assoziiert wird. „Blaue Jungs“ nennt man denn auch die Matrosen und Marineblau sind ihre Uniformen. Blau ist heute auch die Farbe der Luftfahrt. In der Herrenmode wurde Blau zur beliebtesten, weil unauffälligsten Anzugsfarbe.

Blaue Kulinarik

Blaue Lebensmittel kommen in der Natur fast gar nicht vor. Es gibt zwar einige Obst- und Gemüsesorten, die das Wort „Blau“ im Namen tragen wie Blaubeeren, Blaukraut... - doch sieht man genauer hin, stellt man fest, dass die Sorten eher dunkelrot bis violett in der Farbe sind. Zudem sind inteniv blaufarbene Pflanzen in der Natur eher ungenießbar wie etwa einige giftige Pilze. Zu den wenigen essbaren blauen bis dunkelvioletten Früchten zählen Brombeeren, Heidelbeeren, Schlehen und Wacholderbeeren. Auch werben manche Bars mit „blue hour“-Angeboten, bei denen blaue Cocktails in der „blauen Stunde“, der Zeit direkt nach Arbeitsschluss, kredenzt werden.

Und wie duftet nun Blau?

Kommt ganz darauf an, welches Blau wir meinen. Im Orchester des Parfumakkords BLAUE STILLE schwingt der Inhaltsstoff *Chamazulen* mit, eine hautpflegende Komponente, die im ätherischen Öl der Schafgarbe (*Achillea millefolium)* enthalten ist. Erstaunlich intensiv ist dieses Scharfgabenöl-Tintenblau. Weich, sanft duftet diese „Garbe“ und ist zudem überaus gesund. Das Wort stammt vom althochdeutschen *garwe* für „Gesundmacher“.

Gänzlich anders gestaltet sich das Blau von Minzen: *Pfefferminze, Hexenminze, Nanaminze, Krause Minze, Marokkanische Minze* - es gibt für manche Arten gleich mehrere Namen. Den Duft von Minzen empfinde ich als Hellblau, in Richtung Türkis. Dagegen vermittelt der stärkende Duft von Arven (*Pinus cembra*, Zirbelkiefer) ein kompakteres Blau-Grün. In Eukalyptus-Pflanzungen kann man unter Sonneneinstrahlung fast so etwas wie eine blaue Atmosphäre um sie herum sehen.

ART PARFUM BLAUE Stille

Blau ist die Farbe der Treue, auch der Treue uns selbst gegenüber. Haben wir eine innere klare Ausrichtung, so bleiben wir ruhig - auch in bewegter See. Wir leben im Frieden mit uns. Es ist eine Ruhe, die auch unsere Umgebung befriedet. Dieser blaue Frieden ist offen, atmet Weite, atmet Freiheit.

Kamille blau*, Wacholder, Minzen, Schafgarbe*, Arve / Zirbelkiefer, Eukalyptus (7)

Arve / Zirbelkiefer

Pinus cembra

Familie: Föhrengewächse, Pinaceae
Synonyme: Zirbelkiefer, Zirbe, Zirm, Rätoromanisch: Schember
Duft-Charakteristik: klar-frisch, hell, harzig-kraftvoll, edel, elegant
Parfumzuordnung: Herzduftnote (Coeur) - Kopfduftnote (Tête), holzig, sportiv
Wirkung:
Körperlich: antiseptisch - besonders in Raumluft, schleimlösend
Psychisch: stärkend, kraftgebend, macht Mut, hilft durchzuhalten
Herkunft: Schweiz, Österreich, Südtirol, Bayern
Gewinnung / Pflanzenteile: Wasserdampfdestillation der zerkleinerten Zweige und Äste mit Nadeln
Besonderheit: Die Eleganz des Arvenduftes erstaunt angesichts der widrigen Umstände des Wachstums

PARFÜMERIE / DUFT / PERSÖNLICHES

Arvenholz. Gerade jetzt, während ich diese Zeilen schreibe, bin ich davon aufs herrlichste umgeben. Die Außenwand meines Arbeitsraums ist mit dem strukturstarken Arvenholz verkleidet wie alle Außenwände der Wohnung. Eine urgemütliche Arvenholz-Eckbank lädt in der Wohnküche zum Verweilen ein. Ein befreundeter Schreiner hatte vor einigen Jahren diese Arbeiten maßangefertigt. Zu seinem gelungenen Werk gehört auch ein hoher Schrank, der von ihm formschön über eine Ecke geführt wurde. Es ist heute der Ort, in dem meine duftenden Schätze lagern. Arvenduft (Zirbelkieferduft). Ein paar Tropfen des durchsichtigen ätherischen Öls gebe ich auf meine Karobluse, so duftet es durch die Körperwärme angenehm nach oben, an meine Nase. *Es gibt für ätherische Öle kaum einen besseren Aufbewahrungsort als einen Arvenschrank in einem unbeheizten Raum.* Mein Lager ist gar nicht so groß. Es sind darin Ingredienzien der ganzen Welt enthalten, die ich für meine Entwicklungen benötige. Wenn jedoch eine erste

Pilotserie eines Parfums hergestellt werden soll, kaufe ich diese Düfte grundsätzlich frisch ein.

Bäume sind Heiligtümer. Sie predigen das Urgesetz des Lebens.
Hermann Hesse

DIE KÖNIGIN DER ALPEN

„Der Arvenwald ist die Zierde des Gebirges, dessen kahlen Schädel er mit weihrauchduftenden Locken schmückt", schrieb A. L. Schnidrig 1935 in der Zeitschrift „Die Alpen" (8). Die Faszination für diese charismatische Gebirgsbaumart ist bis heute ungebrochen. Die Arve (*Pinus cembra*), auch Zirbelkiefer genannt, verdient ihren Ehrentitel als „Königin der Alpen", denn sie ist eine kühne Kämpferin. Im Laufe der Jahrtausende haben diese Königinnen den entfesselten Naturgewalten im Gebirge getrotzt - Sommergewittern, Blitzschlägen und Schneestürmen. Dabei wurden Stämme angesengt oder ausgebrannt, Äste und Kronen abgebrochen oder verkrüppelt. Diese Wunden vernarbten nach und nach und verleihen jeder Arve ihren unverwechselbaren Charakter. Weder Steinschläge noch Felsstürze und Erdrutsche vermochten die Überlebenskünstlerinnen aus ihrem extrem exponierten Siedlungsgebiet zu vertreiben. (*Die Arve rechts im Bild, fotografiert in Maloja.*)

Arven haben selbst das harsche hochalpine Klima überstanden - eisige Winter mit minus 40 Grad Celsius und heiße Sommer mit plus 40 Grad Celsius. Dieser Baum stellt sich einem lebenslangen Existenzkampf - immerhin hat die Arve in den Alpen die letzte Eiszeit überlebt und kann ein Alter von bis zu tausend Jahren erreichen. Dies Bäume strahlen eine geheimnisvolle Kraft, eine beeindruckende Würde aus.
Die Arve oder Zirbelkiefer gilt besonders als ein „Licht einsammelnder Baum", in diesen freien Höhen fängt sie die Sonnenenergie der lichtreichen Hochalpen auch in ihrem ätherischen Öl ein. Im Arvenduft erhalten wir die ganze Fülle ihrer Botschaften, der ihrer Langlebigkeit, Ausdauer, Lichtkraft und Schutz. Ihre Essenz hilft uns bei Erkrankungen der Atemwege. Wir werden mit ihren Kräften beschenkt, erhalten so für unsere Vorhaben einen langen guten Atem.

QUALITÄT

Nur natürlich gefallene Bäume, durch Sturm oder Erdrutsch beispielsweise, dürfen zur Holzverarbeitung und Destillation verwendet werden. Oft werden sie mit dem Hubschrauber aus unwegsamen Höhen ins Tal geschafft. Das ätherische Öl wird aus den zerkleinerten Zweigen samt Nadeln und Zapfen durch Wasserdampfdestillation hergestellt. Häufige Fälschungen sind leider an der Tagesordnung: *Nicht immer handelt es sich wirklich um 100% reines ätherisches Arven- oder Zirbelkieferöl*! Oft wird es mit dem günstigeren Latschenkiefernöl gestreckt oder mit anderen Substanzen. Nichts gegen das gute Latschenkiefernöl, das zur Heilung in Salben und Tinkturen genommen wird; *aber diese ungewöhnliche Feinheit des Arvenduftes ist eben nur diesem Holzduft zueigen.*

BOTANIK

Vor rund 12.000 Jahren, als das Eis der letzten Glazialperiode wegschmolz, begann in Sibirien und der Mandschurei eine Völkerwanderung, die in keinem Geschichtsbuch erwähnt wird. Damals machten sich auch die Samen der Arven auf den Weg und zogen gegen Westen. Von Wind, Tannenhähern, Eichhörnchen und anderen Hilfsgeistern transportiert, durchquerten sie den eurasischen Kontinent. Zuerst besiedelten sie die Karpaten, später erreichten sie die Alpen. Hier siedelten sie sich an steilen Berghängen an und schreckten nicht vor jener unwirtlichen Gegend an der oberen Waldgrenze zurück, die die Ökologen „Kampfzone" oder „Todeszone" nennen. Das Hauptverbreitungsgebiet der Arve liegt im subalpin-kontinentalen Alpenraum in einer Höhe von 1300 bis 2500 m.

Die roten männlichen Blüten produzieren Pollen, welche durch den Wind ausgebreitet werden. Die weiblichen Blüten leuchten als rotes Zäpfchen und entwickeln sich ein Jahr später zu einem reifen Zapfen. Die Samen werden irreführend Zirbelnüsse genannt. Es handelt sich jedoch um Samen und keine Nüsse. Auf Märkten und in kleinen Hofläden findet man in Tirol wie auch im Engadin einen besonderen, aus Arvenzapfen mit seinen Samen gereiften Arvenlikör.

Bei Fabienne Muriset (9) aus Bern fand ich folgende Beschreibung: „Darf ich vorstellen: Mein Name ist *Nucifraga caryocatactes*, gemeinhin spricht man mich aber mit Tannenhäher an, manche Freunde in der Schweiz nennen mich „Zapfenräggi", jene in Tirol „Zirmgratschn". Von Beruf bin ich vollamtlicher Waldpolizist, Gebirgsforstwart und Lawinenverbauer. In diesem Herbst hatte ich alle Schnäbel voll zu tun, nun kommt endlich der Winter, aber der kann mir nichts anhaben." Während des Sommers sammelt er tausende Arvensamen und vergräbt sie weit über die Hänge verteilt als Wintervorrat. Aus den vom Tannenhäher vergessenen Verstecken wachsen dann die jungen Arven. So sorgt der Tannenhäher auch für die Ausbreitung an Orten, wo bisher keine Arven standen, wie etwa unzugängliche Felsvorsprünge.

Meist wächst die Arve in Pflanzengemeinschaften zusammen mit Lärchen, Alpenrosen und Heidelbeeren. Im Gegensatz zur Lärche als Pionierbaumart vermag die Arve einen Ort aber erst zu besiedeln, wenn der Boden eine ausreichende saure Rohhumusschicht aufweist. Arven treiben ihre kräftigen Pfahlwurzeln in den Erdboden hinein, um an Wasser und kostbare Mineralsalze zu gelangen. Da sie mit Vorliebe in Steinschlaggebieten wachsen, lassen sich ihre Wurzeln einiges einfallen, um sich im steinigen Boden zu verankern. Sie dringen in dünne Felsrisse ein, werden kräftiger und spalten mit der Zeit selbst Felsblöcke.

GESCHICHTE

Im Römischen Reich galten Arvenzapfen als Symbole der Fruchtbarkeit und Unsterblichkeit. In der Renaissance haben europäische Anatomen eine bestimmte Struktur im Instinkthirn, die einem Pinienzapfen gleicht, *corpus pineale* oder *Zirbeldrüse* genannt. Interessanterweise waren die Anatomen der Ansicht, dass sich der Sitz der Seele in dieser zapfenförmigen Hirnstruktur befindet. Heute wissen wir, dass das *corpus pineale* eine Melatonin produzierende endokrine Drüse ist. Dieses Hormon reguliert unseren Wach-Schlaf Zyklus und beeinflusst zudem andere Biorhythmen. Ist die Funktionsweise der Zirbeldrüse gestört, sind nicht nur der Wach-Schlaf Zyklus, sondern auch die sexuelle Entwicklung beeinträchtigt.

Vergleicht man die feinen, langen fünf Nadeln der Arve mit den starken, zähen drei Nadeln des Latschenkiefers so staunt man: Ein so zäher, hochalpiner Baum wie die Arve – und dennoch so filigran im Ausdruck ihrer Nadeln (links: Arve / rechts: Latschenkiefer).

Wie erfürchtig wir Arven betrachten können zeigt die Künstlerin Greta Guntern-Gallati (10): „Wer über Stock und Stein klettert, in Gräben und Schluchten hineinsteigt und schließlich in einem versteckten Arven Hain ausruht, kann eine tiefe sinnliche und spirituelle Erfahrung machen. Man betrachtet die mit graugrünen Arvennadeln besetzten Äste, die sich sanft in der Brise wiegen. Man bewundert die märchenhaft anmutenden Arvenstämme mit ihren braunroten Wurzeln, die über Flühe schleichen und sich um Felsbrocken herumwinden, bevor sie im Waldboden versinken. Arve und Mensch erzählen einander lautlos ihre Lebensgeschichte. In diesem Augenblick der Verzauberung begreift der Mensch rein intuitiv, dass die Gattung der Arven viel älter ist als jene der Menschen und deshalb Zugang zu einem Wissen hat," ...von dem wir in der Stille ein Ahnen erfahren mögen.

HEILWIRKUNGEN

Holz und Nadeln der Arven enthalten eine hohe Konzentration an *Pinosylvin*, einer angenehm riechenden harzigen Substanz, die einen positiven Einfluss auf unsere Gesundheit ausübt. Wissenschaftler der Forschungsgesellschaft HUMAN RESEARCH (Institut für Gesundheitstechnologie und Präventionsforschung, Weiz) evaluierten im Auftrag eines interregionalen Forschungsprogramms in einer Blindstudie die Auswirkungen von Zirbenholz auf Belastungs- und Erholungsfähigkeit an gesunden Erwachsenen. Die bessere Nachterholung geht mit einer reduzierten Herzfrequenz und einer erhöhten Schwingung des Organismus im Tagesverlauf einher. Die durchschnittliche „Ersparnis" im Zirbenholzbett lag bei 3500 Herzschlägen pro Tag, was etwa einer Stunde Herzarbeit entspricht. Diese physiologischen Ergebnisse stimmten mit der subjektiven Einschätzung der Versuchspersonen überein, welche über einen erholsameren Schlaf und ein besseres Allgemeinbefinden berichteten.

Tipp: Wer kein Arvenzimmer bzw.-bett besitzt, kann sich auch ein Kopfkissen mit duftenden Arvenspänen füllen und so die positiven Eigenschaften dieses Holzes nutzen. Wenn der Duft weniger wird, mit ein paar Tropfen ätherischen Arvenöls das Kissen wieder „auffrischen".

KONZENTRATION STEIGERNDE DÜFTE FÜR KINDER

„Ganz eindringlich," schreibt Iris Jermann (11), „möchte ich davor warnen, mittels welcher Methode auch immer in einen Machbarkeitswahn zu verfallen. Vor allem Eltern möchten oft das Beste für ihr Kind und wenn sie hören, dass Salbei, Rosmarin und Ysop die Konzentration verbessern, wird der Sprößling damit sofort zwangsbeduftet. Unglücklicherweise empfehlen nicht wenige Autoren diese Aromen für die Schularbeiten. *Lassen Sie mich einen Vergleich bringen*: Es macht Sinn, wenn Kinder roten Traubensaft mögen und Erwachsene sich an einem Gläschen Rotwein aus eben diesen Trauben erfreuen. Niemand käme auf die Idee, seinem Kind täglich Rotwein zu geben. So ist es auch bei den Düften: Es gibt Duftthemen für verantwortungsvolle Erwachsene (z.B. Rosmarin, Salbei, Ysop…) und es gibt Duftthemen für Kindernasen. Im Zweifelsfall darf die Kindernase spontan entscheiden."

KULINARIK

Nicht nur Tannenhäher, Eichhörnchen und Mäuse wissen die schmackhaften Samen der Arven zu schätzen. Auch wir Menschen haben unsere Freude daran und legen Arvenzapfen in Schnaps ein, um den Arvenlikör zu gewinnen, der das

Gemüt aufzuhellen vermag. *Tipp:* Aufgrund seiner ätherischen Öle ist der Baum weitgehend resistent gegen Ungeziefer, deswegen habe ich mit diesem Holz gute Erfahrungen bei der Brotaufbewahrung gemacht. Auf meinen Fahrten ins Engadin habe ich in einer kleinen Schreinerei einen Arvenbrotkasten erworben. Es ist die beste Aufbewahrung für unser gutes Brot.

REZEPTE

„Geistesblitz“ *Kinderduft zum Lernen*
6 Tropfen Arve / Zirbelkiefer *Pinus cembra*
6 Tropfen Lavandin *Lavandula hybrida*
12 Tropfen Zitrone *Citrus limonum*
10 ml Glasflasche mit Tropfer (Apotheke)
Tropfen Sie die ätherischen Öle in das Fläschchen, schütteln und zur Raumbeduftung verwenden (ca. 6 – 8 Tropfen für 30 qm Raum).

Hinweis
Manchmal braucht es diesen frischen Wind um die kleinen Nasen beim Büffeln am Schreibtisch. (12)

„Alpenkönigin Cocktail“ *mit urwüchsigem Arvenlikör*
2 cl Wildkirschenlikör (köstlich, kann man selbst ansetzen)
5 cl Süßkirschensaft
1 cl Arvenlikör
Cocktailkirsche und Fichtennadel-Zweigspitze zum Garnieren
Alle Zutaten mit Eis kurz und kräftig schütteln und in eine gefrostete Cocktailschale ohne Eis abseihen. Die Spitze eines Fichtenzweiges (Länge: circa 12 cm) am unteren Ende entnadeln. Eine Cocktailkirsche auf die entnadelte Fichtennadel-Zweigspitze stecken, dekorativ über das Glas legen.
Hinweis
Der Arven- oder Zirbenlikör (13) reift in der alpinen Region bis Weihnachten. Am Stefanstag, dem 26. Dezember, ist es endlich soweit, da darf diese urwüchsige „Alpenkönigin“ als Cocktail oder Likör das erste Mal gekostet werden.
Tipp: 1 cl (Centiliter) sind 10 ml.

Pfefferminze / Minzen

Mentha piperita - (im Bild links: Mentha spica)

Familie: Lippenblütler, Lamiaceae
Synonyme: Echte Pfefferminze, Edelminze, Gartenminze
Duft-Charakteristik: strahlend frisch, kühl, aktivierend, wach machend
Parfumzuordnung: Kopfduftnote (Tête), sportive und holzige Noten
Wirkung:
Körperlich: kühlend, schmerzlindernd, entzündungshemmend, zellerneuernd
Psychisch: aktivierend, konzentrationsfördernd, aufmunternd
Herkunft: Europa, USA, China
Gewinnung / Pflanzenteile: Wasserdampfdestillation des angetrockneten, blühenden Krautes
Besonderheit: Wegen des circa 50-prozentigen Mentholgehaltes nicht anwenden bei Babys, Kleinkindern, Schwangeren und überempfindlichen Menschen

PARFÜMERIE / DUFT / PERSÖNLICHES

Weltraum, unendliche Weiten. Wir schreiben gerade das Jahr 2018, an dem ich diese Assoziationen zu den Weiten eines Minzen-Weltraums habe, frei formuliert nach „Star Trek". Auch die Farbe passt zu diesem Bild, ist es doch ein als Blau empfundener Duft, in all seinen unendlichen Variationen. Wie ein ganzes Universum fühlt es sich an, betritt man diese Welt minzig duftender Lippenblütler. Ob die Star-Trek-Helden auf ihrem Raumschiff Enterprise auch ein hilfreiches Fläschchen Minze mitgenommen haben? Geraten hätte ich dazu. Denn so unendlich wie der Weltraum sind auch die Heilwirkungen der Minzen, die ich hier in diesem Rahmen nur zu streifen vermag. Allein schon ein guter Pfefferminze-Tee! Das ätherische Öl der Minze wird in der Nahrungsmittel- und Kosmetikindustrie zur Aromatisierung von Zahnpasten, Hygienemitteln, Kaugummi, Pfefferminzpastillen und -bonbons genutzt. Durch Ausfrieren gewinnt man Menthol.

CORPORATE IDENTITY DUFTKOMPOSITION (CI-DUFT) FÜR BMW

Der Duft von Pfefferminze macht uns wach, wichtig beim Autofahren. Diese Feststellung eines Forschungsteams diente mir als Basis zur Entwicklung der Komposition „BMW i. Born Electric". Es handelt sich hierbei um einen CI-Duft (*CI = Corporate Identity*), der zur Präsentation von BMW Fahrzeugen mit umweltfreundlicher Technik eingesetzt wird (14):

„Der Duft von Zimt oder Pfefferminze hält Autofahrer wach und steigert ihre Aufmerksamkeit. Gleichzeitig gehen Frust und Anspannung unter dem Einfluss der Aromen zurück, haben US-Psychologen beobachtet. Ihre Studie referierten Bryan Raudenbush von der Jesuiten-Universität in Wheeling und seine Kollegen auf einer Konferenz der Gesellschaft für chemische Wahrnehmungsforschung in Sarasota. Aus früheren Arbeiten wussten die Forscher, dass die Gerüche von Zimt und Minze Motivation, Aufmerksamkeit und Leistungsfähigkeit steigern, Müdigkeit mindern und das zentrale Nervensystem anregen." Ein Duftmix mit Erfolg: Die solcherart verwöhnten Fahrer waren weniger angespannt und deutlich fitter.

NANAMINZE / SPEARMINT / KRAUSE MINZE / MAROKKANISCHE MINZE

Mentha spicata

In der Überschrift sehen Sie gleich fünf Namen, die alle für die *Mentha spicata* verwendet werden. Es handelt sich hier um einen durchaus verführerischen aromatischen Duft, so dass man dazu neigt, ihn in einer Komposition überzudosieren. Einmal jedoch diese Erfahrung gemacht, wie schnell der Duft einseitig abkippt und man handhabt diese Art Verführung etwas rationaler. Ich bevorzuge den Duft von *Mentha Spicata* aufgrund seines geringeren Menthol-Gehalts. Das ätherische Öl wird von einem hohen Prozentsatz an Monoterpenketonen (15) geprägt; allein deshalb sollten sie nur gering dosiert in Mischungen Verwendung finden. Hält man einer Person ein Fläschchen Nanaminze unter die Nase, dann kommt ein „Ja, das kenne ich doch, nur woher?" „Kaugummi-Aroma!" Ein Hauch dieser Minze mit ihrer interessanten, wachmachenden Komponente passt perfekt in holzige Noten sowie zu sportiven Kompositionen.

POLEIMINZE / HEXENMINZE / PENNY-ROYAL

Mentha pulegium

Wie der englische Name „Penny-Royal“ schon zeigt, steht diese Pflanze und sein ätherisches Öl in England in geradezu königlichem „royalem“ Ansehen. Kulturhistorisch interessant ist die Tatsache, dass die englische Marine die blühende Poleiminze zur Trinkwasserdesinfektion eingesetzt hat. So mag Penny-Royal wohl auf gewisse Weise mitverantwortlich sein für die Erringung der englischen Weltherrschaft zur See. Erstaunlich: Während Penny-Royal bei den Briten ein hohes Ansehen genießt, ist sie in Deutschland nahezu ausgerottet. Bezeichnenderweise trägt sie in unseren Breiten den weniger royal klingenden Namen „Hexenminze“. In England und Amerika hat sich die Poleiminze und das Wissen um ihre heilkräftige Wirkung glücklicherweise erhalten. In geringer Konzentration eingesetzt, wirkt sie krampflösend. *Wichtig*: Es ist der Inhaltsstoff *Pulegon* in der Pflanze, der abtreibend wirkt, jedoch befindet sich dieser Inhaltsstoff nicht im destillierten ätherischen Öl. (16)

BOTANIK

Bei der Pfefferminze handelt es sich um eine Staude mit Ausläufern, deren glatte Blätter mit Öldrüsenschuppen versehen sind. Während der Blütezeit von Juni bis August trägt sie kleine lilafarbene Blüten. „Die echten Minzen breiten sich rasch durch unterirdische Ausläufer aus,“ liest man im Rühlemann Katalog (17), dem großen Gartenkräuterspezialisten im Norden Deutschlands. Sie unterteilen dort die Minzen in vier Gruppen: 1. *Pfefferminzen*: enthalten viel Menthol. 2. *Arabische Minzen*: wenig Menthol und typisches Aroma. 3. *Fruchtige Minzen*: wenig Menthol und Fruchtaromen (z.B. Ananasminze). 4. *Andere Minzen*: Aussaatminzen.

GESCHICHTE

Die große verdauungsfördernde Heilkraft der Pfefferminze war schon den alten Ägyptern, Griechen und Römern bekannt. Laut einer griechischen Sage verliebte sich der Gott der Unterwelt, Hades in die Nymphe Minthe. Diese war vom Glanz seines goldenen Wagens entzückt und von den schwarzen Pferden stark beeindruckt. Hades hatte leichtes Spiel, als er Minthe entführen wollte, bekam aber deshalb

Probleme mit seiner Gattin Persephone. Diese verwandelte die Rivalin kurzerhand in die Pflanze, die man heute als Minze kennt.
Erste genaue botanische Beschreibungen der Pfefferminze stammen aus dem 17. Jahrhundert aus England. Im Herbarium des British Museum in London sind Jahrhunderte alte konservierte Exemplare der Echten Pfefferminze dokumentiert. Die duftende Minze findet im Orient als Kosenamen eine ungeahnte Wertschätzung. Wer wollte nicht von einem jungen Omar Sharif, „mein Pfefferminzblättchen" genannt werden?

HEILWIRKUNGEN

Die Pfefferminze ist eine der wenigen Pflanzen, deren Heilkraft ausschließlich in ihrem ätherischen Öl liegt. Ihr frischer Duft wird von Menthol bestimmt mit einem Anteil zwischen 50 und 90 Prozent. Dieses ätherische Öl entfaltet die beste therapeutische Wirkung, wenn die Komponenten in ausgeglichenen natürlichen Mengenverhältnissen enthalten sind. Der Erntezeitpunkt bestimmt den genauen Gehalt an Inhaltsstoffen, darauf ist beim therapeutischen Einsatz zu achten. „Pfefferminze – ihre ausgeprägte zellerneuernde Wirkung verhilft zur wesentlich schnelleren Wundheilung – die Narbenbildung unterbleibt," schreiben Prof. Dr. Dr. Dietrich Wabner und Dr. Christiane Beier (18). Pfefferminzöl gehört zu den „Allheilmitteln" mit vielfältigsten Anwendungen in fachkundiger Hand.
„Forscher im Nahen Osten stellten fest, dass Pfefferminzöl Bakterien abtöten konnte, die Karies verursachen und die Entstehung von Zahnstein begünstigen. (19) "*Babys, Kleinkinder, Schwangere und überempfindliche Menschen müssen wegen des hohen Mentholgehaltes auf Pfefferminzöl verzichten.*

UNTERWEGS IMMER DABEI: PFEFFERMINZE

Pfefferminze (als Fläschchen oder als Roll-on) habe ich in meiner Handtasche immer dabei. Unterwegs auf Reisen oder während eines Vortrags - bei Schläfrigkeit oder großer Hitze - kurz auf dem Nacken 2 Tropfen verteilen und man atmet regelrecht auf (Vorsicht: Nicht die Finger dabei an Schläfen oder Augen bringen).

KULINARIK

Minze verfeinert Cocktails, Liköre, Eiscreme und andere süße Köstlichkeiten, aber auch ein pikant angemachter Quark verträgt ein, zwei fein geschnittene Minzblättchen. Bei uns gibt es an lauen Sommerabenden einen Pfefferminztee, am liebsten von frisch gepflückten Blättern der weichen Apfelminze oder der aromatischen marokkanischen Minze. Allein schon der Anblick ist dabei ein Genuss. Diese blaugrüne Farbe in den Teegläsern (nur kurz, etwa 3 Minuten überbrühen). Minztee ist allgegenwärtig im heißen Marokko. Dort mit Vorliebe stark gezuckert und serviert in silberfarbener dekorativer Teekanne. Auf meiner Abenteuerreise im Jahr 1978 direkt nach dem Abitur lernte ich diese marokkanische Vorliebe in Marrakesch und Fez kennen.

Hier noch ein Tipp der Aromaexpertin und Heilpraktikerin Eliane Zimmermann (20): „Pfefferminzwasser lernte ich bei einem Destillateur in Süd-Frankreich nach einem langen Nachmittag des Schneidens von Thymian kennen. Es war heiß, es war anstrengend, der Umgang mit der Sichel beschwerlich. Die Ehefrau von Monsieur René servierte nach getaner Arbeit kühles Brunnenwasser mit einem großzügigen Schuss Pfefferminzhydrolat, ein *ideales Anti-Hitze-Getränk.*"

REZEPTE

„Atemfrische" *mein minziges Mundwasser*

3 Tropfen Pfefferminze *Mentha piperita*

1 Tropfen Kardamom *Elettaria Kardamomum*

2 Tropfen Lavendel fein *Lavandula angustifolia*

3 Tropfen Zitrone *Citrus limonum*

100 ml Pfefferminzhydrolat

Tropfen Sie die ätherischen Öle direkt in die Flasche des Pfefferminzhydrolats, schütteln. Einen Teelöffel "Atemfrische" mit einem 2 Esslöffel kaltem Wasser mischen. Nach der Zahnpflege damit den Mund gut spülen, ausspucken.

„Italienische Bruschetta Creme" ***mit Minze***

350 Gramm Dicke Bohnen, tiefgefroren
1 Bund Bohnenkraut
Meersalz
4 Stängel Minze, fein geschnitten
5 EL Olivenöl
1 EL Zitronensaft
Pfeffer, frisch gemahlen
8 Scheiben Ciabatta
1 Knoblauchzehe

- Aufgetaute Bohnen und Bohnenkraut in etwas Salzwasser 8-10 Minuten köcheln. Inzwischen Minze abspülen, trocken schütteln (einige Blättchen zum Dekorieren beiseite legen) und fein schneiden. Den Grill vorheizen.
- Bohnen abgießen und das Bohnenkraut entfernen. Bohnen, 4 EL Olivenöl, Zitronensaft, etwas Meersalz und Pfeffer mit dem Stabmixer grob pürieren. Minze unterrühren und das Püree mit Salz und Pfeffer abschmecken. Knoblauchzehe abziehen, fein schneiden und hinzufügen.
- Brotscheiben unter dem Grill von beiden Seiten rösten. Herausnehmen, mit dem restlichen Olivenöl bestreichen. Bohnenpüree auf die Brotscheiben geben und mit Minzeblättchen dekorieren.

Coniferae.
Juniperus communis L.

Wacholder / Wacholderbeere

Juniperus communis

Familie: Zypressengewächse / Cupressaceae
Synonyme: Kranawit, Krammetbeere, Feuerbaum, Heidewacholder, Lebensbaum, Weihrauchbaum, Machandel
Duft-Charakteristik: harzig-holzig, beerig-fruchtig, herb-trocken
Parfumzuordnung: Kopfduftnote (Tête) – sportive, holzig-grüne Parfums
Wirkung:
Körperlich: entschlackend, entwässernd, schmerzlindernd
Psychisch: konzentrationsfördernd, klärend, hilft unangenehme Gedanken loszuwerden
Herkunft: Spanien, Frankreich, Bulgarien, Kroatien, Ungarn, Kanada, USA
Gewinnung / Pflanzenteile: Wasserdampfdestillation der reifen Beeren
Besonderheit: Wacholderbeere - eine unserer wichtigsten Heilpflanzen

PARFÜMERIE / DUFT / PERSÖNLICHES

Als ich mich im Jahr 2011 in ein freiberufliches Schaffen wagte, war - neben den Hindernissen, die natürlich bei einem solchen Neubeginn auftauchen - damit jedoch auch ein völlig unerwartetes freies Lebensgefühl verbunden. Wann zuletzt hatte ich schon so viel selbst bestimmte Zeit besessen? Nur in der Jugend. Und so war es, als würde ich wieder an meine kreative Phase als junger Mensch anknüpfen. Erstaunlich! Es fühlte sich an wie in Rilkes Zeilen... *Tore gehen auf, Tore...* (21)

PFLANZE DES NEUANFANGS

Und so schnappte ich mir meine Pinsel und Aquarellfarben, die so viele Jahre im Schrank gelegen hatten und fing wieder mit dem Malen an. Begehrte Modelle finde ich in „meinen Düften". Dabei lasse ich mich von meinem Gefühl leiten. Mal sind meine Malereien näher an der Pflanze, mal werden sie zum Ausdruck meines Duftempfindens. Als allererstes „Modell" kam mir der Wacholder in den

WACHOLDER

art parfum / Beate Nagel

Aquarell, 9. März 2014

An einem noch wild dahin fließenden Fluss in unserer Nähe sahen wir beim Wandern im September einige schöne Wacholderbäume stehen. Für den Hausgebrauch pflückten wir einige der dunkelblauen gereiften Beeren (22) und mussten dabei aufpassen, uns nicht an den stachelig spitzigen, schmalen Nadeln zu verletzen. Vor sich hinträumend wie vielleicht beim Pflücken von Heidelbeeren kann man diese Beeren gewiss nicht ernten, sie erfordern unsere ganze „Wachheit".

Sinn, mit seinen herben blauen Beeren. Während ich malte, roch ich immer wieder an diesem harzig-beerig, feinen Aroma. Ich hätte kaum eine geeignetere Pflanze wählen können, *steht doch der Wacholder für den Neuanfang.*
Das ätherische „Wacholderbeeröl", das ausschließlich aus den Früchten hergestellt wird, hat einen höheren Gehalt am Monoterpenalkohol *Terpineol-4* als das Wacholderöl aus den Zweigen, d.h. das „Beerenöl" ist milder und damit teurer. *Achten Sie beim Kauf auf die genaue Bezeichnung; hier sind die botanischen Namen - Juniperus communis - zwar identisch, entscheidend ist, mit welchen Teilen der Pflanze destilliert wurde.* Wacholderduft gibt in grünen sportiven Herrendüften eine trockene Note hinzu, während Wacholderbeerenduft ein zusätzliches harzig-fruchtiges Aroma mitschwingen lässt. Das ätherische Wacholderbeeröl wird aus reifen Wacholderbeeren des immergrünen Strauches oder Baumes durch Wasserdampf-Destillation gewonnen. Je südlicher die Beeren wachsen, desto mehr ätherisches Öl enthalten sie und umso aromatischer ist der Geschmack, ihr Duft.

FASTEN, REINIGEN

Wacholder hilft beim „inneren Aufräumen", beim Reinigen und Klären, ein bestens geeignetes Aroma zur Fastenbegleitung (siehe Rezept unten). Bei den Kelten und Germanen galt der Wacholder als besondere Pflanze. Diese Kraft, die man ihm zusprach, wird in vielen Namen angedeutet: *Quickholder, Weckholder – Wachholder (=halter).*

BOTANIK

Seit alten Zeiten gilt der immergrüne Wacholder in Europa als Symbol für ein langes Leben, als ein „Lebensbaum". So vermag er ein schier unglaubliches Alter von bis zu 2000 Jahren zu erreichen und kann dabei 5 Meter hoch werden. Wacholder, ein Zypressengewächs, gedeiht auf kreide- und kalkhaltigen Böden in den nördlichen gemäßigten Klimazonen, in Teilen Europas, in Asien und in Nordamerika. Die kleinste Konifere *Juniperus communis* wächst in öden, unwirtlichen Gegenden, wo ihr Anblick tröstlich wirkt. Seine stachelig spitzigen, schmalen Nadeln stehen in dreizähligen Wirtel um den Zweig („Mercedesstern") und duften sehr aromatisch, wenn man sie zerreibt.

In den Allgäuer Alpen begegnet man einem eher niedrig, breit wachsenden Wacholder. „Eigenwillig ist Wacholder – manche Pflanzen kriechen in Strauchform über der Erde und andere recken sich als kleine Säulenbäume gen Himmel", schreibt die bekannte Allgäuer Kräuterfrau Adelheid Lingg (23). Da er getrennt geschlechtlich ist, kommen die weiblichen und männlichen Blüten auf verschiedenen Pflanzen vor. Die blühenden „Zapfen" der weiblichen Bäume werden zu grünen Beeren, die sich im zweiten oder dritten Jahr blauschwarz färben und dann als reif gelten. *Jedes Jahr kommen neue Früchte dazu, so dass an seinen Ästen gleichzeitig grüne und schwarze Beeren zu sehen sind.* Wegen seines rosa Kern- und weißen Splintholzes ergibt Wacholder ein gutes Schnitzholz, zudem riecht es in einem Feuer äußerst angenehm.

GESCHICHTE

In der Schweiz fand man Wacholder in prähistorischen Pfahlsiedlungen. Schon im Altertum waren die Beerenzapfen des Wacholders als Diuretikum bekannt. Laut Dioskurides wirken die Beeren scharf, harntreibend, erwärmend und sind hilfreich bei Brustleiden, Husten und Leibschmerzen. Plinius und Galen bevorzugten Wacholderbeeren besonders bei Leberbeschwerden und empfahlen sie schweren Essern anstelle von Pfeffer. Ein altrömisches Rezept: Cato der Ältere hielt die Beeren für harntreibend und vermittelte uns dieses Wacholder-Weinrezept: „Dafür eine gute Handvoll Wacholderbeeren zerstoßen, in Rotwein aufkochen und 10 Tage lang in einer Flasche aufbewahren. Dann abseihen. Ein Glas davon, als erstes am Morgen getrunken."

WACHOLDERBEEREN KAUEN HILFT IN GRIPPEZEITEN

Am Tag des Pestheiligen St. Rochus, dem 16. August, werden traditionell die reifen schwarzen Beeren geerntet. In Pestzeiten hätten sogar die Vögel ihre Heilbotschaften den Menschen von den Dächern gepfiffen: „Eßt Kranewitt (Wacholder) und Bibernell, dann sterbts nit so schnell." Den Namen Kranewitt bekam der Wacholder vom Krammetvogel, der mittelhochdeutschen Bezeichnung für die Wacholderdrossel, die seine Früchte besonders gern frisst.

Der deutsche Renaissancebotaniker Fuchs empfahl Wacholder als ein Universalheilmittel, was später von den französischen Autoren René Bretonnayau und Guillaume Brunel übernommen wurde. Dr. Lemery führte in seinem medizinischen Lexikon ein interessantes Rezept zum Schutz vor der Pest an. Er riet den französischen Konditoren, Wacholder-Dragees herzustellen: *Statt Mandeln zerstoßene Wacholderbeeren zu überzuckern, die vom Volk, zur Vermeidung einer Ansteckung, mehrmals täglich gegessen werden sollten.* Diese „Dragées St-Roch" wurden sehr beliebt. Heute weiß man, dass man sich während der Grippezeiten mit dem Kauen von Wacholderbeeren vor einer Ansteckung schützen kann.

In Märchenerzählungen hören wir von der guten Großmutter, die unter dem Holunder wohnen solle, wie auch in der Nähe von Wacholder. Beide gelten als Pflanzen des Übergangs. „Vor dem Holunder sollst du den Hut ziehen, vor dem Wacholder das Knie beugen“, sagt uns eine alte Volksweisheit. In früheren Zeiten wurde in Frankreich und in Deutschland in Hospitälern Wacholder zur Verhütung von Infektionen verbrannt. Wacholder, früher auch als „Weihrauch des Nordens“ bezeichnet, sprach man reinigende, klärende Kräfte zu und verwendete Wacholderspitzen und -Beeren lange Zeit als traditionelles Räuchermittel.

Mein Vater machte schon als junger Mann Kneippkuren und so wuchsen wir Kinder mit dem „Kneippen“ auf. Später las ich die beeindruckende Biografie (25) von Pfarrer Sebastian Kneipp - empfehlenswert.

Pfarrer Sebastian Kneipp... empfiehlt in seiner Erstausgabe „So sollt ihr Leben“ 1889: „Die Wacholderbeere, wer kennt sie nicht? Als Räucherwerk verbreitet sie in Zimmern und Gängen angenehmen Geruch und verbessert die Luft.“ (24) Zum Räuchern eignen sich auch die Spitzen des Wacholderstrauches, geschnitten zur Zeit des Obstbaumschnitts.

HEILWIRKUNG

In den Balkanländern wird die Wacholderbeere als eine Art Allheilmittel betrachtet. Aufgrund der verzerrten Gestalt der Pflanze und ihrem harten, knochig gekrümmten Holz schließt man auf eine Hilfe für die Gelenke, für Gelenkentzündungen und Rheuma.

WACHOLDERBEERKUR

Ruth von Braunschweig empfiehlt eine Wacholderbeeren-Kur (26): „Das ätherische Wacholderbeeröl ist ein sehr vielseitiges Öl, das einen positiven Einfluss auf das Nervensystem wie auch auf die Haut und die Verdauungsorgane ausübt, allgemein als Stärkungsmittel gilt. Während des langen Winters hatte der Organismus auf Sparflamme geschaltet. Fetteres Essen, Süßigkeiten, Bewegungsarmut und Lichtmangel tun ihr Übriges, dass man sich im ausklingenden Winter nicht allzu wohl fühlt. Zu Beginn des Frühjahrs, wenn alles um uns herum zu neuem Leben erwacht, droht uns die Frühjahrsmüdigkeit: Antriebs- und Lustlosigkeit, oft sogar mit depressiven Verstimmungen gepaart. Mit Wacholder können wir buchstäblich einen körperlichen und seelischen „Hausputz“ starten.“

KULINARIK

Sauerkraut wird bekömmlicher, schmackhafter durch die Zugabe beim Kochen von Wacholderbeeren. Auch im Herbst zu Wildgerichten passen diese aromatisch harzigen Beeren. Ein guter Lachs, der über Wacholder geräuchert wird, ist eine echte Delikatesse. Weniger bekannt ist heute, dass Wacholderbeeren seit Urzeiten Eingang in Spirituosen, Weinsorten und Likören fanden. Das bekannteste mit Wacholder gewürzte alkoholische Getränk ist der Gin. Er wurde vor 400 Jahren in Holland erfunden, als ein niederländischer Apotheker ein Diuretikum zuerst auf Wein-, dann auf Spirituosenbasis entwickelte. Er nannte sein Produkt *geniève*, auf Englisch *gin.* Ursprünglich wurde es nur zu medizinischen Zwecken hergestellt. Achten Sie einmal bei einem guten Gin auf den Geruch. Erkennen Sie den Wacholderduft darin?

R E Z E P T E

„Wacholderbeer-Körperöl" ***zur Kur***
8 Tropfen Wacholderbeere (ätherisches Öl) *Juniperus communis*
8 Tropfen Lavendel (z.B. Berglavendel) *Lavandula angustifolia*
10 Tropfen Orange *Citrus sinensis*
8 Tropfen Grapefruit *Citrus paradisii*
100 ml Mandel- oder Jojobaöl
Die ätherischen Öltropfen in das fette Öl geben, schütteln und morgens in die noch feuchte Haut einmassieren.

Hinweis
Wenn ich ein „Gesundheitsöl" wie das obige täglich etwa 21 Tage nutze, dann muss es auch gut duften. Dank Grapefruit und Orange wirkt das Ganze wie ein Sportöl, die Heilkraft ist somit gut versteckt.

„Wacholderbeer-Wein" (27)
0,7 Liter trockener Weißwein
50 g Wacholderbeeren, zerstoßen
150 g Bienenhonig

- Weißwein in einen Topf gießen, dazu geben Sie die gemörserten Wacholderbeeren und den Honig. Langsam erwärmen, so dass sich der Honig auflöst. Dann abkühlen lassen und ca. 8 Tag an einem kühlen Ort ziehen lassen. Anschließend filtern.
- Von diesem Wacholderbeer-Wein kurmäßig etwa 21 Tage lang morgens ein Likörgläschen trinken. Das wirkt belebend.

Hinweis:
Zur Kuranwendung einfache Speisen wählen, viel Gemüse.
VORSICHT: *Diese Kur ist nicht geeignet für Schwangere, Menschen mit Bluthochdruck oder Nierenerkrankungen.*

Phönizischer Wacholder (Juniperus phoenicea)

GELB

© Photo by Alicia Petrese on Unsplash

HERBSTTAG

Herr: es ist Zeit. Der Sommer war sehr groß.
Leg deinen Schatten auf die Sonnenuhren,
und auf den Fluren laß die Winde los.

Befiehl den letzten Früchten voll zu sein;
Gieb ihnen noch zwei südlichere Tage,
dränge sie zur Vollendung hin und jage
die letzte Süße in den schweren Wein.

Wer jetzt kein Haus hat, baut sich keines mehr.
Wer jetzt allein ist, wird es lange bleiben,
wird wachen, lesen, lange Briefe schreiben
und wird in den Alleen hin und her
unruhig wandern, wenn die Blätter treiben.

Rainer Maria Rilke (1)

Zum Nachhören: Gottfried John: „Herbsttag“
RILKE PROJEKT CD 3 „Überfließende Himmel“ Nr. 6 (2)

Herbsttag

Herr: es ist Zeit. Der Sommer war
sehr groß. Leg Deinen Schatten auf die
Sonnenuhren, und auf den
Fluren laß die Winde los.

Befiehl den letzten Früchten voll zu sein;
gib ihnen noch zwei südlichere Tage,
dränge sie zur Vollendung hin und jage
die letzte Süße in den schweren Wein.

Wer jetzt kein Haus hat, baut sich keines mehr.
Wer jetzt allein ist, wird es lange bleiben,
wird wachen, lesen, lange Briefe schreiben
und wird in den Alleen hin und her
unruhig wandern, wenn die Blätter treiben.

Rainer Maria Rilke

Goldenes Licht

Für uns auf dem Planeten Erde Lebende ist die Sonne von zentraler Bedeutung. Ohne Sonne kein Leben. Die Vorstellung, dass Licht eine Manifestation des Heiligen ist, dass das Transzendente als das Unbegreifliche, zugleich Vertrauen und Schauer erweckend im Lichthaften enthalten ist, gehört zur Grundvorstellung fast jeder Religion. Kurz vor seinem Tod flüsterte der englische Maler William Turner (1775-1851), dass die gelbe Sonne Gott sei. Die Sonne gilt als Symbol Christi, seine Sonnenkräfte durchlichten die Welt. Die Farbe Gelb wird in erster Linie von der Sonne geprägt, von ihrem Licht, ihren Strahlen. Optimisten besitzen bekanntlich ein sonniges Gemüt, Gelb ist ihre Farbe. Sonnenlicht wird als gelb empfunden, obwohl es eigentlich farblos ist. Je gelber das Licht einer Lampe mit künstlichem Licht, desto natürlicher und schöner empfinden wir es. Als Lichtfarbe – licht und leicht – wird Gelb als die leichteste aller bunten Farben gesehen. Und Gelb wirkt leicht, weil es nicht erdenschwer ist, sondern als würde es „von oben" kommen.

Der Herbst ist die Jahreszeit des Lichts, eines goldenen Lichts das rot-gelb-orangene Farben über bunte Blätter als Geschenk in die Erde gibt.

Auch wenn man das Licht der Sonne als gelb empfindet, so spricht man eher von einem goldenen Licht, einer goldenen Sonne. Helios, Apoll, Sol – den mythologischen Sonnengöttern - ist ein gelb-goldenes Licht zugehörig. Gelb wird zum Gold, wenn das Schöne, das Wertvolle gemeint ist. Wir sprechen bei der deutschen Fahne von „Schwarz-Rot-Gold" und nicht von „Schwarz-Rot-Gelb". Vergleichbar mit der gelb-weißen Fahne des Vatikan, die als gold-silberne Flagge gilt. „Gelb", „Gold", „Glanz" sind sprachlich verwandt. So wird Gelb zur Farbe des Reichtums, des Luxus. Der goldene Herbst mit seinen reichen Früchten steht für die Kostbarkeit der eingebrachten Ernte, die über den Winter zum nächsten Frühjahr zu reichen hat.

Gelb vor Neid

Gelb ist eine durchaus zwiespältige Farbe, daher sprechen wir vom „Gold“, um damit eindeutig das „richtige Gelb“ zu benennen. Denn ein Gelb, das in Richtung Grün tendiert, wird mit Neid in Verbindung gebracht. Die Galle ist mit dem Ärger verbunden und weil Galle gelb-grün ist, können wir auch „grün vor Neid“ werden. Im christlichen Kontext sind Neid und Geiz zwei von den sieben Todsünden.

Die buddhistische Sichtweise zu dieser Thematik finde ich interessant. Man geht hier von einer letztlich allen Menschen innewohnenden vollkommenen Buddhanatur aus. Als eine Art „Dummheit“ wird das gesehen, was die Wesen - also nicht nur Menschen, sondern auch Tiere, Götter, Geister - im Kreislauf des Rades der Existenzen („Samsara“) gefangen hält. Aus dieser Ur-Ignoranz - das heißt, die Welt nicht wirklich so wahrnehmen zu können wie sie ist - entstehen die nächsten drei Geistesgifte wie Hass, Gier und Verblendung. Aus diesen dreien entwickeln sich die facettenreichen Spielarten aller möglichen „Störgefühle“, so auch Neid. Man ist vielleicht neidisch auf den Besitz eines anderen oder man neidet ihm das Glück einer lebendigen schönen Liebe. Auch die Spielart eines intellektuellen Neides taucht auf, wie etwa unter Wissenschaftlern. Hier missgönnt man dem anderen seinen Erfolg, seine in der Fachwelt anerkannten Forschungsergebnisse.

Der Maler und Bauhaus-Kunstpädagoge Johannes Itten schrieb: „Wie es nur eine Wahrheit gibt, so gibt es nur ein Gelb. Getrübte Wahrheit ist kranke Wahrheit, ist Unwahrheit. So ist der Ausdruck des getrübten Gelb Neid, Verrat, Falschheit, Zweifel, Misstrauen und Irresein.“ (3)

Gelb - die Farbe der Unterdrückung

Als Kleiderfarbe war Gelb in westlichen Ländern noch nie beliebt. Ein fahles Gelb sieht zu weißer Haut auch eher alt, krank aus. So wie Papier vergilbt, werden im Alter die Zähne, der Teint, das Weiß der Augen gelblich. Das Vergilben ist ein Zeichen des Alters und des Vergehens. „Fahlgelb wird die Haut auch durch Ärger und Krankheit. Und vom schlechten Leben. Die Maler der Bohème wie Toulouse-Lautrec malten die Lebedamen und Lebemänner mit gelblicher Haut.“ (4)

In jüdischen und in christlichen Zeremonien ist Gelb als liturgische Farbe verboten. Jahrhundertelang wurden jüdische Mitbürger in Europa diskriminiert. So bestanden Anordnungen, Gelbes als Hut oder Kleidungsbesatz zu tragen. Gelb wurde zur Farbe der Unterdrückten. Im letzten Jahrhundert zwangen die Nationalsozialisten Juden zum Tragen eines gelben Davidsterns mit all den schrecklichen Folgen, die wir nie vergessen können, nie vergessen dürfen...

Im Bild gegenüber LAND ART von Paul Waibl, am 26. April 2020.

Wie anders in Asien

Chinesen erleben Gelb als lebensspendende Naturkraft: Nordchina wird ständig von Staub aus der Wüste Gobi überzogen. Es ist ein gelber Lössstaub, der so zum fruchtbaren Ackerboden, zur reichen Ernte der dort gedeihenden Früchte dient. Gelb ist die Farbe der Glückseligkeit, die Farbe des Ruhms und der Weisheit. Im kaiserlichen China, dem Reich der Mitte, war Gelb die Hoheitsfarbe des Kaisers. Man nannte ihn auch den „Gelben Kaiser".
Königliches Safrangelb. Die berühmteste Farbe zum Gelbfärben ist Safran, gewonnen von der Krokuspflanze *Crocus sativus.* Safran ist kostbar, denn für ein Kilo Farbstoff braucht man 100.000 bis 200.000 Blüten. Damit können etwa 10 Kilo Wolle gefärbt werden. Jede Krokuszwiebel treibt nur ein bis zwei Blüten, für ein Kilo Safran müssen ganze Felder bepflanzt werden. Auch die Ernte ist mühsam, um die kostbaren roten Staubgefäße zu gewinnen. Safran färbt licht- und waschecht. Safrangelb hält für die Ewigkeit. Allerdings wurde und wird es eher als ein Gewürz verwendet (siehe im Duftportrait Safran).

Um Stoffe gelb einzufärben, nahm man daher andere Pflanzen wie etwa Saflor, eine Distelart. Schon in den Pyramiden fand man mit Saflor gefärbte Baumwollstoffe. Seit dem Mittelalter wurde diese Distel auch in Europa angebaut. Saflor war neben Indigo die wichtigste Färberpflanze.

Von Gefahr bis zur Extravaganz

Gelb ist neben Rot und Blau eine der drei Primärfarben und Violett die Komplementärfarbe zu Gelb. Gelb hat die beste Fernwirkung, weil es sich tags und nachts deutlich vom Himmel abhebt. Die optimale Farbgebung für Verkehrsschilder ist somit meist eine schwarze Schrift auf gelben Grund. Das führte dazu, dass gelbgrundige Schilder international für Warnhinweise genommen werden. Schwarz auf Gelb sind Symbole für giftige, entflammbare, explosive, radioaktive Stoffe. Diese Farbkombination kennen wir von Wespen. Wird auf einem Schiff eine gelbe Fahne gehisst, signalisiert das den Ausbruch einer Seuche. Im Flaggenalphabet bedeutet die gelbe Flagge den Buchstaben Q, für Quarantäne.
Gelb findet heute durchaus seine Liebhaber in Medien- und Kultur schaffenden Kreisen. Gelb in der Mode kann, gerade weil es keine Mainstream-Farbe ist, als extravagant auftreten. Ihre Anhänger sind offen für das Außergewöhnliche. In Marketingkreisen gilt Gelb als kommunikative Farbe.

Gelbe Buddha-Familie

Im tibetisch geprägten Buddhismus finden wir die gelbe Buddha-Familie „Ratna“, lokalisiert im Süden. Ratna bezeichnet ein persönliches und echtes Gefühl dafür, uns selbst auszudehnen und unsere Umgebung zu bereichern. Im neurotischen Aspekt manifestiert sich der Reichtum von Ratna darin, dass man schwergewichtig und wichtigtuerisch ist – jenseits der Grenzen eines geistigen Gesundseins. Wir breiten uns ständig aus, fühlen uns als „die Besten“. Die emotional blockierte Ratna-Person kann auch übermäßig großzügig sein und das zur Schau stellen. Vor Stolz wird sich aufgebläht - dahinter steht die Angst, nicht gut genug zu sein oder nicht genug zu haben.

In der positiven Ausformung der Ratna-Familie sind die Eigenschaften von einem Erleben in „Hülle und Fülle“ ganz selbstverständlich vorhanden. So vermögen wir uns in unserer Welt auszudehnen; dies geschieht persönlich, direkt, emotional und auch spirituell. Die erleuchtete Form von Ratna wird die *Weisheit des Gleichmuts* genannt, da Ratna alles in seinem sich ausdehnenden Umfeld einzuschließen vermag. Es werden alle gleichermaßen willkommen geheißen. Man fühlt sich angenommen so wie man ist. Ratna ist mit dem Element Erde verbunden. Wir sind großzügig und laden unsere Gäste zu entspannten üppigen Gelagen ein. Wir leben nicht nur „von Brot allein", das heißt ein „Genährt werden" findet in diesem Sinne auch auf geistigem Wege statt.

Kurzfassung gelbe Ratna Familie

Buddha Ratnasambhava
Richtung: Süden
Symbol: Wunsch erfüllendes Juwel
Element: Erde
Farbe: Gelb
Blockierende Muster: Stolz, Habgier, Konsumzwang
Weisheit: Weisheit des Gleichmutes

Tageszeit: Mittag
Jahreszeit: Frühherbst
Landschaft: Dschungel, fruchtbare Landschaften
Form:Quadrat
Körperbau: groß, üppig, statuenhaft
Sinneswahrnehmung: Geruch und Geschmack

Kulinarisch Gelbes

„Safran macht den Kuchen gel", wer kennt nicht diesen Kinderreim aus dem Lied „Backe, backe, Kuchen"? Milligrammweise gibt man Safran feinen Speisen bei wie in der indischen Küche, wo Reisgerichte für Festessen damit gewürzt und gelb gefärbt werden. Auch die echte französische Bouillabaisse erhält mit Safran ihren wesentlichen Hauch eines unvergleichlichen Aromas und ihre Farbe. Selbst Safranzwiebeln lassen sich verspeisen, roh oder geröstet.

Kulinarisch begegnen wir einer Fülle an gelben Gewürzen und Früchten. Das Gewürz Kurkuma nennt man auch Gelbwurz (*Curcuma longa*), das aus dem Rhizom der Pflanze gewonnen wird. Der Gehalt an ätherischem Öl beträgt hier etwa 5%, erstaunlich für ein Gewürz, das seine licht-wärmenden Kräfte so nah an der Erde entwickelt. Die frisch geriebene Wurzel verfügt auch über eine gewisse Schärfe. Mit Kurkuma gewürzte Speisen werden sonnengelb. Hier isst das Auge mit, im wahren Sinne des Wortes. Kurkuma aktiviert die Leber und regt sie an, alle Verdauungsprozesse positiv zu beeinflussen. Darüber hinaus ist das Gewürz entzündungshemmend. Echtes Kurkuma – nicht etwa der Zusatzstoff E100, den man heute leider so häufig in der Lebensmittelindustrie Senf, Marmeladen oder Margarine zusetzt – verfügt über eine reiche Palette an heilsamen Wirkstoffen. (5)

Ein zartes Gelb finden wir in Speisen, denen wir den Ausstrich aus fermentierten Vanilleschoten beifügen, überaus fein vermag sie zu aromatisieren. Göttliche Vanille! Im Duftportrait stelle ich sie als Gewürz und Parfumzugabe vor. Gelb kulinarisch geht es weiter mit einer Kürbissuppe, dem intensiven Gelb von Maisgries Polenta, gelben Paprika, Mirabellen, duftenden Quitten, Honigmelonen, frischen Ananas, Bananen und die gelbesten aller Früchte überhaupt, die so erfrischenden Zitronen. Nicht zu vergessen sind die hochwertigen Pflanzenöle, die wir aus den Samen des intensiv gelb blühenden Raps gewinnen oder das Sonnenblumenöl.

Und wie duftet nun das Gelbe?

Gelb duften so einige Ingredienzien wie das einschmeichelnde helle Gelb von Vanille, von zarten Mimosen oder vom goldenen Honig, als Honigextrakt. Eine Honignote erahnt man in gelben Ginsterblüten und auch im Untergrund von Immortelle. Fruchtiger wird es selbstverständlich mit gelben Zitronen, grünfruchtiger mit Grapefruit und Limettenduft und mit einem roten Unterton beim asiatischen Lemongrass. Ein gelb-Orange finden wir im Duft des Styrax / Amber (siehe Duftportrait im ersten Parfumbuch), (6). Wenig bekannt dürfte sein, dass Harze Sonnenkräfte beinhalten, so auch Weihrauch. Eine gute Qualität an Weihrauchharz drückt schon rein äußerlich dieses Lichtvolle durch seine gelbliche, helle Farbe aus. Es heißt, diese freiwerdende Sonnenkraft mittels Räucherung erwärme die gesamte Atmosphäre und mache die Grenze zur geistigen Welt durchlässiger. Bei Parfums arbeite ich gern mit *Boswellia sacra.* Diese ausgesprochen hochwertige Qualität des arabischen Weihrauchs wird über die Wasserdampfdestillation des Harzes gewonnen. Erntezeitpunkt, Dauer der Destillation, Regulierung der Hitze, alle im Prozess wichtige Faktoren haben mit Erfahrungswissen zu tun. Die Araber gelten als wahre Meister auf diesem Gebiet.

ART PARFUM Sonnen-GOLD

Vertrauensvoll blicken wir in die Welt, wohlwollend, vorurteilsfrei. Im Sonnen-Gold schwingt etwas Großes mit, uns im Innern wärmende Sonnenstrahlen. In dieser sonnigen Farb-Duftstimmung empfinden wir uns würdevoll. Wir schöpfen aus der Fülle des Lebens.

Vanilleextrakt, Honigextrakt, Immortelle*, Mimose Absolue*, Neroli Absolue, Ginster Absolue*, Lemongrass, Grapefruit*, Limette, Zitrone*, Weihrauch*, Styrax / Amber* (7)

Honigextrakt

Synonyme: Mel-Extrakt
Duft-Charakteristik: süß, warm, wohlig, geborgen, einschmiegsam, sonnig
Parfumzuordnung: Basisnote (Fond), florale, asiatische Noten
Wirkung:
Körperlich: ausgleichend, beruhigend, einhüllend
Psychisch: stimmungsaufhellend, Geborgenheit vermittelnd
Herkunft: Europa, vor allem Frankreich
Gewinnung: Extraktion mit Trinkbranntwein von Honigwaben
Besonderheit: Es handelt sich hier um die einzige von Tieren verwendete Parfum Ingredienz für Formulierungen (Gewinnung ohne Tierleid) (8)

PARFÜMERIE / DUFT / PERSÖNLICHES

Mmmh… jeder der in dieses Fläschchen seine Nase steckt, reagiert mit einem Ausdruck des Wohlgefallens. Halten wir doch damit eine echte Kostbarkeit in Händen, eine Rarität, die am Markt gar nicht so leicht in guter Qualität erhältlich ist: Echter Honigextrakt, der aus Bienenwaben gewonnen wird und in edlen Parfums im Fond Verwendung findet. Der Duft mutet uns ausgesprochen süß und lecker an und erinnert - mit seinem noch etwas spürbaren Alkoholgeruch, der durch die Extraktion entsteht - an Honigmet, dem „Nationalgetränk" der nördlichen europäischen Völker. Da werden uralte Duftassoziationen bei uns geweckt. Seit Jahrtausenden war die Entdeckung von Honig für die Menschen eine seltene süße Bereicherung ihres knappen Nahrungsangebots. Vor dem Zucker gab es kaum etwas Süßeres. Einen so tief in unserem Bewusstsein verankerten Duft einer Parfumkomposition hinzuzufügen… man fühlt sich in seinem Schaffen mehr als beglückt. Honigduft hüllt uns ein. Wir werden besänftigt, fühlen uns geborgen. Es gelingen damit edle, eher zurückhaltend sinnliche Parfumkompositionen, die dann im Coeur feine Blütendüfte tragen wie zarte Irisnoten oder besonders passend, die bereits leicht nach Honig duftenden gelben Blüten des Ginsters oder sanfter Mimosen. Ausgesprochen frühlinghaft junge Parfums lassen sich damit kreieren.

GESCHICHTE

Honig dient den Bienenvölkern als Energiequelle und Futter. Es handelt sich um einen natürlichen Süßstoff, den die Honigbienen aus Blütennektar herstellen, eingedickt in Honigwaben - gern stibitzt von Bären wie von Menschen. Der Bär war kein gewöhnliches Tier, sondern wurde in seinem zotteligen Fell als eine Art „Waldmensch" mit einer Götterseele und großen Heilkräften angesehen. Märchen wie „Schneeweißchen und Rosenrot" erzählen uns davon. Mensch wie Bär zeigten Ähnlichkeiten auf, nicht zuletzt in ihrer Vorliebe für das Süße.
Die Vornamen Bernd, Bernhard oder Artur, der Bärenstarke, zeugen noch von dieser ursprünglichen Nähe oder auch Bern, die Hauptstadt der Schweiz, die den Bären als kraftvolles Wappentier besitzt. Wer sich mit der Mythologie des Bären ausführlicher beschäftigen möchte, dem sei das Buch „Der Bär - Krafttier der Schamanen und Heiler" (8) des Kulturanthropologen und Ethnobotanikers Dr. Wolf-Dieter Storl emfohlen.
Unser deutsches Wort Honig stammt von einem indogermanischen Begriff ab, der ihn der Farbe nach als etwas Sonniges, Goldfarbenes bezeichnet. Im Althochdeutschen hieß er *honag*, englisch *honey*, niederländisch *honing*, niederdeutsch *Honnig*, schwedisch *honung*, dänisch *honning*, schweizerdeutsch *Hung* und luxemburgisch *Hunneg*. Slawische Sprachen kennen den Begriff „med" für Honig.

Abbildung oben: Ein Honigjäger auf einer etwa 8000 Jahre alten Höhlenmalerei aus den „Cuevas de la Araña" bei Valencia / Spanien.

Herstellung

Je mehr wir über etwas erfahren, desto mehr Respekt entwickeln wir. So geht es mir mit den Bienen.

FASZINIEREND - DAS BIENENVOLK

Ein europäischer Bienenstock hat etwa 50.000 weibliche Arbeitsbienen, die innerhalb des Stocks für einen faszinierend reibungslosen Ablauf des Lebens eines Bienenstamms sorgen. Dabei herrscht ein regelrechtes Jobsharing. Alle paar Tage

übernehmen die Bienen eine andere Aufgabe. So ist das relativ kurze Leben einer Arbeitsbiene von etwa 45 Tagen recht abwechslungsreich.
Als junge gerade geschlüpfte Biene wird sie in den ersten vier Tagen eine „Putzbiene", in der sie die sechseckigen Wabenzellen, sowie den gesamten Stock, säubert. Dann vom 5. bis zum 11. Tag übernimmt sie die Tätigkeit einer Amme und versorgt fürsorglich die Brut. In der nächsten Phase vom 11. bis 13. Tag besteht ihr Job darin, als eine Art „Lagerarbeiterin" zu werkeln. Jetzt heißt es, Nektar und Pollen in den Zellen zu verstauen, auch den Stock zu lüften, wobei sie hierfür schnell mit ihren Flügeln schlägt. Damit wird gewährleistet, dass der Stock immer die gleiche Temperatur beibehält. Mittlerweile haben sich Wachsdrüsen der Biene entwickelt, sie wird zur Architektin und baut nun fachgerecht die faszinierenden sechseckigen Wabenzellen vom 14. bis zum 17. Tag. Diese Waben werden später mit Eiern der Königin oder mit Honig gefüllt werden.

Das Wachs zum Bau der Honigwaben zeigt in seinen Bestandteilen eine Verwandtschaft auf mit Baumharz. Chemisch gesehen ist Wachs eine verarbeitete Form der Zellulose. Weiter geht es im Jobsharing der Biene: Vom 18. bis 21. Tag schiebt sie nun Wache am Eingang des Stocks und verwehrt unbefugten Eindringlingen wie Wespen oder Schmetterlingen das Reinkommen. Leider erkennt die europäische Biene nicht den Bienenbeutekäfer, da dieser als ein Eindringling vom amerikanischen Kontinent nach Europa kam. In der letzten und längsten Phase im Leben der Arbeitsbiene darf sie hinaus in die schöne Natur fliegen. Etwa 24 Tage lang fliegt sie nun von Blüte zu Blüte und sammelt als „Trachtbiene" Nektar, Pollen und Propolis. Dabei erledigt sie – ganz nebenbei - die für uns Menschen zur Ernährung so überaus wichtige Arbeit der Bestäubung. Mittlerweile ist in der Gesellschaft angekommen, wie gefährdet unser Leben ohne Bienen wäre. Dabei gibt es auch Bienen, die hauptsächlich die Aufgabe haben, Propolis herzustellen, andere sind spezialisiert auf Gelee Royal und eben Honig. Sie fliegen dazu unterschiedliche Blüten an, um diese Ergebnisse zu erzielen.

Sind diese den Bienen zugrunde liegenden Rhythmen nicht unglaublich ausgeklügelt, überaus faszinierend?

KULINARIK

Der Verzehr von Honig führt dazu, dass durch die Blütenkräfte der Pflanzen eine Mineralisierung des Menschen auf eine besonders günstige Weise stattfinden kann. Seit ältesten Zeiten empfanden Menschen Honig als eine Art „flüssig gewordene Liebe". Es ist angesichts des Bienensterbens heute wieder angesagt, Bienen mehr zu schützen und damit zu würdigen. Beim Honigkauf also Augen auf. Bevorzugen sollten wir ihn regional und in Bioqualität. Honig wurde und wird noch immer von den nordischen Völkern besonders geschätzt, das liegt nicht zuletzt daran, dass sie diesen in der vergorenen Form eines *Honigmet* zu genießen wissen (*ein Rezept finden Sie zum Download auf der Website*: www.art-parfum.eu/download).

REZEPTE

„Honig Schönheitsmaske" ***einfach und wirkungsvoll***

Zubereitung für eine Anwendung

2 Eßl reiner Bienenhonig

1 Eßl. Quark (opitional)

Im warmen Wasserbad den eventuell etwas festen Honig verflüssigen. Den Quark mit dem Honig verrühren, bis eine streichfähige Paste entsteht. Diese Paste oder auch nur den puren Honig gleichmäßig auf Gesicht, Hals, Dekolleté auftragen.

30 Minuten einwirken lassen – dabei entspannt bei schöner Musik ruhen. Anschließend mit lauwarmem Wasser abwaschen. Diese einfache, dennoch wirkungsvolle Maske eignet sich zur Pflege trockener Haut. Sie erfrischt und durchblutet die Haut, führt ihr Feuchtigkeit zu.

Hinweis

Die hautpflegenden Eigenschaften von Honig sind legendär, beruhigen sie doch eine empfindliche, zu Entzündungen neigende gereizte Haut. Hier haben wir eines der wirksamsten Schönheitsmittel zur Hand, einfach in der Handhabung und ohne künstliche Konservierungsstoffe.

„Gewürzmandeln" ***indische Art***

125 g blanchierte Mandeln
1 TL Sonnenblumenöl
1 Knoblauchzehe
½ TL Salz
1 TL Garam Masala (indische Gewürzmischung)
½ TL klarer Honig

- Die Mandeln in einer trockenen Pfanne bei schwacher - mittlerer Temperatur erhitzen, bis sie anfangen Öl abzusondern (etwa 5 Minuten).
- Geben Sie die restlichen Zutaten bis auf den Honig dazu und rösten Sie sie weitere 3 Minuten unter ständigem Rühren.
- Nun den Honig dazu geben und weitere 2 Minuten rösten. Fertig.

Hinweis

Meine Gäste - und ich auch - lieben diese würzigen Mandeln. Die Mandeln kaufe ich meist mit der braunen Haut. Um sie zu entfernen, gieße ich kochendes Wasser darüber, lasse es etwas einweichen, abkühlen - so lässt sich die braune Haut leicht entfernen. Die indische Gewürzmischung „Garam Masala" enthält Kardamom, Zimt, Gewürznelken, schwarzen Pfeffer, Kreuzkümmel und weitere Gewürze.

Lemongrass

Cymbopogon flexuosus

Familie: Süßgräser, Poaceae
Synonyme: Indisches Zitronengras, Ostindisches Zitronengras
Duft-Charakteristik: frisch, kraftvoll, stark aktivierend, etwas feurig
Parfumzuordnung: Kopfduftnote (Tête), sportive, holzig-grüne Parfums
Wirkung:
Körperlich: antiseptisch (desinfizierend), antiviral, antibakteriell, entzündungshemmend, stark immunstärkend, insektenabweisend
Psychisch: stark verdünnt: entspannend, höher dosiert: aktivierend
Herkunft: Bhutan, China, Indien, Afrika, Mittel- und Südamerika
Gewinnung / Pflanzenteile: Wasserdampf-Destillation des Grases
Besonderheit: Vorsichtig dosieren, ein starker Duft

PARFÜMERIE / DUFT / PERSÖNLICHE ERLEBNISSE

Im Jahr 1987 hatte ich das Glück nach Bhutan, angrenzend an Tibet, zu reisen. Wir waren dort auf buddhistischer Pilgerreise und kamen so auch an entlegene Orte in den Osten des Landes. Zudem hatten wir als westliche Buddhisten das Glück, von einem Mitglied der bhutanesischen Königsfamilie zum Tee eingeladen zu werden. Schon als wir durch das hohe, malerische Tor in Phuntsholing, der Grenzstadt zu Indien schritten, nahm mich dieses Land gefangen. Die Vegetation Bhutans ist sehr ungewöhnlich. Während im Süden subtropisches bis tropisches Klima vorherrscht, verfügen die Täler Zentralbhutans über ein gemäßigtes Klima mit kühlen Wintern und heißen Sommern. Im Gebirge sind dann die Winter sehr streng und die Sommer kühl.
Aus diesem Land „Druk Yul" - dem Land des Donnerdrachens - erhalte ich die beste Qualität an Lemongrassöl (Zitronengrasöl). Es wird dort in der Bergregion in Wildsammlung von Hand geschnitten und an Ort und Stelle in kleinen transportablen Destillen gleich verarbeitet. Die herrliche Frische und Unberührtheit der Luft des

BHUTAN - DAS LAND DES DONNERDRACHENS

Die Flagge des Königreichs Bhutan im Himalaya. Bhutan grenzt im Süden an Indien und im Norden an Tibet / China. Über 80 Prozent des Landes liegen über 2.000 m.

Himalayagebirges kann man noch in seinem Duft erspüren.
Das intensiv duftende Lemongrass verwende ich in meinen Formulierungen „wohl dosiert", denn es handelt sich um ein ausgesprochen dominantes Aroma. In sportive, holzige, generell maskuline Kompositionen gibt es jedoch den ganz entscheidenden Kick hinzu. *Das Erstaunliche an Lemongrass: Obwohl es sich um eine zitrusartige, erfrischende Komponente handelt, ist im Duft etwas ungewöhnlich Feuriges enthalten.* Damit lässt sich herrlich spielen... Man unterscheidet hauptsächlich zwei Arten von Lemongrassöl: ostindisches (*Cymbopogon flexuosus*) und westindisches (*Cymbopogon citratus*) – beide enthalten mindestens 70% Citral.

WILD WACHSENDES IST ZÄH

Dies in den Höhen des Himalayas wachsenden Wildgräser sind zäh, extrem widerstandsfähig, da sie Naturwidrigkeiten ohne jegliche menschliche Unterstützung überleben. Sie werden sozusagen nicht verhätschelt durch Düngen, fleißiges Jäten oder verlässlichem Gießen. *Diese Widerstandskraft drückt sich im Duft und in seiner Wirkkraft deutlich aus.* Wenn in industriellen Produkten wie in Parfums und Seifen der isolierte Riechstoff Citral verwendet wird, so wird er zum Teil aus Lemongrass gewonnen. Allerdings käme ich nie auf die Idee, Citral in

meine Parfums zu geben. Denn es macht einen großen Unterschied aus, wenn ich diesen unveränderten, hoch komplexen Duft, ein sogenanntes Vielstoffgemisch, der Pflanzen Bhutans verwende!
Geradezu ideal wirkt Lemongrass in Raumdüften. Die aktivierenden Inhaltsstoffe kann man hier gezielt einsetzen, um die Lebensgeister aufzuwecken. *Interessant*: Lemongrass wirkt gering dosiert entspannend, höher dosiert schlägt es jedoch in eine aktivierende Komponente um. Manchen erscheint Lemongrass als „einfach" zu verwenden. Allerdings nur eine Spur zu viel – und die feurige Dominanz übertönt alle anderen Düfte.

RAUMDÜFTE - ALLES ERLAUBT?

Diese Frage stellt sich einem immer wieder. Ende der 1990er Jahre ging es um einen Auftrag einer Garten- und Design-Inszenierung in Berlin. Ein Künstler hatte zu diesem Anlass bereits einen Duft kreiert, von dem es hieß, er sei ganz natürlich. Wir wurden nur für die technische Planung und Umsetzung beauftragt. (9) Diese Aussage der Agentur, dass der Duft ausschließlich aus natürlichen Inhaltsstoffen bestehen würde, wollten wir in jeden Fall vor einem Einsatz prüfen lassen. Wir hatten wohl „den richtigen Riecher", denn die Analyse ergab: Der Inhalt der Probe war ein Mix synthetischer Riechstoffe und von Natur: keine Spur! Stellen Sie sich ein heftiges, voll synthetischen Männer Eau de Toilette vor. Damit Räume beduften? Das fanden wir unverantwortlich! *Synthetische Raumdüfte können sich gesundheitsschädigend auswirken.* Unter diesen Voraussetzungen wurde der durchaus lukrative Auftrag abgelehnt. Die konsequente Haltung unseres Geschäftsführers ließ dann wohl die Verantwortlichen des Projektes aufhorchen und so kamen wir noch zum Zug, inklusive des Auftrags der Duftentwicklung. Hierfür integrierte ich die anregende Komponente des bhutanesischen Lemongrasses in diese Komposition, stimmig zur asiatisch inspirierten Gesamtgestaltung.

BOTANIK

Lemongrass ist ein dicht wurzelndes, immergrünes, tropisches Gras, das bis zu 1,50 Meter hoch wird und dichte Horste über ihren kurzen Rhizomen bildet. Zum Anbau ist ein warmes, feuchtes Klima und volle Sonneneinstrahlung erforderlich.

Die Vermehrung erfolgt vegetativ. Eine Plantage kann nach dem Neupflanzen etwa acht Jahre genutzt werden, bei der bis zu vier Ernten pro Jahr möglich sind. Die Kälte im Winter überstehen die unterirdischen Rhizome. Die schilfartigen grünen Blätter entwickeln diesen zitrusartigen Duft. Allerdings ist bei der Ernte der Blätter Vorsicht angesagt: *Sie sind rasiermesserscharf.*

ASIATISCHE DUFTGRÄSER: LEMONGRASS, CITRONELLA, PALMAROSA

„Indisches Zitronengras", wie *Cymbopogon flexuosus* auch genannt wird, stammt ursprünglich aus Indien. Es ist bekannt, dass diese Qualität schon seit langer Zeit für Parfums und Kosmetika Verwendung findet. Jedoch wurde Lemongrass auch immer kultiviert zur Ernte als Heilkraut. Verwandte Duftgräser Asiens sind etwa „Citronella" (*Cymbopogon nardus)*. Dieses ätherische Öl enthält hauptsächlich (nach Unterart schwankend) Geraniol und Citronellal. Als drittes der Duftgräser ist „Palmarosa" (*Cymbopogon martinii*) zu nennen. Nepal liefert hier eine hervorragende Qualität, es duftet erstaunlich süßlich-blumig. Sein ätherisches Öl besteht vor allem aus Geraniol und maximal 10 % Citronellal" (10) und wird gern in floralen, rosigen Kompositionen eingesetzt.

HEILWIRKUNGEN

„Lemongrass wirkt modulierend auf die Dopamin-Ausschüttung. Die drei Hauptinhaltsstoffgruppen stärken in hohem Maße das Immunsystem und sind sehr hilfreich gegen Viren und Bakterien. Als Raumduft wirkt es ausgezeichnet bei Infektionserkrankungen und grippalen Infekten." (11) „In der ayurvedischen Medizin wird Lemongrass bei Infektionskrankheiten und Fieber eingesetzt. Es kräftigt und stimuliert den gesamten Organismus, weckt die Lebensgeister. Lemongrass allein oder in einer Mischung mit Teebaum und vor allem Manuka ist ein hervorragendes Mittel beim Einsatz gegen multiresistente Keime (MRSA etc.)" (12). „Für hyperaktive Kinder können 2 Tropfen in der Duftlampe, zusammen mit je 2 Tropfen Lavendelöl und Mandarinenöl für eine deutliche Beruhigung sorgen. Wird dieses Öl überdosiert, kann der gegenteilige Effekt eintreten, es wirkt dann anregend." (13) Für Anwendungen auf der Haut gilt: Gering dosiert eingesetzt wegen potenzieller Hautreizung, so vermag Lemongrass entzündungslindernd zu wirken.

KULINARIK

Sie kennen bestimmt den Spruch: *Wenn das Leben dir Zitronen gibt, mach' Limonade draus.* Aber sollte Ihnen das Leben Zitronengras schenken, vergessen Sie die Limonade und bereiten Sie einen Zitronentee (Stücke mit heißem Wasser überbrühen, 10 Minuten ziehen lassen mit geschlossenem Deckel). Er schmeckt hervorragend und tut gut. Wenn Brasilianer überarbeitet oder gestresst sind und schwer zur Ruhe kommen, trinken Sie ihren *Abafado*, einen Zitronengrastee, der Spannungen abbaut und beim Einschlafen hilft.

Mit den ganzen Zitronengras-Stängeln lassen sich auch prima Drinks umrühren, wenn das leicht zitronige Aroma hierzu passt. Dank seines robusten Geschmacks hält Zitronengras auch langes Kochen aus, ohne an Geschmack zu verlieren. Allerdings sollte man es frisch verwenden, denn getrocknetes Zitronengras fehlt der typisch intensive Zitronengeschmack. Zitronengras wird in ganz Südostasien verwendet, um Gewürzpasten und -mischungen zu verfeinern. In Indonesien kennt man diese Zutat beispielsweise in *Bambu*.

REZEPTE

„Himalaya Frische" *Raumduftspray*

4 Tropfen Lemongrass *Cymbopogon flexuosus*
12 Tropfen Palmarosa *Cymbopogon martinii*
8 Tropfen Citronella *Cymbopogon nardus*
Circa 28 ml Wodka (40% - geruchsneutral)
30 ml leere Sprayflasche (z.B. Apotheke)

Tropfen Sie die ätherischen Öle in eine Sprayflasche. Nun füllen Sie die Flasche bis zum Rand mit dem Alkohol auf, schütteln. So haben Sie ein herrlich erfrischendes Raumspray, das Ihnen beim Arbeiten oder bei der Autofahrt gut tun wird. Kurz in die Luft gesprüht, sorgt es für angenehme Lufterfrischung.

Hinweis

Das Besondere dieses Raumduftes „Himalaya Frische" ist, dass sich hier die wichtigsten Düfte typischer Duftgräser aus Nepal und Bhutan zusammenfinden. Dabei sind harmonisierende Komponenten von Palmarosa mit denen des Lemongrasses oder Citronellas aufs Schönste vereint.

„Tom Kha Kai“ *Suppe mit Zitronengras*

Für 4 Personen:

500 g Hühnchenfleisch
600 ml Kokosmilch
600 ml Wasser
3 Stangen Zitronengras
30 g Galgantwurzel
3 Schalotten
300 g Champignons (oder Dose Strohpilze, abgetropft aus dem Asienladen)
1 Bund Frühlingszwiebeln
2 Chilischoten
1 Bund Koriandergrün, fein geschnitten
1 Zitrone
9 EL Sojasoße hell
5 EL Fischsoße (Asien-Laden)

- Hühnerfleisch in ca. 3 cm große Stücke schneiden, das Zitronengras putzen und mit einem Messerrücken flach drücken und ca. 5 cm lange Streifen abschneiden. Galgant schälen und in dünne Scheiben schneiden. Chili halbieren und die Schalotten klein schneiden.
- Die Frühlingszwiebel waschen und in 3 cm lange schräge Stücke schneiden. Die Pilze abtropfen lassen und klein schneiden.
- Wasser in einem Topf erhitzen und die Kokosmilch dazugeben. Bei mittlerer Temperatur umrühren. Alle Zutaten außer Fleisch und Pilze hinzugeben und bei offenem Topf ca. 3 Minuten köcheln lassen.
- Nun das rohe Hähnchenfleisch dazufügen und weitere 5 Minuten köcheln lassen, anschließend mit den Pilzen nochmals 2 Minuten garen lassen.
- Zum Anrichten nach Belieben etwas Koriandergrün bestreuen.

Das thailändische Wort tom bedeutet „gekocht", kha „Galgant" und kai „Huhn". Tom Kha Kai ist ein Gericht der thailändischen Küche. Zentrale Zutaten sind Kokosmilch, Hühnerfleisch, Galgant („Thai-Ingwer") und Zitronengras. Die zugrundeliegende Currysuppe Tom Kha kann statt mit Huhn auch mit einer anderen Fleischeinlage, Meeresfrüchten oder vegetarisch zubereitet werden.

Hinweis

Wenn Sie kein Zitronengras zur Verfügung haben, können Sie auch mit dem ätherischen Lemongrass (bio oder Wildsammlung) würzen: In eine Tasse etwas Kokosmilch geben und mit einem einzigen Tropfen Lemongrass verrühren. Kurz vor dem Servieren in die Suppe geben.

Orchideae.
Vanilla planifolia Andr.

Vanille

Vanilla planifolia

Familie: Orchideengewächse, Orchidaceae
Synonyme: Gewürzvanille oder echte Vanille, Bourbon-Vanille
Duft-Charakteristik: süß nuancenreich, geborgen, anschmiegsam, wohlig-weich, aphrodisisch
Parfumzuordnung: Basisnote (Fond), florale, orientalische, maskuline Noten
Wirkung:
Körperlich: antibakteriell, antimykotisch, entzündungshemmend, krampflösend, schmerzstillend
*Psychisc*h: schlafffördernd, Geborgenheit vermittelnd, stimmungsaufhellend
Herkunft: Mexiko, Réunion, Indonesien, Madagaskar, Komoren
Gewinnung / verwendete Pflanzenteile: Alkoholextraktion der Kapseln
Besonderheit: Der Duft echter Vanille wirkt modulierend auf die Serotoninausschüttung

PARFÜMERIE / CI-DUFT / PERSÖNLICHE ERLEBNISSE

Einer anmutigen Göttin gleich duftet Vanille verführerisch, süß, schlichtweg unvergleichlich aphrodisisch. In ihrem Aroma liegt ein Versprechen für nie enden wollende Stunden des Glücks. Dabei verströmt diese Duft-Göttin eine grazile Eleganz, ganz eingehüllt in ihrem vanillefarben seidigen Gewand. Das süße Aroma echter Vanille, vermittelt uns dieses Gefühl von Geborgenheit, von einem „Zuhause sein". Es spielen uralt verankerte Dufterinnerungen unseres Menschseins mit hinein, wie auch etwas „ewig Junges".
Die Vanille, eine wahre Königin unter den Orchideen, allein bei dem Namen, bei der Vorstellung ihres Duftes kommen wir ins Schwärmen. So verwundert es nicht, dass der Vanille der Ruf, ein erfolgreiches Aphrodisiakum zu sein, vorauseilt. *Und hier haben wir wieder diese herrliche Einheit einer Übereinstimmung von kulinarischen und olfaktorischen Aspekten.* Sei es, dass es um die Kreation feinster

Speisen und Getränke geht oder eben sinnlich edle Parfums. Es verwundert somit nicht, dass man besonders den „Herren der Schöpfung“ nachsagt, dass sie geradezu auf diesen Duft „abfahren“ würden. Allerdings ist Vanille ausgesprochen „unisex“, denn auch die „Damen der Schöpfung“ lieben das Verführerische dieser Duftnote. Der Duft der *Vanilla planifolia* ist eine absolute Seltenheit unter allen Parfum Ingredienzien. Allein die Tatsache, dass jede Blüte nur an einem einzigen Tag blüht, macht dieses Produkt so kostbar und einzigartig, denn sie nimmt stets das ganz Eigene der jeweiligen Tagesqualität dabei auf. Jede einzelne Vanilleschote trägt in sich den Hauch des Individuellen. Durch das Tragen eines Parfums, einer Kosmetik, die echte Vanille enthält, erhalten wir Einzigartiges über ihr Aroma übermittelt. Unsere persönliche Individualität geht hier in Korrespondenz mit diesem Odeur. Sind das nicht überaus spannende Zusammenhänge, die sich uns hier eröffnen?

In der Natur ist nichts simpel. Alles atmet eine Komplexität, die wir erst beginnen zu erahnen.

„In Europa weiß kaum jemand, dass Vanille ursprünglich aus Mexiko stammt... Das Aroma dieser im tropischen Regenwald wachsenden Schote ist milder, dezenter und doch gleichzeitig würziger als das der bekannten Bourbon-Vanille,“ so Sebastian Berlein (14), Gründer der Vanilla Campaign. Es handelt sich hierbei um eine ausgesprochen schöne Bio-Qualität, die ich gern als Vanilleextrakt in meine Parfums und Kosmetika einarbeite und auch kulinarisch genieße.

SYNTHETISCHE UND NATURREINE DÜFTE

Bei der so herrlichen Vanille sind wir leider auch mitten im Thema künstlich erzeugter Aromastoffe und damit beim synthetischen Vanillin (erfunden 1874). Vanillin gehört mengenmäßig zu den am häufigsten verwendeten künstlichen Riech- und Aromastoffen, beispielsweise 15.000 Tonnen im Jahr 2004. Es wird in industriell hergestellten Nahrungsmitteln wie Speiseeis, Backwaren und Schokolade eingearbeitet, findet seinen Einsatz in zahlreichen Getränken wie Limonaden, Softdrinks und Likören. Auch die Parfüm- und Pharmaindustrie ist

ein großer Abnehmer dieses Aromas. Dabei ist Vanillin Welten entfernt von der Komplexität eines echten Vanillearomas. *Vanillin uniformiert uns in gewisser Hinsicht in unserem „Menschsein".* In Marketing-Phrasen wird vollmundig vom Echten, Einzigartigen gesprochen. Geschönte Bilder suggerieren uns hier eine Natur, die nicht vorhanden ist, denn dahinter stehen profane Fabrikgebäude.
Zum Glück lässt sich eine Trendwende inzwischen beobachten. Es findet ein Bewusstseinswandel statt, sowohl in gehobener Gourmetküche als auch beim täglichen Zubereiten von Speisen. Da gibt es den Trend zu immer mehr Biokisten, die vom Land in die Stadt geliefert werden oder man hilft direkt mit über etwa „Solawie" - solidarische Landwirtschaft (www.solawie.org). Eine Würdigung von Vielfalt, der Biodiversität, findet immer mehr Anhänger.

BOTANIK

Vanille (*Vanilla planifolia)* wurzelt im Boden. Meterlange Luftwurzelranken ermöglichen dieser Liane an Bäumen im tropisch-feuchten Klima zu wachsen. Die Pflanzen verfügen über eine hohe Blühfähigkeit, jedoch nur einen einzigen Tag lang: ihre gelb-grünlich schimmernden Blüten erblühen im Morgenlicht und schließen sich bei Sonnenuntergang. Die Bestäubung kann dann nur von speziellen Bienen oder einigen Kolibriarten – meist vor der Mittagshitze – erfolgen. Auf der Insel Réunion gelang es dem 12jährigen Sklaven Edmon Albius im Jahr 1841 erstmals, die Vanille künstlich zu bestäuben. Albius nahm einen dünnen Bambusspieß und öffnete damit die Blüten, um das Pollenpaket vom Staubgefäß auf die Narbe zu streichen. Dieser Entdeckung einer manuellen Bestäubung ist es zu verdanken, dass man den Anbau von Vanille heute an unterschiedlichen Standorten durchführen kann.
Wie wird geerntet und fermentiert? Nach der Befruchtung bilden sich aus den Blüten innerhalb von sieben bis acht Monaten 25 bis 35 cm lange Fruchtkapseln, die man meist als Schoten bezeichnet und die unzählige Samen enthalten. Im reifen Zustand sind sie gelblich. Frisch ist die Vanillefrucht geruchlos; erst durch einen sorgfältigen Fermentierungsprozess entsteht die typisch dunkle Farbe und der wundervolle Duft und Geschmack. Die noch geruchlosen Früchte werden nach der Ernte einige Stunden in der Sonne ausgebreitet, mittags mit Decken

bedeckt, abends in diese Decken eingerollt und in dicht verschlossenen Kisten zum „Schwitzen“ gebracht. Dieser Vorgang wiederholt sich in der Dauer von 8 bis 30 Tagen. Anschließend wird durch vorsichtiges Trocknen der Wassergehalt auf 20 bis 30 Prozent reduziert. Während des Trocknungsprozesses werden die Schoten unzählige Male von Arbeitern zwischen den Fingern gerollt. Das hat zur Folge, dass sich die Samen im Innern der Schote lösen und hierdurch vor allem das feine Aroma freisetzen. Nach etwa vier Monaten haben die Schoten 80 Prozent des Ursprungsgewichts verloren.

GESCHICHTE

Als *cacixanatl* - die aztekische Bezeichnung für „tiefgründige Blume“ oder „schwarze Blume“ - wurde Vanille in Mexiko lange vor der Ankunft der Europäer geschätzt. In einer Chronik des Aztekenherrschers Itzcóatl (1380 - 1440) wird berichtet, dass die von ihm unterworfenen Totonaken einen Teil ihres Tributs in Vanille abliefern mussten. Die Totonaken waren lange das einzige Volk, das um den Vanilleanbau wusste. Ihre Beziehung zu den Orchideen, darunter vor allem die Vanille, war eher eine religiöse. *Die damaligen Menschen erkannten in Pflanzen und Tieren in ihren höheren Gliedern verehrungswürdige Wesen, sie betrachteten sie als facettenreichen Ausdruck des Göttlichen.* Die spanischen Eroberer begannen sich erst für Vanille zu interessieren, als der Aztekenkönig Moctezuma II. 1519 im Beisein des spanischen Eroberers Cortés einen Kakao mit Vanille gewürzt trank und Cortés dieses Getränk ebenfalls kostete. Dies war der erste Kontakt eines Europäers mit der Vanille.

HEILWIRKUNGEN

Babys riechen am Nacken und an der Fontanelle ganz leicht nach Vanille. Mütter lieben diesen Duft beim Stillen, werden davon umfangen und so auch selbst beim *Stillen* innerlich *stiller*. Das Geheimnisvolle: In diesen Momenten des Stillens vermag ganz viel von der Mutter zu ihrem Kind hinüberfließen, weit über das sichtbar Nährende hinaus. Über 200 bioaktive Pflanzenstoffe wurden in der Vanille entdeckt. Erst in den letzten Jahrzehnten haben Wissenschaftler vermehrt das Heilungspotenzial entdeckt.

KULINARIK

Fürst-Pückler-Eis, Vanillepudding, edle Schokolade, Vanillekipferln, Dampfnudeln mit Vanillesauce: Vanille passt natürlich zu Süßspeisen. Inzwischen experimentieren westliche Köche mit dem Vanillearoma sogar bei Gerichten mit Fisch und Meeresfrüchten. Frische Vanilleschoten schlitzt man in der Mitte auf und kratzt die aromatischen Samen heraus beim Zubereiten der Speisen. Lassen Sie die Schote anschließend an der Luft trocknen. Dann in ein Glas mit Zucker gesteckt, überträgt sich mit der Zeit das Aroma und Sie haben „echten Vanillezucker" zur Verfügung. Eine getrocknete Schote in eine Dose mit Kaffeepulver gesteckt, auch hier funktioniert die Aromaübertragung. Servieren Sie den Vanillekaffee mit Schlagsahne und mit einer Prise frischgeriebenem Muskatpulver… *das Leben kann köstlich sein*!

REZEPTE

„Göttin Vanilla" ***Parfum***

6 Tropfen Jasmin 4% *Jasminum grandiflorum*
6 Tropfen Vanilleextrakt 36% *Vanilla planifolia*
10 Tropfen Limette furocumarinarm *Citrus aurantiifolia*
Ca. 18 ml Alkohol 96% (Apotheke)
20 Tropfen destilliertes Wasser
20 ml leere Braunglasflasche

Das so intensiv duftende Jasmin gibt es im Handel bereits verdünnt in einer anwenderfreundlichen 4%igen Lösung (4% reiner Jasmin, 96% Alkohol). Die Düfte nacheinander in die leere Braunglasflasche tropfen, dann den Alkohol hinzugeben, schütteln. Zum Schluss das destillierte Wasser beifügen. Etwa 14 Tage reifen lassen. Nun auf Ihrer Haut ausprobieren und umfüllen in einen schönen Flakon.

Hinweis

Diese Parfumformulierung besteht aus „nur" drei Düften. Bedenkt man allerdings, dass jeder einzelne Naturduft aus etwa 300 Einzelstoffen besteht, dann haben Sie hier ein komplexes Parfum aufgebaut aus 900 Einzelkomponenten. Erstaunlich oder?

„Likör der Liebe" ***ein flüssiges Aphrodisiakum***

5 Vanilleschoten

250 g Akazienhonig (alternativ: Agavendicksaft)

250 ml Wasser

400 ml Cognac

5 grüne Kardamomkapseln (die inneren Gewürzsamen mörsern)

1 EL Ingwer, frisch gerieben

- Wasser kochen und 3 der Länge nach aufgeschlitzte Vanilleschoten hinzufügen. Auf geringster Stufe circa 15 Minuten, mit Deckel, ziehen lassen. Vom Herd nehmen, ein wenig abkühlen lassen, in dieses noch warme Vanillesud rühren Sie den Bienenhonig ein. Über Nacht stehen lassen.
- Die Vanilleschoten entfernen. Füllen Sie den Liköransatz in eine sterilisierte 1 Liter Flasche. Den Cognac dazu gießen.
- Nun kommen noch die weiteren Gewürze in die Flasche: die vierte aufgeschlitzte Vanilleschote sowie der frisch gemörserte Kardamom und Ingwer. Auf einer Fensterbank 4 bis 6 Wochen im Halbschatten reifen lassen. Abfiltern und die feinen Aromen genießen.

Hinweis

Vanille verströmt einen verführerischen Duft, besitzt ein Aroma, das geradezu prädestiniert ist als ein echtes Liebesgetränk. Das Rezept stammt von Ursel Bühring (15), Krankenschwester, Heilpraktikerin und Gründerin der Freiburger Heilpflanzenschule.

GRÜN

© Photo by Oliver Sjöström on Unsplash

AUFGANG ODER UNTERGANG

Nenn ich dich Aufgang oder Untergang?
Denn manchmal bin ich vor dem Morgen bang
Und greife scheu nach seiner Rosen Röte –
Und ahne eine Angst in seiner Flöte
Vor Tagen, welche liedlos sind und lang.

Aber die Abende sind mild und mein,
von meinem Schauen sind sie still beschienen;
in meinen Armen schlafen Wälder ein, -
und ich bin selbst das Klingen über ihnen,
und mit dem Dunkel in den Violinen
verwandt durch all mein Dunkelsein.

Rainer Maria Rilke (1)

Zum Nachhören: Mario Adorf: „Aufgang oder Untergang"
RILKE PROJEKT CD 1 „Bis an alle Sterne" Nr. 2 (2)

Aufgang oder Untergang

Nenn ich dich Aufgang oder Untergang?
Denn manchmal bin ich vor dem Morgen bang
Und greife scheu nach seiner Rosen Röte –
Und ahne eine Angst in seiner Flöte
Vor Tagen, welche liedlos sind und lang.

Aber die Abende sind mild und mein,
von meinem Schauen sind sie still
beschienen;
in meinen Armen schlafen Wälder ein, –
und ich bin selbst das Klingen über ihnen,
und mit dem Dunkel in den Violinen
verwandt durch all mein
Dunkelsein.

Rainer Maria Rilke

Vom Beginn des Lebens und wie der Sex in unsere Welt kam

Grün ist der Ausdruck des Lebens, des Lebendigen. Mit ihren grünen Blättern findet bei Pflanzen etwas statt, das man ein Tasten durch die Luft nennen kann, ein Ergreifen der Sonnenstrahlen und damit die Fotosynthese.

Die Wissenschaft ist in der Erforschung des Beginns des Lebens gerade einen entscheidenden Schritt vorangekommen: *Alles, was heute auf der Erde atmet, gedeiht und blüht, stammt von einem urzeitlichen Wesen ab.* Es existierte vor vier Milliarden Jahren und war noch weniger als ein Einzeller. Forscher nennen es „Luca" = *last universal common ancester*. „Luca ist genau die Schnittstelle zwischen biochemischen Reaktionen und sich selbst vermehrenden Leben", sagt der Biologe William Martin von der Düsseldorfer Heinrich-Heine-Universität. Der Bericht liest sich spannend: Um die Zeit vor 2,4 Milliarden Jahren erfanden einige von Lucas bakteriellen Nachkommen *die Fotosynthese*, die Umwandlung des Sonnenlichts in chemische Energie als Nahrungsquelle. In Ozean und Atmosphäre reicherte sich ein Nebenprodukt dieser Neuerung an: *Sauerstoff*.

Erst danach gelang der letzte entscheidende Schritt des Lebens: Urbakterien verschluckten erste atmende Bakterien und gingen eine Art „Partnerschaft" miteinander ein, wie auch immer diese gartet sein mochte. Es entwickelte sich eine Symbiose. Die beiden Partner wurden voneinander abhängig. In dieser Phase fallen auch die anderen Neuerungen des höheren Lebens: Es bildete sich ein Zellkern mit Chromosomen. Damit begann ein neues Kapitel - *vor zwei Milliarden Jahren erfand das Leben den Sex.*

Auch wir Menschen besitzen die Energie-Einheiten der Urzeit noch. Es sind die Mitochondrien, die in allen Tieren und Pflanzen die zelluläre Energie produzieren. Das pflanzliche Leben braucht sogar zwei dieser ursprünglich bakteriellen Dienstboten: Die pflanzlichen Vorfahren in der Urzeit banden noch ein Bakterium ein, das zur Fotosynthese fähig war - ***und wurden grün***. (3)

Der Garten Eden

Tief verankert ist in unserem kulturellen Bewusstsein die Verbindung von einem üppig blühenden Garten Eden. Hier duftet es nach roten Rosen, zarten Veilchen, erfrischend süßem Neroli und auch nach betörenden Jasminblüten. Zum Gedeihen des paradiesischen Idylls braucht es etwas Wesentliches, nämlich Wasser. So wurde Wässriges in früheren Zeiten nicht mit der Farbe Blau assoziiert, sondern mit Grün. Die alten Ägypter bezeichneten das Mittelmeer als das „große Grüne". Diese Farbzuordnung ist im Sinne von „Wasser ist pure Lebendigkeit und Lebendiges ist grün" verständlich.

Grün ist die heilige Farbe im Islam. Seinen Gläubigen wird ein Jenseits voll sinnlicher Freuden in blühenden Landschaften, grünen Wiesen, schattigen Wäldern, ewigen Oasen versprochen. Grün als herrschende Farbe dieser Aussichten, eine Vorstellung, die ein Wüstenvolk selbstverständlich begeistert.

Wie sehr allein das Sehen von Grün uns gut tut, unsere Augen entspannt, habe ich im Sommer 1978 selbst erfahren. Direkt nach meinem Abitur hatte ich zusammen mit Freundinnen eine siebenwöchige Reise durch Nordafrika unternommen. Zurück in Europa, im spanischen Katalonien, war ich erstaunt, wie zuhause ich mich dort bereits fühlte. Woran das lag? Es war das Grün, das ich nach Wochen in überwiegend gelb-braunen Tönen Nordafrikas lebend, hier wieder sah. Wie wohltuend dieses uns meist als selbstverständlich erachtete allgegenwärtige Naturgrün unserer Breiten für die Augen doch ist! So habe ich zutiefst nachempfinden können, warum Grün die Farbe des Islam wurde. *Wasser ist überaus kostbar*. Ohne Grün - kein Leben. Rot wirkt nah, Blau wirkt fern, in der Mitte liegt das Grün. Grün ist komplementär zu Rot. Rot ist heiß, Blau ist kühl, Grün ist vom Temperaturempfinden angenehm in der Mitte. Rot ist aktiv, Blau ist passiv und Grün wirkt ruhig, dennoch lebendig.

Der Grünschnabel

Grün ist auch die Farbe des noch Unreifen bis hin zum ungenießbar Giftigen. Das Unreife äußert sich auch bei einem, der noch „Grün hinter den Ohren“ ist. Die Äußerungen eines „Grünschnabels“ nimmt man nicht so ganz für voll. Die Steigerung zu einem „Giftgrün“ erstaunt dennoch. Ist doch Grün an sich die Farbe der Natur, des Urgesunden.

Das gelbliche Frühlingsgrün der ersten Birkenblätter steht für ein erwachendes Leben während das identische Gelb-Grün auch als giftig empfunden werden kann. Die Soziologin und Psychologin Dr. Eva Heller (4): „Hier zeigt sich, dass sogar ein einzelnes sprachliches Klischee eine Farbwirkung bestimmen kann. „Giftgrün“ ist ein verankerter Begriff. Niemand spricht vom „Giftrot“, obwohl doch Rot die Farbe der Gefahr ist. Niemand kennt „Giftblau“, obwohl wir kaum blaue Nahrungsmittel essen.“ Als Malerfarbe wurde Grün zur Farbe des Giftes. Das schönste Grün, was man früher kannte, war ein sattes Smaragdgrün. Dieses Grün wurde hergestellt aus Kupfer-Grünspan, der in Arsen gelöst war. Grünspan ist giftig. Arsen ist eines der stärksten Gifte überhaupt. Gesundheitsgefährdend war daher nicht nur die Herstellung und Verarbeitung grüner Lacke, Ölfarben oder intensiv grüner Textilfarben. Auch nach dem Auftrag blieb dieser Farbmix gefährlich. Das Gift löste sich bei Hautkontakt. Auf feuchten Untergründen – keine Seltenheit vor der Erfindung der Zentralheizung - entwickelten sich in den damit ausgemalten Räumen gefährliche Arsendämpfe.

Ab ins Grüne

Manch Hobbygärtner verfügt über einen „grünen Daumen“. Das Grün (engl. *Green*) ist der Zielbereich beim Golf. Unser Wort „Grün“ ist mit dem englischen „grow“ für „wachsen“ verwandt. Das Wort stammt vom althochdeutschen Wort *gruoni* ab, was „wachsen“ und „gedeihen“ bedeutet. Grün ist die Selbständigste der Mischfarben. Anders als Violett, das an seine Ursprungsfarben Rot und Blau

Grüne Dächer, breite Radwege und Solaranlagen – für die Rettung der Menschheit schon mal ein Anfang. © Michael Driver - Folio Art (London)

erinnert, denkt man bei Grün nicht an seine Entstehung durch Gelb und Blau. Grün umgibt uns in unserer nördlich europäischen Region. Wir sprechen bei größeren Parks innerhalb von Großstädten von einer „grünen Lunge“ und die Städter fahren dann auch gern mal ins „Grüne“ am Wochenende.

Friedrich von Borries, Architekt und Professor für Designtheorie an der Hochschule für bildende Künste Hamburg, stellt fest (5): „Die Staaten versagen (nach dem x-ten Klimagipfel) bei der Lösung dringendster Menschheitsprobleme. Es sind die Großstädte dieser Welt, die sich verbünden und radikal neu erfinden müssen.“ Die Idee des modernen Nationalstaats ist noch jung, kaum älter als zwei Jahrhunderte. Das Konzept der Stadt hingegen ist viel älter und wesentlich weniger gewalttätig. Von Borries plädiert also für eine neue Art der Stadt-Vernetzung: „Stadtluft macht frei“. Noch beherrscht das Auto die Stadt. In den meisten europäischen Städten wird allein ein Viertel der Verkehrsfläche von parkenden Autos okkupiert. Ein neuer

Typ von Grünraum sollte geschaffen werden: „Die Straßen, die man nicht mehr für die Autos braucht, könnten Parks werden, die Dächer grüne Plattformen für Menschen und Tiere, und begrünte Fassaden würden zu einem besseren Stadtklima beitragen. Die Stadt würde zusätzlich von einem dreidimensionalen Netz grüner Räume umspannt."

Grüne Sehnsucht

Während ich diese Zeilen im April 2020 schreibe, sind weltweit Menschen - infolge der Pandemie durch den Corona-Virus COVID-19 - dazu angehalten worden, in ihren Wohnungen zu bleiben; außer für kurze Einkäufe bzw. Spaziergänge. Der Astronaut Scott Kelly (6), der fast ein Jahr auf der Raumstation ISS verbrachte, notiert: „Nachdem ich monatelang auf einen kleinen Raum beschränkt war, begann ich mich nach Natur zu sehnen - nach der Farbe Grün, dem Geruch frischer Erde und dem Gefühl von warmen Sonnenstrahlen auf meinem Gesicht." Er schreibt, dass es seinen Kollegen ähnlich erging und sie sich Aufnahmen von Vogelgezwitscher und Blätterrauschen im Wald anhörten.

Christlich Grünes

Die Farbe Grün verbindet man mit Hoffnung und Barmherzigkeit, mit Leben, mit Gnade, weshalb Bildhauer und Maler Heilige und Apostel in grüner Kleidung malten. Der Frieden ist grün. Grün ist auch die Farbe der Heilung. „Heilig sein", ein Ganzwerden an Körper, Seele und Geist. Im christlichen Kontext wird das „Erlöst sein" und der Frieden mit Grün assoziiert. Der Erzengel der Heilung Raphael (lateinisch *Rafael* „Gott heilt") wird grüngewandet dargestellt. Und der Heilige Geist, der auch als ein „heilender Geist" zu sehen ist, wird mit der Farbe Grün assoziiert. Er erscheint auf Gemälden als weiße Taube vor grünem Hintergrund.

Grüne Buddha-Familie

Begeben wir uns auf unsere Reise vom nahen Osten, dem Ursprung des Christlichen, in den ferneren Osten, nach Asien, zum Hauptverbreitungsgebiet des Buddhismus. Hier ist es die Buddha-Familie „Karma“, die mit der Farbe Grün verbunden ist. Die Bezeichnung „Karma“ nicht im Sinne von „karmischen Denken“, sondern schlicht von „Handlung“.

Optimierungswahn. Die neurotische Eigenschaft dieser Buddha-Familie der Handlung, der Aktivität ist mit Eifersucht und mit Neid verbunden. Wenn wir die Neurose der Karma-Familie erleben, dann sind es Situationen, in denen wir uns höchst aufgebracht fühlen, wenn wir allein schon ein Haar an unserer Teetasse sehen. Zuerst glauben wir, dass unsere Tasse zerbrochen ist. Dann sind wir erleichtert, weil die Tasse nicht kaputt ist, sondern der Sprung sich als ein Haar herausstellt. Aber wenn wir dann das Haar wiederum sehen, werden wir von neuem wütend. Wir würden alles sehr gerne makellos und völlig sauber machen. (7) Der heutige allgegenwärtige Optimierungswahn - verstärkt durch die sogenannten „sozialen Medien“ - hat viel mit diesem Erleben zu tun. Wenn jedoch diese saubere Perfektion vordergründig erreicht wird, alles sieht nun so aus, wie wir es uns wünschen, jede Schleife sitzt, ja dann wird diese Perfektion selbst zu einem neuen Problem: Wir fühlen uns unsicher, da es nichts mehr zu leisten, nichts mehr zu bearbeiten gibt. Das Ganze kippt immer weiter ab ins Neurotische.
Treffen wir auf einen Menschen, der nicht in unserem Sinne leistungsfähig ist, der sein Leben nicht bis ins letzte geordnet hat, finden wir diese Person einfach schrecklich. Wir würden solche untüchtigen Leute am liebsten „gleich auf den Mond“ schießen. *Wir respektieren sie in keinster Weise.* Selbst dann nicht, wenn sie fähige Musiker, Künstler oder Wissenschaftler sind. Wenn andererseits jemand eine geradezu makellose Leistungfähigkeit besitzt, haben wir das Gefühl, dass es gut ist, mit diesem Menschen zusammen zu sein. Dennoch befinden wir uns dann in dem Dilemma, dass wir auf derart leistungsfähige Leute neidisch und eifersüchtig sind. Wir wollen, dass andere leistungsfähig sind, aber bitte schön nicht mehr als wir selbst. Der Inbegriff der Neurose dieses Familientyps ist, eine uniforme Welt

schaffen zu wollen. Selbst wenn wir sehr wenig Philosophie, sehr wenig Meditation und Bewusstsein in Hinsicht auf unsere eigene Entwicklung haben, glauben wir, dass wir mit der Welt richtig umgehen können und sind aufgebracht, wenn alle anderen die Dinge nicht genauso sehen wie wir.

Karma ist mit dem Element Wind verbunden. Der Wind weht niemals gleichzeitig in alle Richtungen, sondern immer nur in eine. Das ist die Einbahnsicht von Groll und Neid, die einen kleinen Fehler oder eine kleine Tugend aufgreift und aus dieser Mücke einen Elefanten macht.

Bei der Karma-Weisheit, also dem erleuchteten Aspekt, fällt der Groll weg, aber die Energie, die Handlungserfüllung und eine Offenheit bleiben erhalten. Mit anderen Worten, das Aktive des Windes wird beibehalten, so dass unser kraftvolles Wirken alles auf seinem Weg berührt. Wir sehen die Möglichkeiten, die in Situationen stecken und schlagen wie von selbst die angemessene Richtung ein. Unser Handeln erfüllt seinen Zweck. Der erleuchtete Aspekt von Karma wird „die alles vollendende Weisheit" genannt. Es ist der transzendente Sinn der Erfüllung von Handlung ohne Mühsal und ohne in Neurosen gestoßen zu werden. Es ist die natürliche Erfüllung in Bezug darauf, wie wir mit unserer Welt umgehen.

Kurzfassung grüne Karma Familie

Buddha Amoghasiddhi
Richtung: Norden
Symbol: Schwert
Element: Wind
Farbe: Grün
Blockierende Muster: Neid, Ehrgeiz, Optimierungswahn
Weisheit: Alles vollendende Weisheit

Tageszeit: Mitternacht
Jahreszeit: Sommer
Landschaft: komplexe Landschaft, windige Orte
Form: halber Kreis
Körperbau: schlank, zerbrechlich, nur im Profil zu sehen, immer in Bewegung
Sinneswahrnehmung: Berührung

Kulinarisches Grün

Die Erfahrung, dass grüne Getränke mit Kräutern zubereitet werden, verbindet das Frische mit dem Herben. Zum herben Grün gehört auch das Bittere. Grün und Gelb hingegen signalisieren „sauer“, „sauer macht lustig“. Grün hat kulinarisch Hoch-Konjunktur. Das Grün von Wildkräutern ist mittlerweile auch bei Sterneköchen *en vogue*. So gibt es reichlich Grünes zum Genuss. Die Intensität des Brennesselgrün ist hier ein Zeichen für den hohen Gehalt an Chlorophyll - das heißt *urgesund.*
Als Kulturpflanze gilt Rapunzel (Feldsalat) als einer der gesündesten Salate und auch das hat mit seinen sattgrünen Blättern zu tun, die eine Fülle an Chlorophyll für uns bereithalten. Die feste Konsistenz der Blätter mit ihrem hohen Eisengehalt schmecken nußartig und trotzen auch härteren Winterbedingungen. Der Vitamin C Gehalt ist doppelt so hoch wie bei Kopfsalat. Angemacht mit einer Yoghurt-Salatsoße, gewürzt mit Agavendicksaft und Senf, dazu eingestreute Walnüsse - schmeckt er so köstlich wie im Märchen Rapunzel.

Der Prozess einer Reifung durchläuft in der Natur mehrere Farbstufen: Von Grün über Gelb bis Rot wie bei Kirschen oder von Grün bis Rot und tiefes Dunkelblau bei Pflaumen und Heidelbeeren. Es gibt bei keiner Pflanze eine umgekehrte Farbfolge. Unreifes ist grün.
Nach anthroposophischer Lehre ist die Farbe Grün mit der Venus verbunden und diese steht wiederum in Verbindung zur Niere. So wird mit grüner Kost eine Nierentätigkeit angeregt. Das ist vergleichbar mit dem Bogen, den die Farbe „Gelb“ macht. Hier ist es das Gold, das mit der Sonne verknüpft wird und diese wiederum hat die Verbindung zu unserem Herz. Grüne Bohnen gelten als lebensaufbauend. Grünes Gemüse und Obst gibt es zum Glück in Hülle und Fülle: Gurke, Zucchini, Kräuter und Blattsalate, Rapunzel, Spinat, grüner Paprika, Erbsen, grüne Bohnen, Grünkohl, Wirsing, Avocado, grüner Spargel, Fenchel, Stangensellerie, Pistazien, Kürbiskernöl, gutes grünes Olivenöl, Kiwi, Apfel, Weintrauben.

Und wie duftet nun Grün?

Bei der Fougère Parfum-Familie (Fougère für „Farn") handelt es sich um eine eher maskuline Ausrichtung mit krautig-frischen, von Lavendel und moosig-holzigen Komponenten geprägten Noten (früher klassisch: Eichenmoos und Cumarin). Bei „grünen Duftnoten" ist das Gesamtkonzept nicht so weich angelegt wie bei einem Fougère, sondern hat kräftige Akzente. Der Duft aufrechter Zypressen, erquickendes Wacholderholz und kraftvoll, aber auch eleganter Arvenduft spielen hier eine Rolle. Oder wir nehmen die herberen gelb-grünen Pflanzendüfte wie Grapefruit und schon bewegen wir uns im Feld sportiver Düfte.

Bei der Entwicklung von Parfums mit grüner Note können wir uns den Farbeindrücken entlang tasten. Erhält man mit den Pflanzenfarbstoffen Indigo und dem der Waid-Pflanze ein dauerhaftes Grün, so können wir bei unserer Duftkomposition ähnlich verfahren. Etwa wenn wir einen blauen Anteil im Grün der Düfte betonen. Wollen wir jedoch ein Grün in Richtung einer Reifung als Duft kreieren, so bewegen wir uns auch hier entlang der Ingredienzien-Farbpalette und setzen gelb-orange-rote Akzente mit beispielsweise einem Schuss aktivierendem ins Rote tendierenden Rosmarin oder Pfeffer. *Ist dieses Spiel mit Düften und Farben nicht überaus fantastisch?*

ART PARFUM GRÜN-Kraft

Lebendig. Aktiv. Kraftvoll! Grün ist lebendigste Farbe überhaupt und so sind auch ihre grünen Duftnoten. Wir leben diese Grün-Kraft, pure Lebensfreude. Alles riecht so frisch, wie nach einem Sommergewitter – wenn uns dann die Erde mit ihren grünen Mitbewohnern, den Bäumen, Pflanzen, Kräutern wie frisch angepinselt erscheint.

Zypresse*, Arve / Zirbelholz*, Weißtanne*, Veilchenblätter Absolue* Basilikum,

Pub. by S.Curtis Walworth June 1.1830.

Basilikum

Ocimum basilicum

Familie: Lippenblütengewächse, Lamiaceae
Synonyme: europäisches Basilikum, heiliges Basilikum, Tulasi, Holy Basil
Duft-Charakteristik: aromatisch, krautig-grün, leicht pfeffrig
Parfumzuordnung: Kopfduftnote (Tête); holzige, Fougère, sportive Parfums
Wirkung:
Körperlich: stark krampflösend / antiviral, antibakteriell, herzstärkend, vitalisierend, immunsystemstärkend
Psychisch: stark ausgleichend, bei Stressbeschwerden / bei Erschöpfung
Herkunft: Mittelmeerländer / Nepal
Besonderheit: Eher selten als Parfum Ingredienz

PARFÜMERIE / DUFT / PERSÖNLICHES

Bei Jasmin, Sandelholz oder Rose kann sich wohl jeder vorstellen, dass man damit herrliche Parfums zu kreieren vermag. Dass jedoch solch ungewöhnliche Aromen wie etwa Basilikum in einer Parfumkomposition Verwendung finden, dürfte wohl so manchen erstaunen. Dabei haben wir hier eine echte Königspflanze zur Verfügung. Denn unsere Vorfahren haben sich durchaus etwas dabei gedacht, als sie Basilikum vom griechischen *basileus* (König oder Kaiser) ableiteten. Diese Namensgebung drückt ihre Wertschätzung aus.

PARFUMS - AUCH MIT UNGEWÖHNLICHEN DUFTNOTEN

Der französische Parfümeur Auguste Michel, Anfang des 20. Jahrhundert in Russland tätig (9), schreibt über das Integrieren ungewöhnlicher Duftnoten in ein Parfum folgendes: „Ein Parfum-Flakon, das ist wie ein Chor oder Orchester. Hier gibt es zarte Stimmen, Violoncelli; es gibt die Geigen und Bässe. Das sind gewaltige Gerüche. Für sich genommen ist so ein Geruchs-Kontrabass nicht auszuhalten. Aber hier sind sie alle miteinander verschmolzen. Man hört sie alle nur im Zusammenklang. ... O, ich weiß wohl, dass Parfums zu komponieren nicht heißt, einfach eine Reihe angenehm duftender Flüssigkeiten in ein Glas zu gießen. Man braucht auch unangenehme und neutrale, notwendige Fiksatoren, Verstärker."

CO2 EXTRAKTION - HERSTELLUNG

Eine Besonderheit stellt das in einem neueren Verfahren gewonnene Basilikum-CO2 Extrakt dar. Es wird durch eine schonende Hochdruck-Extraktion mit natürlicher Quellkohlensäure, der Kohlendioxidextraktion (CO2 Extraktion), gewonnen. Dieses Verfahren garantiert ein Extrakt, welches der Ursprungspflanze im Duft sehr nah kommt. Vom Geruch und Geschmack ist das Basilikum-Extrakt sehr intensiv, krautig, ja fast fruchtig und erfasst das Wesen des Basilikums recht gut! Dieser Basilikum-Extrakt wird in der Aromatherapie, der Parfumindustrie und Lebensmittelindustrie eingesetzt.

TULSI - HEILIGES BASILIKUM INDIENS

Tulsi (*Ocimum tenuiflorum*), das heilige Basilikum Indiens, wird auch als „die Unvergleichliche" bezeichnet. Die Göttin der Kräuter *Tulasidevi* (*Devi* = Göttin) wächst in Indien als eine verehrte Pflanze im Garten von Tempeln oder privaten Heimen. Das Haus eines Hindus wäre ohne dieses heilsame Kraut nicht vollständig. Das ätherische Öl Tulsi duftet weniger krautig, ist weicher, runder, recht aromatisch mit einer leichten Süße im Hintergrund… jedoch gibt es eine Einschränkung: Ätherisches Tulsiöl gilt als nicht hautfreundlich, was den Einsatz in Parfums reglementiert.

BOTANIK

Beim Basilikum handelt es sich um ein einjähriges, buschig verzweigtes Kraut aus der Familie der Lippenblütler mit um die 150 Arten. Die Kulturen unterscheiden sich in Blattfarbe, Größe, Aroma, Wachstum sowie Ansprüchen. Ausdauernde krautige Arten erreichen Wuchshöhen bis 80 Zentimeter. Basilikum wird in den gemäßigten Breiten auf Grund der großen Nachfrage als einjährige Pflanze kultiviert. Im Frühjahr sieht man die vielen Basilikumtöpfe in Gärtnereien zum Kauf bereit. All ihre Pflanzenteile duften kraftvoll aromatisch nach dem appetitanregenden Basilikumduft.

Die Königin der Kräuter – auch genannt Tulasidevi (Devi = Göttin) – wächst in Indien als heilige Pflanze im Garten eines jeden Tempels und Hauses.

GESCHICHTE

Nicht Italien ist die ursprüngliche Heimat dieses so aromatischen Basilikumkrautes, sondern Indien, Südostasien und Nordafrika. Im Altertum galt die Pflanze als Antidot gegen das Gift der Basilisken, das sind mythische Fabelwesen mit tödlichem Blick. Basilisken gelten hier als die Könige der Schlangen bzw. Schlangenenergien. Harry Potter Fans haben dieses Fabelwesen in *„Harry Potter und die Kammer des Schreckens"* zumindest auf der Kinoleinwand schon einmal kennengelernt: Harry besiegt in dieser Folge bekanntlich ein riesiges Ungeheuer, den Furcht erregenden Basilisk.

In Deutschland ist Basilikum seit dem Mittelalter bekannt und wurde in den Klostergärten als Heilmittel angebaut. In Italien gilt das Kräutlein als ein Symbol der Liebe – ein Topf Basilikum auf dem Fensterbrett signalisiert einem Verehrer, dass seine Avancen willkommen sind.

HEILWIRKUNGEN

Es ist bekannt, dass schon der altgriechische Arzt Dioskurides Basilikumöl verwendete. Es heißt, es sei wirksam als Antidepressivum. Gegen Blähungen, Magenverstimmungen oder gegen krampfhafte Bauchbeschwerden setzt man Basilikum, am besten kombiniert mit Fenchel, ein, wohltuend unterstützt mit einer Wärmflasche. Als das „Anti-Stress-Gewürz" betitelt Dr. Aggarwal (10) das Basilikum. Im Ayurveda gilt die Basilikumart Tulsi als „Herz öffnend", den Geist klärend. Sie könne zudem unser Immunsystem stärken. Schon lange wird in der aryurvedischen Medizin Tulsi in einem Tonikum zur Steigerung der Vitalität verwendet. Wissenschaftlich gesehen sind es die *Triterpene*, die in den letzten Jahren auch in der westlichen Medizin auf Interesse stoßen. Als allgemein stärkender Haustee, der kein Koffein enthält und guttut, ist es in einigen Teemischungen enthalten.

ANOSMIE UND GERUCHSTRAINING BIS INS HOHE ALTER

Als Anosmie bezeichnet man das Fehlen des Geruchssinns oder dessen Verlust (Riechverlust). Was es bedeutet, wenn man seinen Geruchssinn verliert, hat mir eine Bekannte einmal so geschildert: Man würde ja weiterhin alles sehen und hören können, aber die Welt berühre einen auf eine ganz eigenartige Weise nicht mehr wirklich. Man sieht, hört den Partner, aber da fehle auf einmal ganz viel, wenn man den Menschen an seiner Seite nicht mehr riechen könne. Das Essen, die vielfältigen Gerüche von Blüten, Kräutern, Bäumen und der typische Duft-Mix des eigenen Zuhauses wären verschwunden. Etwas worüber wir uns normalerweise keine Gedanken machen. Das Leben käme einem irgendwie „unreal" vor – so wie „fernsehen". Zum Glück litt die Bekannte nur eine kurze Phase an Anosmie.
Für Betroffene: Vielleicht könnte Basilikumöl bei unspezifischer Anosmie hilfreich sein. Es ist möglich, durch „mehrmals tägliches Schnuppern an Basilikum irgendwelche stockenden Nervenübertragungen zwischen Nase und Gehirn / Riecharealen wieder zu aktivieren. (11) Es gibt auch eine altersbedingte Anosmie. Bei einigen Personen, etwa ab dem 70sten Lebensjahr, fängt es an, dass die Erneuerung der Riechzellen nicht mehr so gut funktioniert. Der Geruchsforscher und Zellphysiologe Prof. Hatt äußerte sich in einem Interview (12), dass ein

Geruchstraining diese altersbedingte Anosmie verzögern könnte. Durch ein intensives Riechen beispielsweise von Zitrus- und anderen Duftnoten sei es möglich, das Gehirn zu aktivieren.

Wie schön, dass Sie – beim Lesen dieses Buches, beim Ausprobieren – genau das tun: Nämlich intensiver als wohl sonst Ihren Geruchssinn trainieren!

KULINARIK

Basilikum zählt heute zu den bekanntesten und vielseitigsten Gewürzen. Am meisten geschätzt, sagt man, sei Basilikum in der italienischen Region Ligurien. Dort liegt auch die malerisch am Mittelmeer gelegene Stadt Genua, wo das grüne Pesto zu Nudelgerichten erfunden wurde. Im nah gelegenen Nachbarland Frankreich, in der Provence, genießt man Pistou, eine ganz ähnliche Sauce mit Basilikum. Sie enthält Knoblauch und manchmal Tomaten, aber keine Pinienkerne und wird in Suppen eingerührt.

Erst in den 1970er Jahren fand das Kraut seinen Weg in die deutschen Küchen, angeregt durch Italienurlaube und den „Italiener um die Ecke". Im Sommer gibt es hier die typische Speise in den drei italienischen Farben: Weiße Mozarellascheiben (Büffel), abwechselnd mit dem Rot reifer Tomaten aufgefächert und aromatisiert durch das Grün fein geschnittener Basilikumblättchen, frisch vom Strauch. Mit bestem Olivenöl serviert, ein knusprig gebackenes Brot, ein guter Wein in guter Gesellschaft dazu und das Leben zeigt sich von seiner Sonnenseite.
Man staunt über die Vielzahl an Basilikumpflanzen. So gibt es Arten mit rötlichen Blättern oder auch den griechischen Buschbasilikum mit seinem kräftigen Aroma. An Terrassen kretischer Tavernen habe ich diesen in großen Töpfen buschig gedeihenden Basilikum bewundert, der dort auch zur Abwehr von Mücken dient.

REZEPTE

„Stress lass nach“ *entspannendes Tonikum*
2 Tropfen Bergamotte *Citrus aurantium subsp. Bergamia*
6 Tropfen Mandarine Grün *Citrus reticulata*
8 Tropfen Bitterorange *Citrus sinensis*
3 Tropfen Basilikum *Ocimum basilicum*
100 ml Myrtenwasser *Myrtus communis*
Tropfen Sie die ätherischen Öle direkt in die Flasche mit dem Myrtenwasser. Vor dem Gebrauch leicht schütteln. Etwas vom Tonikum in die hohle Hand geben oder sprühen und den Oberkörper damit erfrischen.

Hinweis
Basilikum mit seinen sanft vitalisierenden Inhaltsstoffen steht hier im Verbund von vorwiegend entspannenden Komponenten. Während der Arbeit, auf Reisen sehr hilfreich.

„Kickers Grüne“ *Getränk für die Deutsche Nationalelf*
Basilikumblättchen, frisch
Zitrone, Saft gepresst
Agavendicksaft
Eiswürfel / bevorzugt: Crushed Ice
Mineralwasser
Basilikum mit Agavendicksaft, Zitronensaft und Eis mixen, in ein Glas gießen und anschließend mit Mineralwasser auffüllen.

Hinweis
Holger Stromberg (13), Koch der Deutschen Fußballnationalmannschaft, im Hinblick auf die WM 2014 in Brasilien: „Auf die Flüssigkeitszufuhr muss man immer achten... Und wenn das noch nicht reicht, laufe ich den Spielern mit Basilikumlimonade hinterher.“ Bei den Mengen für die Limonade rät Stromberg,

etwas zu experimentieren, da die einen die Limo süßer, die anderen saurer, die dritten mehr Basilikumgeschmack mögen.

„Crêpes herzhaft“ *mit Basilikum*

Schritt 1: Die Crêpes

100 g Mehl

2 Eiern

250 ml Milch verrühren

1 EL Butterschmalz schmelzen lassen und in den Teig rühren.

- o Das Mehl mit den Eiern und der Milch verrühren.
- o Butterschmalz schmelzen lassen und dem Teig hinzufügen, gut verrühren.
- o Der Teig sollte etwas flüssig sein und kann dünn in einer Crêpe-Pfanne ausgebacken werden. Crêpes im Ofen, abgedeckt, warmhalten.

Schritt 2: Ein Auswahl an herzhaften Füllungen:

- o Knoblauch, Zwiebeln, Zucchini gewürfelt in etwas Olivenöl anbraten, später gewürfelte Tomaten zugeben, dünsten.
- o Mit etwas Sahne andicken und mit Salz, frisch geriebenem Pfeffer würzen.
- o Reichlich frisches griechisches Strauchbasilikum und eventuell noch Tulsi (wildes Basilikum) fein geschnitten dazugeben.
- o Gemüsemasse auf die Crêpes geben, einrollen und mit fein geschnittenem Lauch bestreuen.

Hinweis

Die Idee zu diesem Rezept stammt aus dem Rühlemann's Gartenkatalog 2013 mit seinen fantastisch detaillierten Pflanzenhinweisen. (14)

Estragon

Artemisia dracunculus L.

Familie: Korbblütler, Asteraceae
Synonyme: Drachenkraut, Schlangenkraut
Duft-Charakteristik: anisartig, erstaunlich weich-aromatisch, belebend
Parfumzuordnung: Kopfduftnote (Tête), sportive, Fougère Noten
Wirkung:
Körperlich: antiviral, antibakteriell, abwehrsteigernd, muskelentkrampfend, appetitanregend, verdauungsfördernd, gallenflussanregend
Psychisch: sedierend, ausgleichend, entspannend, beruhigend
Herkunft: Italien, Frankreich, Nordafrika und USA
Gewinnung / Pflanzenteile: Wasserdampfdestillation des blühenden Krautes
Besonderheit: Ein Duft, der uns bis zur alten ägyptischen Kultur verbindet

PARFÜMERIE / DUFT / PERSÖNLICHE ERLEBNISSE

SYNCHRONIZITÄT

Am 8. Mai 2017 mitten in der Suche nach einem grünen Duft für meine farbigen Parfumakkorde, entdecke ich eine Kiste mit Einzeldüften, Mitbringsel aus unterschiedlichen Ländern. Ohne zu lesen roch ich einige durch... was war denn das für ein Duft? Die lateinische Bezeichnung klärte mich auf: Estragon! Bisher hatte ich das ätherische Estragonöl als ein sogenanntes „gesundes Öl" abgespeichert, jedoch noch nie seine wundervoll weiche Duftfülle mit dem leichten angenehmen Anisaroma als so köstlich empfunden. Abends unterhalte ich mich mit der Künstlerin Ute Riedlinger (15), die mit ihrer Familie in unserem Haus lebt. Unvermittelt erzählte sie mir, dass sie heute in einem Naturkostgeschäft eine besondere Entdeckung gemacht hätte: nämlich ätherisches Estragonöl. Sie hatte an dem Fläschchen gerochen und war überrascht, wie sehr ihr dieses Aroma gefiel. Wirklich witzig - so hatten wir beide, im gleichen Haus lebend, am gleichen Tag eine ähnliche Duft-Entdeckung gemacht. Solche Begebenheiten sind ein echtes Geschenk „aus dem Raum". Die Griechen machten ihren Götterboten Hermes für solche zeitgleichen Verknüpfungen verantwortlich. Wenn sie passieren - beispielsweise wenn man an jemanden denkt und erhält genau dann einen Anruf von diesem Menschen - sind das Zeichen, dieser Person, diesem Umstand eine besondere Beachtung zu schenken. So geschah es nun mit dem guten Estragonduft.

War das ein Wink von Rilke? Sollte wohl dieser Duft einer kraftvollen Drachenpflanze als grünes, lebendig machendes Element mit hinein in das ihm gewidmete Parfum NOCTURNE genommen werden? Das Schöne ist, beim künstlerischen Arbeiten dürfen wir in unserer Fantasie schwelgen. Das kreative Erschaffen wird getragen vom Spielerischen, Leichten. Solche Dinge dürfen nie zu fest gezurrt werden, nie zu ernst oder gar wichtig genommen werden. Denn dann, ehe man sich's versieht, machen sie eine Kehrtwendung und weg sind sie. *Wohl keiner wusste um diese Dinge so gut wie unser Meister der Poesie, Rainer Maria Rilke!*

BOTANIK

Estragon gehört zur Familie der Korbblütler, von denen es weltweit bis zu 1.700 Gattungen mit 24.000 Arten gibt. Das schlanke hohe Kraut hat nicht deren typische körbchenförmige Blütenform, sondern die fast kugeligen Blütenkörbe sind in lockeren Rispen angeordnet. Man rechnet sie daher auch eher zu den Artemisa-Gewächsen. *Der luftig-wuchernde Aspekt ist das, was das Wesen dieser Pflanze ausmacht.* Es sind zwar viele Blätter, jedoch in einer Grundgeste der Pflanze winden sie sich schmal in die Luft hinein. Dieses Wirken in der Luft ist wie von einem wiederbelebenden Atem durchzogen. Dabei weisen gerade die schmalen Blätter eine große Beweglichkeit auf, die in der Mythologie als etwas schlangenartiges gesehen wurden. Hierüber kam wohl die Assoziation „Schlange - Drache", da man Estragon lateinsch *„dracunculus"* als „Drachenkraut" bezeichnet. Die Stängel wachsen recht schnell in die Höhe und bewegen sich trotz ihrer fast 1 Meter sehr lebendig. (16) Im Vergleich wird dies noch deutlicher: Estragonstängel sind keineswegs so starr und hart wie etwa die Stängel des aus der Gattung Artemisia stammenden Beifuß.

GESCHICHTE

Ursprünglich in Russland, Sibirien und der Mongolei beheimatet, weiß man von einer ersten schriftlichen Erwähnung des Estragons vor mehr als 3000 Jahren. Die alten Ägypter schätzten dieses Kraut. Schon während der Herrschaft von Pharaonin Hatschepsut (1490 bis 1468 v. Chr.) verwendete man vielfach Parfums und Duftöle unterschiedlichster Pflanzen. Jede war dabei einer bestimmten Gottheit zugeordnet, hatte ihre spezielle Bedeutung. So war Estragon der Göttin Isis gewidmet. Wenn man Isis um einen Gefallen bat, wurde Estragon zur Opferung genommen.

DER HINTERGRUND EINES ALTÄGYPTISCHEN RITUALS

Die Göttin Isis war die Partnerin des Gottes Osiris. Osiris wurde von seinem Bruder, dem dunklen Gott Seth, zerstückelt und in den Nil geworfen. Aber Isis hat die einzelnen Teile mit Hilfe von Anubis wieder zusammengefügt und Osiris so wieder zum Leben erweckt. Zusammen hatten dann beide einen Sohn, nämlich Horus. Pharonen sahen sich als Vertreter des Horus. Wenn man nun Estragon verbrannte, erneuerte man diese Mythologie, vor allem den Vorgang der Wiederbelebung durch Isis. Die Menschen erfuhren das rituelle Geschehen im Duft des rauchenden Estragons infolge ihrer Bitten an die Göttin Isis als ein Akt der Heilung. Die alten Ägypter beherrschten eine ausgeprägte Kräutermedizin und man wusste, dass Estragon sich wohltuend auf die Verdauung und Krämpfe im Körper auswirkte. Auch gegen Zahnschmerzen, vor allem bei Entzündungen, wurde Linderung über Estragon erzielt.

Auch die alten Griechen hielten viel vom Estragon, erkannten in ihm starke Wiederbelebungskräfte. Erst im 13. Jahrhundert n. Chr. kam Estragon nach Italien und später dann im 16. Jahrhundert nach Mitteleuropa.

HEILWIRKUNGEN

Die Bitter- und Gerbstoffe im Estragonöl wirken entkrampfend bei Rheuma und Muskelkrämpfen. Durch Estragon kommen Prozesse wieder ins Fließen, so auch eine Förderung der Menstruation (als Einreibung in fettem Öl). Estragon vermag Hartes weicher zu machen. *Zudem ist es wie Basilikum von hoher antiviraler Kraft.* „Aber sein ureigenstes Einsatzgebiet ist die Spasmophilie (eine mit Neigung zu

Krämpfen verbundene Stoffwechselkrankheit bei Kindern und jungen Frauen)." (17) Estragon gilt als eines der stärksten krampflösenden Mittel in der Aromatherapie. Ursprünglich wurde Estragon auch als dämonenabwehrendes Kraut verwendet und als Gegenmittel nach Bissen von giftigen Tieren oder Hunden.
Die aryurvedische Medizin schätzt einen Heiltrank aus Estragonblättern zur Appetitanregung und bei unregelmäßiger Verdauung. *Estragol* als Wirkstoff im ätherischen Öl hilft etwa bei Blähungen. Der Duft des Estragonöls erinnert ein wenig an Anis, an Basilikumöl. Das liegt an dem gemeinsamen Inhaltsstoff *Methylchavicol*, der das Estragonöl bei Magen-Darm-Störungen so wirksam macht.

KULINARIK

Bisher werden deutscher und französischer Estragon unter der Bezeichnung „echter" oder „aromatischer" Estragon als eine Sorte behandelt. Kräuterspezialist Rühlemann (18) unterscheidet jedoch zwei Sorten des aromatischen Estragons, dabei ist der deutsche Estragon etwas stärker, robuster im Wuchs und für rauhere Lagen geeignet. Sein Aroma liegt wie in der Mitte der französischen (lieblich-anisig) und russischen (herber) Pflanzen. Zwei Estragon-Ernten pro Jahr sind möglich. Estragon vermehrt sich vorwiegend durch Wurzelteilung und braucht viel Platz um sich herum – etwa 50 cm um jede einzelne Pflanze. Als Gewürz kann man die jungen Triebe oder die Blätter nehmen, obwohl Estragon kurz vor der Blüte am aromatischsten ist. Dies betrifft vor allem den russischen Estragon.

* Estragon ist ein Hauptgewürz der Sauce Béarnaise und wird mitgekocht.

Will man mit Estragon würzen und hat ihn nicht im Garten, sollte man die Pflanze möglichst im Topf kaufen, da die Blätter sofort welken, sobald sie abgezupft sind.

R E Z E P T E

„Pure Entspannung“ *Körperöl*

4 Tropfen Estragon *Artemisia dracunculus L.*

4 Tropfen Rose 10% *Rosa damascena*

8 Tropfen Lavendel fein *Lavandula angustifolia*

2 Tropfen Muskatellersalbei *Salvia sclarea*

4 Tropfen Mandarine grün *Citrus reticulata*

100 ml Mandelöl

Geben Sie die ätherischen Öle nacheinander direkt in eine Flasche mit dem Mandelöl. Gut schütteln. Es handelt sich hierbei um eine wohltuende Kombination ätherischer Öle mit vorwiegend entspannenden Komponenten.

Hinweis

Dieser entspannende Effekt wird verstärkt, wenn man nach dem Einreiben eine warme Bettflasche auflegt. Die Wärme begünstigt die Aufnahme über die Haut.

„Apfel-Estragon“ *Fruchtaufstrich*

1 kg leicht säuerliche Äpfel

500 g Gelierzucker 1:2 (oder Bio-Zucker und Geliermittel)

Saft einer Zitrone

Kleiner Bund Estragon

Äpfel schälen, Kerngehäuse entfernen und klein schneiden. Die Apfelschnitze mit etwas Zitronensaft übergießen, damit sie nicht braun werden. Anschließend mit dem Gelierzucker aufkochen, dabei mit dem Pürierstab zerkleinern.

4 Minuten sprudelnd kochen lassen und zum Schluss die klein gehackten Estragonblättchen untermischen. Sofort in sterilisierte Twist-Off Gläser abfüllen und zum Abkühlen auf den Kopf stellen.

Hinweis

Köstlicher Fruchtaufstrich auf einem knusprigen Butterbrot. (19)

Limette

Citrus aurantiifolia

Familie: Rautengewächse, Rutaceae
Synonyme: Limone, Citrus limetta, Citrus latifolia
Duft-Charakteristik: sanft zitrus-frisch, grün-fruchtig
Parfumzuordnung: Kopfduftnote (Tête), sportive, florale Parfums
Wirkung:
Körperlich: antiseptisch (desinfizierend), entzündungshemmend, fiebersenkend, durchblutungsfördernd, luftreinigend
Psychisch: stimmungsaufhellend, aktivierend, konzentrationsfördernd
Herkunft: Mexiko, Brasilien, Mittelmeerländer, Westindien
Gewinnung / Pflanzenteile: Kaltpressung (Raspelung) oder Wasserdampf-destillation der Fruchtschalen
Besonderheit: Vorsicht: Limette wirkt photosensibilisierend. Verwendung für Parfums, für Kosmetika: Limette furocumarinarm oder destillierte Limette

PARFÜMERIE / DUFT / PERSÖNLICHE ERLEBNISSE

Limette bedeutet wörtlich „kleine Limone". So wie wir in Europa zur Zitrone greifen, wenn wir etwas Zitroniges in unsere Speisen und Getränke geben wollen, so nimmt man beispielsweise in Brasilien hierfür die dort gedeihenden Limettenfrüchte. Denn diese frische temperamentvolle junge Dame ist eine echte Südamerikanerin. Ihr Duft ist spritzig, dabei etwas grüner, ja sogar ein wenig sanfter im Geruch als der ihrer großen Schwester, der Zitrone.

PARFUM - EAU DE TOILETTE... ENTWICKLUNG

In einem floralen Parfum vermag das aus den Schalen der Limette gewonnene ätherische Öl der Formulierung mehr Schwung zu verleihen. Allerdings nur mit einem kleinen Kick bei diesen sinnlichen Parfums, da deren aphrodisische Hauptmelodie bei den mittleren Herzduftnoten liegt, untermalt von sanft schwingenden Bässen. Eine gute Wahl an Herz- sowie Basisnoten sorgt für die länger anhaltende Parfumaura. Anders verhält es sich bei typischen Erfrischungsdüften wie einem Eau de Toilette oder Eau de Cologne. Hier spielt das Thema „Haftung" keine so entscheidende Rolle und man geht bei der Entwicklung vermehrt in Richtung Kopfnoten, zu denen der Limettenduft ebenfalls gehört. Diese leichten Düfte „heben auch schneller" ab. Das heißt, sie haften nur kurz auf der Haut und hinterlassen um uns einen Hauch Frische.

VORSICHT: PHOTOSENSIBILITÄT

Allerdings gilt es im Einsatz von Limettenöl eine wichtige Einschränkung zu beachten: *Es handelt sich um das Thema „Photosensibilität" und unsere gute Limette zeigt hier leider recht hohe Werte auf: 20.000 ppm* (siehe Stichpunkt „Photosensibilität / Furocumarinarm"). *Welche Alternativen gibt es*? Erstens wird am Markt ein durch Kaltpressung bzw. Raspelung der Fruchtschalen entwickeltes Limettenöl angeboten, das als furocumarinarm bezeichnet wird. Zweitens bietet sich ein destilliertes Limettenöl an. Bei der Wasserdampfdestillation wird das Öl aus der gesamten Frucht gewonnen. Diesem Duft fehlt allerdings das natürliche Bouquet des kaltgepressten ätherischen Öls. Das Charakteristische des kaltgepressten Limettenöls lässt sich nur schwer imitieren; er wird durch den Inhaltsstoff *1-Methyl-1,3-hexadien* erzeugt, der hier nur in Spuren enthalten ist. (20)

BOTANIK

Limettenbäume werden bis zu 5 Meter hoch und lieben tropisches Klima. Ein einzelner Baum kann mehr als 1.000 Früchte pro Jahr ausreifen. Diese sind rundlich geformt, grün bis gelb gefärbt. Durch die vergleichsweise dünne Schale sind die saftigen Früchte jedoch extrem kälteempfindlich. Die Früchte enthalten weniger Magnesium, Kalium und weniger Vitamin C als ihre gelbe Verwandte, die Zitrone. Dafür liegt das grüne Allroundtalent im Vergleich zum Kalzium- und Folsäure-Gehalt vorn. Die saftige Limette - mit einem Durchmesser von bis zu sechs Zentimetern - schmeckt aromatisch intensiv sauer. Anbaugebiete findet man heute weltweit und aufgrund der verschiedenen Erntezeiten ist die grüne Zitrusfrucht ganzjährig bei uns erhältlich.

GESCHICHTE

Limetten wurden vor Jahrhunderten bereits in der Naturheilkunde eingesetzt. So empfehlen ayurvedische Schriften Limette, um den Magen anzuregen, Blähungen, Übelkeit, Durchfall und Magenverstimmungen vorzubeugen und auch, eine Kühlung bei Fieber und Hitzschlag zu bewirken. Der Marinearzt Dr. James Lind führte Ende des 18. Jahrhunderts Limette als Zusatz zum Seeproviant ein, um der Vitamin C–Mangelkrankheit Skorbut vorzubeugen. Dieser Einsatz von Limetten verpasste den Seeleuten und letzten Endes allen Briten den Spitznamen "Limeys". Allerdings enthalten Limetten weniger Vitamin C als die bekannten Zitronen, was hierbei beachtet werden sollte.

HEILWIRKUNGEN

Limettenöl gilt als der Renner, insbesondere bei der Unterdrückung des "Alzheimer-Enzyms" Acetylcholinesterase, welches bei dieser Krankheit zu aktiv ist." (21) Die Empfehlung in der Studie betont, dass Limettenöl und andere echte Zitrusöle ideale Geschmacksstoffe für Lebensmittel und Nahrungsergänzungsmittel für ältere Menschen wären, da sie gleichzeitig „funktionale Eigenschaften" aufweisen wie eine Anti-Demenz-Wirkung. (22)

KULINARIK

„In Brasilien ist die Limette eine sehr beliebte Frucht. Wir verbinden sie dort mit guter Laune, Freude und Freundschaft. Deswegen wird unser weltbekannter Caipirinha auch mit Limetten zubereitet," berichtet die Ärztin Tatiana Gil Austel (23). Ein amerikanisches Dessert mit Limettensaft ist die Spezialität *Key Lime Pie* (Limettenkuchen) mit einer feinen Baiser-Kruste.

REZEPTE

„Exotisches Früchtchen" *duftiges Shampoo*
10 Tropfen Limette *Citrus aurantiifolia*
8 Tropfen Mandarine grün *Citrus reticulata*
3 Tropfen Tonka *Dipteryx odorata*
4 Tropfen Vanilleextrakt 35% *Vanilla planifolia*
100 ml neutrales Shampoo
Tropfen Sie die ätherischen Öle direkt in die Flasche mit einem neutralen Shampoo. Gut schütteln. Damit hat man in einer einzigen Flasche eine wundervoll duftende Waschsubstanz, vom Haar bis zu den Fußspitzen.

Hinweis
Hier finden sich gleich drei südamerikanische Duft-Schönheiten zusammen: Tonka, Vanille und Limette. Mit diesem Shampoo exotisch erfrischt, sind wir in der richtigen Stimmung, um uns in ein fröhliches Abenteuer zu stürzen.

„Hugo Brasil" *Partygetränk mit Holunderblütensirup und Limette*
Mit und ohne Alkohol (24)
20 ml Holunderblüten-Sirup
1 Tropfen Limettenöl
1 Tropfen Ingweröl (destilliert)
Saft einer ½ Limette
Geben Sie die ätherischen Öle und den Limettensaft in den Holunderblüten-Sirup. Schütteln, fertig. Diese Sirup-Variante lässt sich mit einem zart perlenden Mineralwasser aufgießen oder mit einem prickelnden Sekt. Lassen Sie Ihre Gäste mal raten, welche Aromen sie herausschmecken. Wohl bekomm's!

Tabea Zimmermann, Bratschistin und Hochschullehrerin (25)

„Bei Bach muss es grün sein“

ZEIT: Musik sortiert sich nach Landschaften?
Zimmermann: Die Bach-Suiten zum Beispiel gehen nicht gut am Meer – oder nur mit zugezogenen Vorhängen. In meiner Vorstellung gehört Bach ins Mittelgebirge. Bei Bach muss es grün sein, Hügel, Wälder und Grün, nicht Sand und Meer. Bachs Noten sind wie ein Wald, ein Mischwald am besten. Da ragt kein Baum groß über alle anderen hinaus, und die Vielschichtigkeit speist sich aus der Homogenität.

Ein Parfum entsteht

Am Anfang steht die Idee. Um das Atmosphärische einzufangen, begebe ich mich am liebsten an Ort und Stelle des Geschehens. Denn wie eine Musikkomposition, wie ein Gemälde beginnt auch ein Parfum mit inspirierten Impulsen. Diese erhalte ich nachts oder ganz früh am Morgen, entweder inmitten in der Natur, beim Wandern in aller Stille oder im lebendigen Austausch mit anderen Künstlern. Es entstehen Bilder eines Parfums im Kopf, während man einem Jazz-Konzert zuhört und mitschwingt oder beim Betrachten eines Gemäldes, eines Werks einer Bildhauerin, zudem fließen mir Impulse zu aus der Literatur, und aus Gedichten.

Das Leben ist unglaublich intensiv in diesen Momenten.

Nach dem „inspiriert werden“ beginnt die „Knochenarbeit“: das Hinsetzen und Feilen an der Formulierung. Es ist manchmal ein endloses Ringen um „die Komposition“. So entstehen erste Muster wie die Skizzen einer Malerin. Diese Muster prüfe ich am liebsten morgens, mit frischer Nase. Mit der Zeit verdichten sich diese Ansätze, sie gewinnen an Gestalt, an Volumen. Nun beginnt der Prozess des Abwiegens und Rechnens, des Prüfens eines Geruchsverlaufs. Ist die Haftung ausreichend? Treten bestimmte Komponenten zu stark in den Vordergrund? Es handelt sich um ein Feintuning, das sich durchaus über eine längere Zeit hinziehen mag ...bis ein charaktervolles, einprägsames Parfum mit seiner ganz eigenen, individuellen Botschaft gefunden wurde. Das Rezept, in der Fachsprache als „Formulierung“ bezeichnet, wird bis auf vier Stellen hinter dem Komma genau abgewogen und auf eine größere Menge hochgerechnet. So kann die Herstellung einer ersten Pilotserie von vielleicht 100 oder 200 Flakons erfolgen, die dann für weitere Tests herangezogen werden.

Was ist eigentlich ein Parfum?

Die uns heute so gewohnten Parfums zum Sprühen in einem Flakon beruhen auf Alkoholbasis und diese gibt es in dieser Art noch gar nicht so lange. Das ursprüngliche Parfum entwickelte sich aus einem kultischen Räuchern heraus; hergeleitet vom lateinischen "per fumum", das übersetzt wird mit „durch den Rauch". Der französische Terminus „parfum" tauchte erstmals in Schriftstücken aus dem ersten Drittel des 16. Jahrhunderts auf. Bis dahin sprach man von „basme", aus dem dann „baume", Balsam, wurde. Parfumkompositionen wurden Jahrhunderte lang - übrigens sehr hautpflegend - in Salben und fette Öle eingearbeitet. Erst durch die stärkere Verbreitung der Alkoholdestillation im 18. Jahrhundert wurde es möglich, Blütenessenzen in Weingeist zu lösen. Das, was unserer heutigen Vorstellung eines Parfums entspricht. (1)

Blumige Parfumsprache

Wenn wir ein Bild betrachten, kommen uns ganz allmählich Worte für Farben, Formen und Strukturen in den Sinn. Anders ist dies bei Düften. Düfte erreichen in Bruchteilen einer Sekunde direkt unser limbisches System. In diesem urzeitlichen Säugetiergehirn sind unsere Gefühle und Erinnerungen gespeichert. Es ist der Bereich unseres Gehirns, den Sigmund Freud „das Unbewusste" nannte. Daher fällt es uns auch so schwer, Düfte zu beschreiben. Parfümeure trainieren sich darin, Düfte genau zu benennen. Hierbei bedienen sie sich einer sogenannten Duftsprache mit einem spezifischen Vokabular. Damit werden Bilder von Düften und Parfums in unseren Köpfen erzeugt.

Allerdings sind die Grenzen fließend, da leider häufig in der Zielsetzung von Unternehmen eine Täuschung des Verbrauchers steht. Wie würden Sie zum Beispiel dieses Parfum beurteilen? *Die Herznote bringt neben Kaktus und Geißblatt weiße Lilien in das Arrangement. Die Basisnote greift mit Wildleder, Moschus und Birke eine leicht rauchige Komponente auf. Eine zarte Praliné-Nuance fängt das Herbe auf und verleiht der Komposition so seine verführerische Süße.*

Es handelt sich hierbei um vorwiegend synthetische Riechstoffe wie etwa Kaktus, Geißblatt, Wildleder, Praliné und Moschusduft. Für die Verbraucher gibt es leider keine klaren Vorgaben, die ihm helfen würden, ein „Echtes vom Künstlichen" wie etwa die „Spreu vom Weizen" zu trennen.

Wir kennen es aus der Werbung: Uns werden schöne Bilder von Blüten, edlen Hölzern gezeigt, man gaukelt uns etwas Ursprüngliches, liebevoll Handgefertigtes vor, das unverfälschte Echte. Die Wahrheit hinter den Bilderbuch-Eindrücken: Fabrikhallen voller Fässer der chemischen Industrie. An der Verbreitung dieser realen Bilder haben weltweit agierende Konzerne selbstverständlich kein Interesse. Interessant, was Jean-Claude Ellena (2), Chefparfümeur von Hermès, hierzu schreibt: „In den 1980er Jahren werden zahlreiche Parfums nach amerikanischem Vorbild auf den Markt gebracht, versehen mit hohen Werbeetats auf Kosten der Parfümkonzentrate, die nun um die Hälfte verbilligt werden."

Verwirrende Geschmacks- und Geruchstoffe

Ob Joghurt oder Suppe, Fertiggerichte oder Süßigkeiten, Säfte oder Brausen, sie alle bekommen durch einen Schuss künstliches Aroma die Extraportion Geschmack. Der größte Teil industriell hergestellter Nahrungsmittel wird damit heute geschmacklich aufgepeppt. Bezüglich Düften und Aromen existieren verwirrende Bezeichnungen: ***Sie werden natürlich, naturidentisch oder künstlich genannt.***

Natürliches Aroma? Der Name ist eine arglistige Täuschung: Es reicht, dass die Substanzen für ein natürliches Aroma in der Natur vorkommen. So kann es auch von ganz anderen Organismen erzeugt werden als von denen, deren Namen es trägt. Sogenanntes „natürliches" Himbeeraroma gewinnt man zum Beispiel aus Zedernholz. Für Pfirsich, Kokosnuss oder Apfel wird auf die Hilfe von Schimmelpilzen zurückgegriffen. Das ist zwar angeblich nicht schädlich, klingt aber wenig appetitlich. Kein Wunder, dass die Industrie den Verbraucher darüber nicht aufklärt.

Naturidentische Aromen? Das sind chemisch hergestellte Stoffe, die in ihrer Struktur und Wirkungsweise dem aus der Natur stammenden Original ähnlich sein sollen. Beide Aromasorten - natürlich wie auch naturidentisch - werden in Europa nicht als Zusatzstoffe eingeordnet und durchlaufen keine Zulassungsverfahren.
Auf dem Etikett wird lediglich „Aroma" vermerkt.

Künstliche Aromastoffe dürfen eingesetzt werden, wenn sie für ein bestimmtes Lebensmittel amtlich zugelassen wurden. *Beispiel „Vanillin"*: Bei den Franzosen wird Vanillin gern mit naturidentischem Rum- und Anisnoten variiert, die Deutschen lieben es wohl etwas buttriger und die Engländer mit einem leichten Touch von Ei und Kondensmilch. Mit Vanillin wird auch Bitteres maskiert (überdeckt) und es ist deshalb bei vielen Produkten im Einsatz, ohne dass man es überhaupt merkt wie etwa in Milchprodukten oder Ketchup. Das Patent für Vanillin (Erfinder Chemiker Wilhelm Haarmann) legte den Grundstein zu einem der weltweit größten Unternehmen für Aromen- und Duftstoffherstellung, das Unternehmen Symrise in Holzminden. Künstliches Vanillin wird heute gern in Parfums verwendet (siehe bei „Gelb", Duftportrait „Vanille").

Duftstoffe als Auslöser von Allergien

Prof. Hatt (3): „Eine duftfreie Welt hat es nie gegeben. Früher stank es gewaltig. Nach Abfällen, nach Fäkalien, nach toten Tieren und nach Menschen „ohne Bad und Waschmaschine". *Dagegen leben wir heute in einer nie dagewesenen Welt der künstlichen Aromen und Düfte.* Wir tragen selbst einen gehörigen Teil dazu bei. Wir verwenden künstliche Parfums, Deos und WC-Steine. *Um einen Tropfen natürliches Rosenöl zu erhalten, müssen mehr als 300 Blüten verarbeitet werden.* Ein ganzes Fläschchen davon ist ein kostbarer Schatz. Massenprodukte dagegen enthalten synthetische Rosenimitate. Die können unsere Haut, aber auch unseren Schmerznerv reizen. Werden Parfums und Duftstoffe direkt auf die Haut aufgetragen, können Rezeptoren für einige der Duftmoleküle Reaktionen der Hautzellen auslösen."

Geschmacksverwirrungen

Dass viele Kinder keine frischen Erdbeeren mehr mögen, weil sie nur die weichen Früchte aus der Dose kennen, ist nicht verwunderlich. Wer mit aromaintensiven Fertigprodukten und Fast Food aufwächst, kann mit den feinen Geschmackunterschieden echter Erzeugnissen später kaum noch etwas anfangen. 25 Prozent der Jugendlichen zwischen zehn und 14 Jahren können noch nicht einmal mehr süß, salzig und bitter unterscheiden, für sie schmeckt alles irgendwie gleich. Aber es ist nie zu spät und man kann das „Schmecken" auch wieder üben.

Welch ein relativ grobes Sinnesinstrument die Zunge darstellt, können wir testen, wenn wir die Nase zuhalten, die Augen schließen und dann versuchen herauszufinden, was wir gerade essen oder trinken. Können Sie eine rohe Kartoffelscheibe von einem Stück ungekochtem Kohlrabi unterscheiden? Oder gar Weinsorten? Wahrscheinlich werden Sie verwundert feststellen, wie wenig „Geschmack" Sie empfinden, wenn die Duftmoleküle der Speisen nicht gleichzeitig die Riechrezeptoren der Nase erreichen.

Mit einem schweren Schnupfen geht es uns wie beim Nasezuhalten, und wir sagen oft: „Es ist egal, was ich esse oder trinke, ich schmecke ja nichts." Normalerweise wandern Duftmoleküle aus dem Mund durch eine Verbindungsröhre mit der Nase sozusagen von hinten zu unseren Riechzellen, ein Vorgang, der „retronasales Riechen" heißt und wesentlich zu unserem Geschmackserleben beiträgt.

Die Intensität eines Parfums

Fast alle Duftstoffe lösen sich gut in Ethanol (Alkohol) oder in Öl, jedoch sind sie kaum wasserlöslich. In der Parfumherstellung arbeitet man mit einem ausgewogenen Verhältnis zwischen Alkohol und einem geringen Anteil an Wasser, um eine optimale Freisetzung und Übertragung der Duftstoffe zu gewährleisten. Folgende Begriffe und ihre Lösungsverhältnisse haben sich seit Anfang des 20. Jahrhunderts eingebürgert:

Extrait de Parfum: 20 bis 30 %
Parfum: 15 bis 18 %
Eau de Parfum: 10 bis 12 %
Eau de Toilette: 7 bis 9 %
Eau de Cologne: 3 bis 5 %
Splash Cologne: 1 bis 3 %

In echten Parfums schwingt Musik

Parfums werden wie ein Dreiklang aufgebaut aus Basisduftnoten (Fond), Herz- (Coeur) und Kopfduftnoten (Tête). Kopfnoten sind leicht, beschwingt und verfliegen relativ schnell wie die hellen Töne einer Piccoloflöte. Die Anteile verschieben sich, je nachdem ob ein Parfum oder ein Eau de Cologne entwickelt werden soll. So ergibt sich bei einem erfrischenden Eau de Toilette ein höherer Anteil an Kopfnoten. Bei floralen, femininen Parfums überwiegen hingegen die blütenreichen Herznoten wie etwa von Jasmin, Rose, Tuberose oder Mimosen. Hier erklingen musikalisch übertragen geradezu „herz-schmelzende" Melodien von Violinen. Am längten haften die Düfte des Fonds, sie sind wie tief schwingende Töne eines Kontrabasses oder Saxophones. Schnuppern Sie mal am indischen Sandelholz und Sie wissen, was ich meine. Allein schon dessen Konsistenz!

Meine Parfum-Klassifizierung

Wie viele Duftfamilien es genau gibt, darüber kann man sich streiten oder es auch lassen - denn Parfümeure und Experten machen hier unterschiedliche Angaben. *Die meisten Vorgaben enthalten synthetische Riechstoffe und sind so für mich nicht verwendbar.* Folgende Klassifizierung habe ich in jahrelanger Praxis gefunden:

Sportive Noten: Zitrusartige, grüne Düfte - leicht, belebend, erfrischend. Auch nordische Hölzer sind Teil der Komposition oder aktivierende Noten wie

John Lennon zu Georg Martin: „Ich möchte das Sägemehl riechen können!“

Ein altes Zirkusplakat hing zuhause bei John Lennon (im Bild links im Jahr 1969), es inspirierte ihn zu einem neuem Album. Sein Wunsch war hierbei eine Zirkusatmosphäre entstehen zu lassen, Dies wurde vom Produzenten George Martin durch den Einsatz ungewöhnlicher Klangelemente erreicht - heute legendär das Album *Sgt. Pepper's Lonely Hearts Club Band* (Beatles 1967). (4)

Lemongrass (Zitronengras) und Rosmarin.

Florale Noten: Blumige Düfte spielen hier ihre Hauptrollen wie faszinierend sinnlicher Jasmin, der Duft roter Rosen und zarte Veilchen-Irisdüfte. Es ist dies die Familie femininer Parfums, von zart blumig, pudrig bis hin zu sinnlich, einfach unbeschreiblich weiblich.

Fougère-Noten (*Fougère* für französisch Farn): Basierend auf den Duftnoten Lavendel, Eichenmoos und Cumarin-artigen Düften. Typische Fougères findet man vor allem in der Herrenparfümerie. Allerdings lassen sie sich auch für Damen abwandeln.

Holzige Noten: Es handelt sich hier um Parfums auf Basis hochwertiger Hölzer. Das Spektrum ist weit, umfasst es doch kühle nordische Nadelhölzer bis hin zur erotisierenden Sandelholznote und warmem Zedernholz.

Chypre-Noten: Variationen der „Chypre-Familie“ findet man bei Damen- und Herrenparfums vor. Ihnen liegt ein Dreiklang zugrunde aus belebender Bergamotte, würzigen, nach Wald duftendem Akkord und mit erdigem eichenmoos-artigem Unterton.

Orientalische Noten: Dieser großen Parfumfamilie - für Herren und Damen - liegen schwere Düfte zugrunde. Harze wie Benzoe, Myrrhe und Weihrauch, Hölzer wie Sandelholz, Zeder und Gewürze wie Muskat, Nelke und Zimt gehören ebenso dazu wie animalische Assoziationen eines seltenen pflanzlichen Moschusduftes mit aphrodisierender Wirkung.

Asiatische Noten: Diese Klasse findet man bisher nicht in der Literatur. Es handelt sich um Parfums mit indischem Jasmin, edlen Osmanthusblüten und zarten Magnolien - alles leicht angelegt, eine eher verspielte Sinnlichkeit bei den Damen. Auch für Herren kommen die kostbarsten Düfte Asiens zur Geltung wie Oud und königlich-indisches Sandelholz.

Feminin - Maskulin

Florale Parfums sind eindeutig feminin, aber dann verschwindet auch schon eine deutliche Unterscheidung zwischen maskuliner oder femininer Klassifizierung. Diese ergibt sich eher in einem angestrebten Einzelfall. Grundsätzlich verbinden sich Parfums mit Pflanzen-Ingredienzien direkt mit der Haut der Trägerin, des Trägers. Die Persönlichkeit findet hier aufs Schönste ihren Ausdruck.

Was heißt „olfaktorisch?

Das Adjektiv „olfaktorisch“ bedeutet „den Geruchssinn/Riechnerv betreffend“. Der Begriff hat seinen Ursprung im lateinischen *olfacere* (riechen). Man spricht auch von einer olfaktorischen Wahrnehmung neben beispielsweise einer visuellen oder auditiven Wahrnehmung.

Parfums und Kosmetik

Parfums sind ein Teilbereich der Kosmetik. Interessant finde ich die ursprüngliche Bedeutung des Ausdrucks „Kosmetik“, der das Wort „Kosmos“ zugrunde liegt, was „Ordnung“ bedeutet (vom altgriechischen Adjektiv *kosmetikós*, aus dem Verb *kosméo* „ich ordne“). Wie bei meinen Parfums verwende ich für meine Kosmetik rein natürliche Zutaten, bevorzugt fair gehandelt und aus kontrolliert biologischem Anbau.

Fette Öle, Mandelöl

Ätherische Öle werden in der Regel verdünnt angewendet; bei Parfums mit hochprozentigem Weingeist, bei natürlichen Kosmetikprodukten greift man gern zu fetten Ölen oder Jojobawachs. *Grundsätzlich bedeutet ein Einölen und Einbalsamieren unserer Haut etwas Urgesundes; es ist, als würde man dem Organismus „reine Sonnenkraft“ zuführen.* Schonend hergestellte, hochwertige Pflanzenöle gelten als gespeicherte Sonnenenergie. Am günstigsten ist es, in eine noch leicht feuchte Haut nach dem Baden oder Duschen ein Körperöl einzumassieren. Bei meinen Rezepten verwende ich gern Mandelöl - aus mehreren Gründen. *Der Mandelbaum gehört zu den edlen Rosengewächsen und sein aus den Mandeln gepresstes Öl passt daher hervorragend zu hochwertigen Düften. Mandelöl stärkt im Besonderen unsere Mitte.* Auch handelt es sich um ein geruchsneutrales, eher farbloses fettes Öl (damit kaum Fleckenbildung in der Kleidung). (5)

Sprühfähigkeit, Armbeugetest

Falls der Sprühkopf Ihres Flakons nicht mehr funktioniert, kann es an Rückständen wie Fett- und Wachsanteilen von Absolues oder an Harzresten aus den Resionoiden liegen. Das mag helfen: *Frieren Sie Ihr Parfum über 24 Stunden im Gefrierfach ein und filtern Sie die eiskalte Flüssigkeit anschließend sofort über einen geruchsneutralen Papierfilter in ein Glasgefäß.* Anschließend umfüllen in den Sprühflakon.

Armbeugetest. Man sollte ein Parfum unbedingt auf der Haut testen, weil hier der eigene individuelle Hautduft mitspielt, was man allein auf einem Papiertester nicht wahrzunehmen vermag. Die Verträglichkeit eines Parfums testen Sie am besten mit einem „Armbeugetest“. Sprühen Sie hierzu ein wenig Parfum an die empfindliche Region in der Armbeuge, vorsichtig antupfen und 30 Minuten warten. Entwickelt sich eine Rötung, weitere 30 Minuten warten. Eine Hautreizung oder Pustelbildung zeigen, dass Sie das Parfum nicht vertragen und daher meiden sollten.

Dosierung und Grundsätzliches zu ätherischen Ölen

Ätherische Öle sind die flüchtigen Bestandteile von Pflanzen oder Pflanzenteilen, die durch Destillation mit Wasserdampf von dem übrigen biologischen Material getrennt werden. Daneben gibt es noch Zitrusdüfte, die durch Auspressung der Schalen gewonnen werden oder Blüten Absolues (Jasmin) sowie Resinoide (Harze) und Extrakte (Vanille, Tonka).

Bitte achten Sie beim Einkauf auf beste Qualität; sie sollten 100% naturrein und a) genuin, also naturbelassen sein b) authentisch – das heißt, sie enthalten nur das Öl der angegebenen Stammpflanze c) unverfälscht - sie enthalten keine synthetischen Zusätze d) sortenrein - sie werden nicht mit Fraktionen anderer Öle gestreckt.

Alle selbst angesetzten Mischungen gelten nur für den Eigenbedarf und sollten deutlich beschriftet werden mit Namen, Inhalt, Datum. Ätherische Öle sind hochwirksame Substanzen, die - falsch angewendet oder zu hoch dosiert - zu Nebenwirkungen führen können. Halten Sie sich deshalb bitte genau an die Anleitungen und angegebenen Dosierungen und verwenden Sie nur hochwertige Öle möglichst aus kontrolliert biologischem Anbau (kbA) - vor allem für Nahrungszubereitungen. Die Angaben über Dosierung und Applikation erfolgen außerhalb der Verantwortung der Autorin. Alle empfohlenen Rezepturen haben sich in der Praxis bewährt. Jede Leserin / jeder Leser ist jedoch aufgefordert, in eigener Verantwortung zu entscheiden, ob und inwieweit sie / er die ätherischen Öle einsetzt. (6)

Ätherische Öle, Resinoide, Absolues sind hochkonzentrierte Produkte.

Daher gilt es, folgendes zu beachten: A) Kindersicher aufbewahren. B) Wärme und Sonnenlicht mindern die Qualität der Rohstoffe; bitte an einem kühlen, dunklen Ort aufbewahren. C) Diese Rohstoffe sind entflammbar und brennbar (der Brennpunkt liegt zwischen 15° und 100°). Also bei der Arbeit kein offenes Licht und nicht rauchen. D) Nicht mit Augen oder Schleimhäuten in Berührung kommen. E) Achten Sie bei Anwendungen auf empfindliche Haut auf frische ätherische Öle.

Körper- und Massageöle, Körperbalsam
Im Mittel 30 bis 40 Tropfen ätherische Öle (Duftmischung) auf 100 ml fettes Öl. Man sollte möglichst im 2%igen Bereich bleiben.
Baden - Dosierempfehlung mit ätherischen Ölen (7)
Vollbad: Ätherische Öle, eingemischt in Sahne. Erwachsene: 7 - 10 Tropfen, Kinder: 3 – 5 Tropfen
Teilbad: Ätherische Öle, eingemischt in Sahne. Erwachsene: 3 - 6 Tropfen, Kinder: 1 – 2 Tropfen
Die Tropfenzahl hängt auch davon ab, wie intensiv die ätherischen Öle sind. Auch sind die Tropfer unterschiedlich groß; daher sind diese Mittelwerte von Fall zu Fall zu bewerten.
Wichtig: *Man sollte zum Baden mit ätherischen Ölen immer einen Emulgator verwenden; nur so vermischen sich diese lipophilen (fettfreundlichen) ätherischen Öle im Wasser*. Als Emulgator können Sie Sahne, Honig, Bioseife oder Salz nehmen. Geben Sie die Mischung kurz vor dem Einstieg in die gefüllte Badewanne (also nicht in den Wasserlauf, hierbei würden sich zu viele ätherische Öle verflüchtigen).

Schwangerschaft und Gebrauch ätherischer Öle im Bereich privater Wellness:
Ingeborg Stadelmann (Hebamme, Autorin, Referentin): „Schwangere Frauen haben fast immer einen sehr ausgeprägten Geruchsinn, so dass sie automatisch alle strengen und penetranten Gerüche meiden; ja, ihnen wird oft sogar schlecht von bestimmten Duftnoten. Dieser "Beschützer-Instinkt" muss unbedingt im Umgang mit ätherischen Ölen beachtet werden. Also nur die Öle verwenden, die sich wirklich gut anfühlen und grundsätzlich Öle mit neurotoxischen Inhaltsstoffen gänzlich meiden."
Meine Buch-Empfehlung zur Vertiefung: Ingeborg Stadelmann „Die Hebammen Sprechstunde", Stadelmann Verlag, 4. Auflage 2021

SCHWARZ

NACHT

(Aus dem Umkreis: Nächte)

Nacht! Oh du in Tiefe gelöstes Gesicht
an meinem Gesicht Du meines staunenden
Anschauns größtes Übergewicht

Nacht in meinem Blicke erschauernd
Aber in sich so fest
Unerschöpfliche Schöpfung
Dauernd über dem Erdenrest

Voll von jungen Gestirnen
Die Feuer aus der Flucht
ihres Saums schleudern
Ins lautlose Abenteuer des Zwischenraums

Wie durch dein bloßes Dasein
erschein ich Übertrefferin klein
Doch mit der dunklen Erde einig
Wag ich es in dir zu sein

Rainer Maria Rilke (1)

Zum Nachhören: Barbara Sukowa: „Aus dem Umkreis: Nächte"
RILKE PROJEKT CD 3 „Überfließende Himmel" Nr. 10 (2)

Nacht

Nacht! Oh du in Tiefe gelöstes Gesicht
an meinem Gesicht
Du meines staunenden
Anschauens größtes
Übergewicht

Nacht in meinem Blicke erschauernd
aber in sich so fest
Unerschöpfliche Schöpfung
Dauernd über dem Erdenrest

Voll von jungen Gestirnen
Die Feuer aus der Flucht
ihres Saums schleudern
Ins lautlose Abenteuer des
Zwischenraums

Wie durch dein bloßes Dasein
erschein ich
Übertrefferin klein
Doch mit der dunklen Erde einig
Wag ich es in dir zu sein

Rainer Maria Rilke

„Es ist besser eine Kerze anzuzünden als die Dunkelheit zu verfluchen"
Konfuzius (551 - 479 v.Chr.)

Inspirationen der Nacht

Als junge Frau war ich viel unterwegs, reiste längere Zeit in Asien umher, aber auch sehr viel innerhalb Deutschlands. Ich erinnere mich noch an diese besonderen Momente, bei denen wir nachts unterwegs waren. Die Häuser waren dunkel, alles schlief... nur wir waren wach und abenteuerlustig unterwegs. Es war ein Gefühl purer Freiheit, das ich hier spürte. Frei unterwegs zu sein, raus aus Normen, Vorgaben, dem Eigenen folgend. *Die Nacht kann einen dies spüren lassen.* Selbst für mich heute, die ich längst zu einer Lerche mutiert und Frühaufsteherin bin. Die Nacht inspiriert mich noch immer. Die besten Einfälle, Ideen kommen mir nachts.

Rainer Maria Rilke, um 1900

Die Nacht birgt auch das Dunkel.
Menschen haben jedoch auch Angst vor der Nacht und sind weit davon entfernt, im nächtlichen Leben eine Freiheit zu erkennen. Es fällt auf, wie häufig der Dichter Rainer Maria Rilke die Nacht erwähnt, das Dunkel, wie stark er sich mit diesen Themen auseinander gesetzt hat. Es zeigt sich in beispielsweise diesen bewegenden Worten, die er in einem Brief am 20. November 1904 an ein junges Mädchen schreibt:
... Möge das Leben Ihnen aufgehen, Tür um Tür; mögen Sie in sich die Fähigkeit finden, ihm zu vertrauen, und den Mut, gerade dem Schweren das meiste Vertrauen zu geben...Was von uns verlangt wird, ist, daß wir das Schwere lieben und mit dem Schweren umgehen lernen. Im Schweren sind die freundlichen Kräfte, die Hände, die an uns arbeiten. Mitten im Schweren sollen wir unsere Freuden haben, unser Glück, unsere Träume: da, vor der Tiefe dieses Hintergrunds, heben sie sich ab, da sehen wir erst, wie schön sie sind. Und nur im Dunkel der Schwere hat unser kostbares Lächeln einen Sinn; da leuchtet es erst mit seinem tiefen, träumenden

Licht, und in der Helligkeit, die es für einen Augenblick verbreitet, sehen wir die Wunder und Schätze, von denen wir umgeben sind. (3)

„Wenn du das Dunkle nicht siehst..."

Ähnlich bewegende Wort zum Dunkel hörte ich vom norwegischen Dichter Knut Ødegård, den ich erst vor kurzem entdeckte. Im Jahr 2019 beschäftigte ich mich mit dem Land Norwegen. Wie duftet Norwegen? Die Messe Frankfurt hatte mir einen Auftrag erteilt, einen „Norwegen-Duft" zu entwickeln, der für den Auftritt dieses Ehrengastlandes zur Frankfurter Buchmesse (16. bis 20. Oktober 2019) gedacht war.

Ich tauchte ein in die Musik des norwegischen Komponisten Edvard Grieg. (4) Es ist schon erstaunlich, wie sehr mich diese Klänge das mir ferne nordische Land in Skandinavien atmosphärisch näherbrachte, ja sinnlich erfahrbar machte. Man erspürt geradezu diesen Fjord-Geruch. Mit dem Klavierkonzert hatte der junge Edvard Grieg die Farben seines Heimatlandes gefunden, wie ein norwegischer Dirigent es ausdrückte. So entwickelte ich „Norway", eine aus reinen Naturdüften aufgebaute Komposition. Zu Gast während der Buchmesse war auch der Dichter Knut Ødegård, den ich zu diesem Zeitpunkt noch nicht kannte und somit während der Messe leider verpasste. Denn erst Wochen nach der Buchmesse hörte ich zufällig ein mich berührendes Gespräch dieses Dichters im Bayerischen Rundfunk. Knut Ødegård spricht auch über die Dunkelheit, für mich bewegende Worte, die ich hier auszugsweise wiedergebe: „Dunkelheit, wie lässt sie sich deuten? Als Seelenzustand, mit dem jeder für sich in seinem Leben individuell umzugehen hat. Und das ist positiv zu bewerten, *denn wenn du das Dunkle nicht siehst, kannst du auch das Licht nicht erkennen.* Eines ist vom anderen abhängig. Wir sprachen vorhin über den Evangelisten Johannes und waren uns einig: über das Wort, die Sprache können wir uns Gott nähern. Und ebenso ist das mit der Finsternis, durch sie finden wir zum Licht. Ich gehöre nicht zu denjenigen, die unentwegt vom Guten und Schönen schreiben. Ich möchte aufklären, die Wahrheit aufzeigen. Oft entwächst genau sie den dunklen Seiten des Lebens." (5)

Mutter

Ich habe eine Mutter in blauem Mantel.

Sie nimmt meine Hand, ich bin
klein, ich habe Angst, sie
führt mich.

Ihr Mantel ist
mit Sternen übersät.
Der Schnee ist sehr tief
hier, wo wir gehen, auf der nicht geräumten
Milchstraße: Sie
und ich.

Im nachtdunklen Raum - das Gedicht „Mutter“ von Knut Ødegård „Die Zeit ist gekommen“, aus dem Norwegischen übertragen von Åse Birkenheier, Elif Verlag, September 2019 (6)

Wo Licht ist, ist auch Dunkelheit. Die Zweiteilung der Welt in Hell und Dunkel, in helles Strahlen und düstere Finsternis sind duale Grundprinzipien der Wahrnehmung unserer Welt. Wer vom Licht reden will, der muss mit der Finsternis beginnen. Das gilt für die meisten Schöpfungsmythen. Der Anfang liegt buchstäblich im Dunkeln.

Schwarze Löcher

Wagen wir also einen weiten Blick ins Weltall und dem wohl Schwärzesten, dass wir in unserem Universum kennen: *den schwarzen Löchern.* Professor Harald Lesch, deutscher Astrophysiker und Wissenschaftsjournalist erläutert folgendes anschaulich in einem Youtube-Beitrag (meine Notizen) (7): Ein schwarzes Loch ist eine Art „Informationssenke". Es wird alles gleich gemacht, was da hineinfällt. Schwarze Löcher sind etwas Normales im Universum. Es gibt sie in Hülle und Fülle... Das nächste schwarze Loch ist 1500 Lichtjahre von uns entfernt und nicht viel größer als die Innenstadt von München. Der Wirkungsbereich ist quasi Null. Die Tatsache, dass Sie dies gerade lesen, dass es überhaupt diesen Planeten gibt, dass das Sonnensystem so aussieht wie es aussieht, bedeutet: Es ist in den letzten 4,5 Milliarden Jahren in diesem Teil der Milchstraße, in dem wir uns immer bewegt haben, in unserem Teil des Sonnensystems, offenbar zu keiner Begegnung der Sonne mit einem schwarzen Loch gekommen. Denn wenn ein schwarzes Loch von einer Sonnenmasse tatsächlich durch das Sonnensystem flöge, dann würde es uns nicht mehr geben. Denn die Masse hätte natürlich Auswirkungen, zum Beispiel auf die Stabilität der Planetenbahnen. Wenn wir heute in den Himmel schauen und sehen wie sich alles so bewegt, dann ist das ein Zeichen, dass wir in einem Teil der Milchstraße leben, in dem nichts los ist. „Kosmischer Hinterhof" nennt Prof. Lesch es, absolute „tote Hose". *Wir wären ansonsten nicht hier!*

Die Schwarzseher und der Pechvogel

Das absolute Schwarz ist in physikalischer Hinsicht die Farbe eines nichtleuchtenden Körpers, der alles Licht schluckt. Der Maler Wassily Kandinsky beschrieb Schwarz so: „Und wie ein Nichts ohne Möglichkeit, wie ein totes Nichts nach dem Erlöschen der Sonne, wie ein ewiges Schweigen ohne Zukunft und Hoffnung klingt innerlich das Schwarz.“ (8) Wer allerdings alles nur Schwarz sieht, ist eindeutig ein Pessimist. Und nicht nur in Großbritannien fürchtet man den „black look“, den bösen Blick. Die Briten sind wiederum bekannt für ihren schwarzen Humor. Mit ihm vermögen sie auch noch so ernsten Lebenssituationen wie Krankheit oder Tod eine skurrile Seite abzugewinnen. Es gibt jedoch Grenzen. Denn wer einen anderen anschwärzt, also bewusst Schlechtes über einen anderen verbreitet, zeigt eindeutig bösartiges Verhalten. Mit dem „schwarzen Freitag“ verbinden wir das Datum des 25. Oktober 1929, an dem die Aktienkurse ins Bodenlose fielen und so die internationale Weltwirtschaft ins Strudeln brachte. Und der sprichwörtliche Unglückrabe oder auch Pechvogel - wie könnte es anders sein - ist von schwarzer Farbe. Pech ist Holzkohlenteer. Wie ein Unglück das andere nach sich zieht, so zieht sich Pech klebrig in die Länge und wurde so zur sprichwörtlichen „Pechsträhne“.

Das Tor zur Anderswelt

Wir kennen alle Grimms Märchen „Frau Holle“ mit der fleißigen Goldmarie und der faulen Pechmarie, der am Ende als „Lohn“ ein Kessel klebrig schwarzes Pech übergeschüttet wird. Unser Holunder steht mit diesem Märchen in Verbindung. Wie steinzeitliche Funde belegen, ist der Schwarze Holunder einer der ältesten Kulturbegleiter des Menschen. Dabei war er nicht nur Nahrungs- und Heilmittel, sondern auch symbolbeladener Ahnen- und Totenbaum. (9) Der Holunderstrauch – ein traditioneller Schutzbaum, der auf dem Land gern in Hausnähe gedeiht – gilt als „Tor zur Anderswelt“.

Das Märchen erzählt von der Verbindung des Strauchs mit dem Totenreich, mit Frau Holle, der Verkörperung der germanischen Unterweltsgöttin Hel. Die

weißen duftenden Holunderblüten, die im Vollfrühling blühen, stehen für den Schnee, der aus den Betten geschüttelt wird und der tiefschwarze Beerensaft, den man im Spätsommer gewinnt, symbolisiert das Pech. *Allerdings strotzt diese Art von Pech nur so von Gesundheit* - siehe beim Kulinarisch Schwarzem.

Persephone oder Kore, Tondo einer attischen Schale um 470/60 v. Chr

Persephone, häufig schwarz dargestellt, ist in der griechischen Mythologie eine Toten-, Unterwelt- und Fruchtbarkeitsgöttin. Als Tochter des Zeus und seiner Schwester Demeter wird sie auch Kore oder Kora genannt, was „Mädchen" oder hier „Tochter" heißt.

Generell ist die Farbe Schwarz bei Kultfiguren auf antike Vorbilder zurückzuführen: So die „Große Göttermutter" Kybele und die ägyptische Totengöttin Isis. *Die Farbe Schwarz bei weiblichen Kultfiguren steht grundsätzlich für den Archetyp des mütterlichen, für Mutter Erde.* Auch im Christlichen finden wir diese Symbolik wie beispielsweise in der Wallfahrtskirche im bayerischen Altötting, dort ist es eine schwarze Muttergottes. Zahlreiche Votivtafeln mit den Sorgen und Nöten der Pilger weisen darauf hin: ihr, der Gottesmutter, kann man seine Sorgen darbringen. Maria, Mutter Jesu und „Schmerzensmutter", hatte mitansehen müssen, wie ihr eigener Sohn verhöhnt, gegeißelt und schließlich ans Kreuz genagelt wurde. Sie kennt die tiefsten Tiefen des Schmerzes.

Schwarzer Tod und schwarze Kutten

Als „Schwarzer Tod“ wird eine der verheerendsten Pandemien der Weltgeschichte bezeichnet, die zwischen 1346 und 1353 in Europa geschätzte 25 Millionen Todesopfer, ein Drittel der damaligen Bevölkerung, forderte. Als Ursache gilt die durch das Bakterium *Yersinia pestis* hervorgerufene Pest. (10) Die Assoziation Schwarz mit Tod hängt mit menschlichen Grunderfahrungen zusammen: der helle Tag bedeutet Leben, nachts aber schläft man. Und der Schlaf gilt als der kleine Bruder des Todes.

Wer am Wahltag „schwarz wählt“, wählt konservativ. Viele christliche Orden wählten Schwarz zur Farbe ihrer Gewänder. Dabei ist Schwarz nicht nur für das katholisch geprägte Christentum reserviert, sondern gilt insbesondere auch als typische Farbe der evangelischen Kirche. Der Reformator Martin Luther machte mit dieser Farbwahl seine Überzeugung sichtbar, dass Priester Gott nicht näherstünden als gläubige Laien. Bei seinen Predigten trug er keine farbigen liturgischen Gewänder, sondern glich sich mit dem Schwarz dem allgemeinen Kirchgänger an.

In christlicher Symbolik wird mit Weiß die Auferstehung symbolisiert, schwarz hingegen ist die Farbe des Todes und somit die Farbe, in der Verstorbene zu Grabe getragen werden. In Trauer zu sein zeigte sich in der Öffentlichkeit auch durch den Verzicht auf farbenfrohe Kleidung. Aber diese äußere Geste befindet sich in einer gesellschaftlichen Wandlung. So habe ich eine Beerdigung in jüngster Zeit miterlebt, bei der erwünscht war, sich nicht in Schwarz zu kleiden. Es wurde die rockige Lieblingsmusik der Verstorbenen gespielt und auch die Trauerrede war eher eine Rede des Gedenkens an schöne gemeinsame Erinnerungen - grundsätzlich hoffnungsvoll. Der Tod wird bei vielen Menschen nicht mehr als ein Ende angesehen, sondern als ein Übergang.

Das dunkle Böse

Das dunkle Böse agiert heute verborgen im Darknet. Der Zugriff auf dieses digitale Netz ist nicht ohne weiteres möglich. Dunkle Kräfte, dunkle Absichten, dunkle Genossen, die im Dunklen agieren und im Dunklen bleiben wollen. Schwarz und Rot können zu Grundfarben der Bedrohung, der Brutalität und des Lärms werden... Schwarz wurde zur faschistischen Farbe – besonders Angst einflößend in Verbindung mit dem Rot der Hakenkreuzfahnen (Rot = Blut). Die Nazis wussten leider nur zu gut mit der Symbolkraft von Farben und Elementen, Menschen zu verführen, so durch perfekt initiierte Massenveranstaltungen wie den nächtlichen leuchtenden Fackelzügen. Alle politischen Gruppierungen, deren Mitglieder sich als Herren über das Leben anderer verstehen, beziehen sich auf die Symbolfarbe des Todes, auf Schwarz, um auszudrücken, dass sie für ihre Überzeugungen bereit sind über Leichen zu gehen. „Herren über das Leben", es fällt auf, dass dies meist männlich geprägte Machtstrukturen sind, bei denen Frauen, das Weibliche erniedrigt, unterdrückt, vergewaltigt wird.

In Studien über das „Dunkle", im Sinne des Bösen, fand ich anschauliche Erläuterungen in anthroposophischen Schriften. Dies führe ich in meinem Buch und Kunstprojekt „Vater unser Land" näher aus. (11)

Kohle, Erde, Lehm und Ruß

Während einer Londonreise weilte ich lange vor Leonardo da Vincis Zeichnung „Heilige Anna Selbdritt" (im Bild links), auf der die Jungfrau mit Kind, die heilige Anna und der heilige Johannes dargestellt sind. Während seiner Romreise im Jahr 1501 zeichnete Leonardo diesen Karton mit Kohle und Kreide - weiche Materialien, mit denen er die runden Gliedmaßen des Jesuskindes und die Zärtlichkeit im Gesichtsausdruck der Mutter dezent herausarbeitete. Es ist erstaunlich wie ein solches Kunstwerk mit einer Phase äußerster Konzentration beginnt, die dem sorgfältigen Zerreiben oder Zermahlen eines Stückchens dunklen Gesteins, dunkler

Erde, Lehm oder Ruß voran geht. Die gesättigten und durchscheinend bunten Farben kommen später. Zum Schluss werden die Lichter gesetzt, die die dunklen Töne und Schatten brauchen, um den Eindruck von Wirklichkeit zu erzeugen. Derartige Skizzen besitzen eine Ausdruckskraft, die dem fertigen Werk manchmal fehlt, so „spontan aus dem Feuer der Kunst geboren". (12)
Heute sind die beliebtesten schwarzen Pigmente Beinschwarz bzw. Elfenbeinschwarz und Kernschwarz/Rebschwarz. Beinschwarz hat einen leichten blauen Schimmer. Es ist das bekannteste und meist gebrauchte Schwarz in der klassischen Malerei.

Das Schwarzfärben

Beim Schwarzfärben von Kleiderstoffen gab es einige Möglichkeiten. Besonders billig war das „Armenschwarz", das allerdings eher ein Dunkelgrau ist. Um ein Kilo Wolle schwarz zu färben, braucht man vier Kilo Erlenrinde. Für intensives Schwarz wurden Galläpfel verwendet, was aufwendiger und damit teurer war. Die Galläpfel entstehen durch Gallwespen, die in die Blätter von Bäumen stechen zur Eierablage, wobei die beste Sorte sich an Eichenblättern ausbildet. Aus Eichengalläpfeln wurde bis vor einigen Jahrzehnten Tinte hergestellt. Die Beliebtheit für schwarze Kleidung wuchs, nachdem Indigo in größeren Mengen nach Europa eingeführt wurde. Denn ein mit Indigoblau überfärbtes Gallapfelschwarz ergab ein sehr schönes Schwarz. Mit der Entdeckung Amerikas kam Blauholz nach Europa und damit wurde es möglich, Stoffe in edelstem Schwarz zu färben. Schwarz wurde nobel.

Die Farbe der Individualisten

Das Attribut „schwarz“ verweist auf Verbotenes: Schwarzarbeit und Schwarzhandel sind ungesetzlich. Nicht nur in Spielfilmen werden „schwarze Koffer“ mit Millionenbeträgen an der Steuer vorbei über Grenzen gebracht. Der Existentialismus wurde um 1950 zur Modephilosophie. Die Weltanschauung ließ sich auch in der Kleidung zum Ausdruck bringen - so etwa bei den Anhängern des französischen Philosophen Jean Paul Satre, die mit Vorliebe Schwarz trugen. Die französische Sängerin Juliette Grecco verkörperte perfekt diesen Trend mit ihren schwarz umrandeten Augen, dem dunklem Haar und dem Tragen schwarzer Kleidung. Schwarz gilt nach wie vor in der Mode als eine Ausdrucksform für Individualität und Abgrenzung bis hin zur Rebellion gegen das Establishment, die sich beispielsweise in der für Rocker typischen schwarzen Lederkluft zeigt.

Form follows function ist das Leitmotiv des klassisch-modernen Design. Es bedeutet Verzicht auf Schnörkel, überflüssige Muster und Farben. Neutrales wird bevorzugt wie Schwarz, Weiß oder Grau. In eleganten Schnitten und Stoffen erhält schwarze Kleidung in ihrer Purheit einen Ausdruck von Vornehmheit und Sorgfalt. Eleganz verlangt den Verzicht auf Pomp, auf exaltierte Auffälligkeit. Das „kleine Schwarze“, kreiert von Coco Chanel 1930, ist auch heute noch ideal für alle formellen Gelegenheiten. In der konservativen Herrenmode wird deutlich: Elegante Anzüge, Smoking und Frack sind immer schwarz. „Schwarz hat als geheimnisvolle Farbe ihre Anziehung nie verloren. Durch ihre tiefenpsychologische Dynamik, Erotik, Leben und Tod miteinander verbindend und gleichzeitig einen starken Freiheitsimpuls anklingen zu lassen, bleibt Schwarz aktuell.“ (13)

Kraftvolle Schutzräume

Göttliches wird nicht nur mit der Farbe Weiß verknüpft, wie im Kapitel „Weiß“ ausgeführt, sondern auch mit Schwarz.
Im tibetischen Buddhismus gibt es männliche und weibliche Buddha-Aspekte, die als Schutzkräfte angerufen werden können. Schwarz hat hier den Ausdruck von Stärke, damit ist eine kraftvolle Hilfe gemeint. In der westlichen Kultur werden diese Darstellungen oft missverstanden wie etwa die Ketten mit Totenschädeln, die diese Schutzkräfte tragen. Sie symbolisieren den Sieg über egoistische Auswüchse wie Gier, Neid, Hass oder Ignoranz.

Kolkrabe - die größeren Vertreter werden als „Raben“, die kleineren als „Krähen“ bezeichnet.

Interessant ist die Tatsache, dass die in der heutigen westlichen Kultur verschmähten schwarzen Vögel, Raben und Krähen im buddhistischen Kontext, als bedeutsame Vögel im Umkreis dieser Schutzkräfte angesehen werden.

Eine ähnliche Sicht finden wir auch in alten nordischen Mythen, wo die beiden Raben Hugin und Munin als weise Begleiter Odins dienen.

Kulinarisch Schwarzes

Wenn man sich die Palette an schwarzen Lebensmitteln einmal anschaut, ist man doch erstaunt über deren Vielfalt. Farbiges Essen schließt das „fast Schwarze" wie etwa die überaus gesunden Holunder- und Heidelbeeren oder Brombeeren mit ein. Es handelt sich hier um in unserem Kulturraum seit Generationen wild gepflücktes „Super Food".

Dass das Gute oft so nah ist, pries schon der gute Pfarrer Kneipp, etwa bei der Holunderbeerenkur im Herbst (14): „Meine selige Mutter hat alle Jahre vierzehn Tage bis drei Wochen lang eine solche Holunderkur vorgenommen. Diese war der Hauptgrund warum die Altvordern noch vor fünfzig bis sechzig Jahren mindestens ein paar Holunderstämme vors Haus pflanzten. Wie die hohen Herrschaften heutzutage zu der teuren Traubenkur wandern, oft nach fernen Ländern (er meinte hier Norditalien), so gingen unsere Eltern und Großeltern in die Kur zum Holunderbaum, der sie in nächster Nähe so billig und oft viel besser bediente."

Weiter haben wir zum Genuss schwarze Johannesbeeren, Schwarzbrot, Schwarzwurzeln, italienische schwarze Nudeln, Sojasoße, schwarzen Rettich, schwarze Trüffel, schwarzen Sesam, Schwarzkümmel, Kaviar, Belugalinsen, Mohn, Lakritz, dunkle Schokolade, Schwarzbier, schwarzen Tee und Kaffee. Gehören in diese Aufzählung auch schwarze Oliven? Das muss ich verneinen, denn diese Art Oliven werden mit Eisen-II-Gluconat oder Eisen-II-Laktat künstlich schwarz gefärbt, weil man ihnen keine Zeit zum Reifen gelassen hat. Man erkennt es ganz leicht daran, dass die Kerne noch hellgrün sind.

Anthocyane: Das sind natürliche Pflanzenfarbstoffe, die Obst und Gemüse blau, lila oder fast schwarz erscheinen lassen. Brombeeren enthalten zum Beispiel viele Anthocyane. *Sepia*: Die dunkle „Tinte" des Tintenfisches dient eigentlich zur Abwehr von Feinden und wird traditionell zum Färben der italienischen schwarzen Nudelspezialität genommen.

Und wie duftet nun Schwarz?

Vetiver, ein Duft, der aus Wurzeln des asiatischen Grases *Vetiveria zizanoides* gewonnen wird, gibt in ein Parfum Tiefe. Mich erstaunt die enorme Bandbreite, in denen man Vetiver in unterschiedlichste Parfumklassen einzusetzen vermag. Besonders Männer lieben diesen erdig tiefen Duftton; er geht eindeutig in die Richtung „noir".

Selten und nur für Einzelanfertigungen kommt echtes Oud oder Adlerholz (*Aquilaria agallocha*) infrage. Das kostbare, schwer-erdig duftende Öl hat eine beeindruckend tief gehende Wirkung auf psychische Prozesse und vermag Reifungsprozesse in Gang zu bringen. Die vielen verschiedenen Duftnuancen dieses einzigartigen Räucherstoffes Oud bewusst wahrzunehmen, wird in Japan als Weg der inneren Vervollkommnung durch Achtsamkeit bezeichnet.

ART PARFUM **NOCTURNE**

Frédéric Chopins „Nocturnes", Solostücke für Klavier und Rilkes „Nacht Poesien" inspirierten mich zum Parfum NOCTURNE organic. Es umhüllt uns wie ein schützender Mantel. Erdende Ingredienzien bilden im Fond eine wohltuende Basis. So gestärkt treten wir hinaus auf die Bühne der Welt. Und in der Nacht - unter Mondenglanz und funkelnden Sternen - wird es ganz still. Der lichte Morgen gebärt Inspirationen, ganz neue Impulse.

Schwarzer Pfeffer*, Vetiver*, Oud (Adlerholz), Kakaoextrakt (15)

REZEPTE

„Earth“ *Unisex Eau de Cologne*
3 Tropfen Vetiver *Vetiveria zizanoides*
3 Tropfen Neroli *Citrus aurantium ssp. amara*
10 Tropfen Grapefruit *Citrus paradisii*
etwa 90 ml Sandelholzwasser *Santalum album*
9 ml Wodka oder Doppelkorn (geruchsneutraler Alkohol)
Lösen Sie die ätherischen Öle wie hier das zähflüssige Vetiver zuerst in einem kleinen Kosmetik-Mörser mit dem Alkohol. Verrühren Sie da hinein auch Neroli und Grapefruit. Geben Sie nun diese Duft-Alkohol-Mischung direkt in die Flasche mit dem Sandelholzwasser. Vor dem Auftrag bitte schütteln.

Hinweis
Dieses einfach herzustellende Eau de Cologne dient der Erfrischung. Die Basisdüfte Sandelholz und Vetiver vermögen uns zu erden. Tipp: Pflanzenwässer kann man oft bereits in einer Sprühflasche kaufen.

„Holdermus“ *á la Pfarrer Kneipps Mutter*
500 g schwarze Holunderbeeren
5 Pflaumen
2 - 3 Birnen
1/2 bis 1 Liter Wasser
Zimtstange
1 EL Mehl
1 EL Milch
Birnendicksaft (oder Agavendicksaft)

- Reife Holunderbeeren abzupfen. Die Beeren, Pflaumen und Birnen kurz waschen. Birnen schälen, Kerngehäuse entfernen und in kleine Würfel schneiden. Pflaumen entsteinen und vierteln.
- Die Beeren und das Obst mit Zimtstange und Wasser in einem Topf zum Kochen bringen, bei schwacher Hitze ca. 30 Minuten köcheln lassen.

- Das Mehl mit der Milch anrühren, dem Mus beigeben und nochmals kurz aufkochen lassen. Die Zimtstange entfernen und mit Birnendicksaft nach Belieben etwas süßen.

Hinweis

Dieses traditionelle Allgäuer Rezept für das Holundermus entstammt der Ausstellung „Wildwuchs" - von Gerti Epple, der Vorsitzenden des Allgäuer Kräuterland Vereins. Im Jahr 2009 absolvierte ich eine Jahresausbildung zur Allgäuer Wildkräuterführerin: www.allgaeuer-kraeuterland.de.

„Black Goddess" ***köstliches Dessert***

100 ml Holunderbeerensaft

150 ml Rahm-Joghurt (10% Fettanteil)

ca. 80 g Bio-Zucker (je nach Süße des Saftes weniger nehmen)

Saft einer 1/2 Zitrone

4 Blatt Bio-Blattgelatine

150 g Schlagsahne

- Gelatine in kaltem Wasser 10 Minuten einweichen. Holundersaft, Zitronensaft und Joghurt mit dem Zucker mischen.
- Die Gelatine mit etwas heißem Wasser auflösen und dann die kalte Masse nach und nach in die aufgelöste Gelatine rühren (nicht umgekehrt). In den Kühlschrank stellen.
- Wenn die Creme anfängt fester zu werden, die steif geschlagene Sahne unterrühren, in Schalen füllen, kurz nochmals kühlen und servieren.

Hinweis

Den Holunderbeerensaft bereite ich jedes Jahr im Spätsommer aus den reifen schwarzen Holunderbeeren mit einem Dampfentsafter zu. Hierfür muss man nicht umständlich die Holunderbeeren abzupfen, sondern schneidet die dickeren bitteren Stängel der Beerendolden mit einer Schere ab. Die Holunderbeeren haben harte kleine Kerne, daher bereite ich aus den Beeren keine Marmelade, sondern ein Teil des Saftes verarbeite ich, mit etwas Zitronensaft, auch als feine Gelee.

Alles ist eins

Einmal, am Rande des Hains,
stehn wir einsam beisammen
und sind festlich, wie Flammen-
fühlen: Alles ist eins.

Halten uns fest umfasst;
Werden im lauschenden Lande
Durch die weichen Gewande
Wachsen wie Ast an Ast.

Wiegt ein erwachender Hauch
Die Dolden des Oleanders:
Sieh, wir sind nicht mehr anders,
und wir wiegen uns auch.

Meine Seele spürt,
dass wir am Tore tasten.

Und
Hast

Und
So her
Und

Und
unser
wird
aus

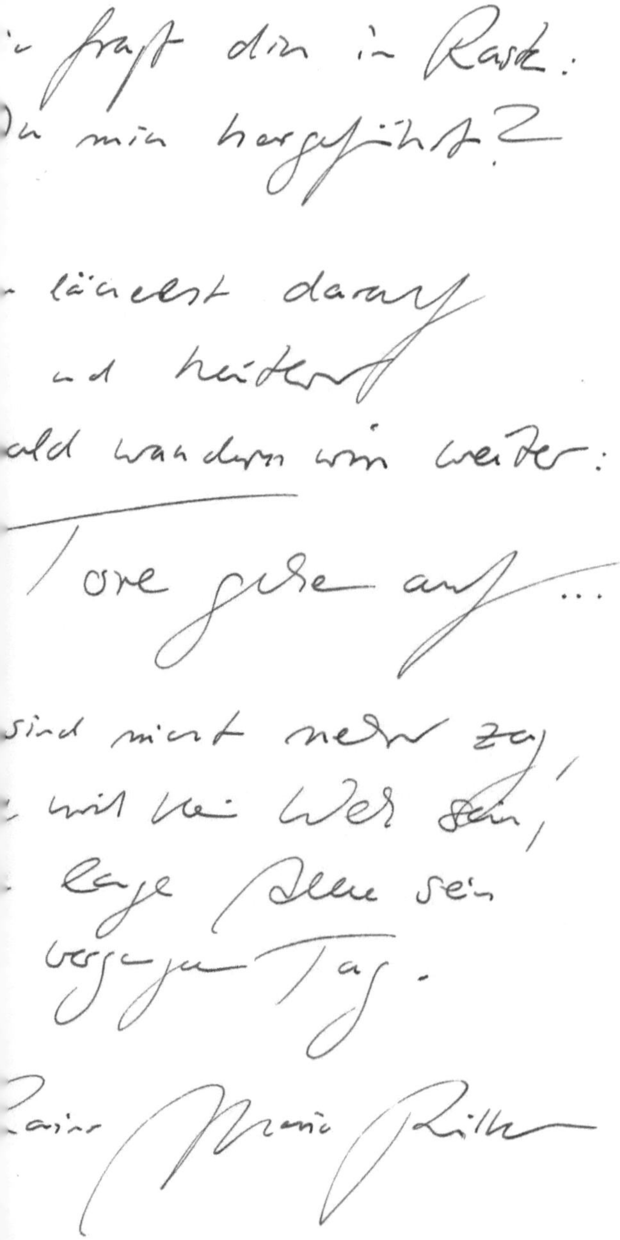

ALLES IST EINS

Einmal, am Rande des Hains,
stehn wir einsam beisammen
und sind festlich, wie Flammen –
fühlen: Alles ist eins.

Halten uns fest umfaßt;
Werden im lauschenden Lande
Durch die weichen Gewande
Wachsen wie Ast an Ast.

Wiegt ein erwachender Hauch
Die Dolden des Oleanders:
Sieh, wir sind nicht mehr anders,
und wir wiegen uns auch.

Meine Seele spürt,
daß wir am Tore tasten.
Und sie fragt dich im Rasten:
Hast Du mich hergeführt?

Und Du lächelst darauf
So herrlich und heiter
Und: bald wandern wir weiter:
Tore gehen auf...

Und wir sind nicht mehr zag,
unser Weg wird kein Weh sein,
wird eine lange Allee sein
aus dem vergangenen Tag.

Rainer Maria Rilke (16)

Zum Nachhören: Iris Berben: „Alles ist eins“ RILKE PROJEKT CD 2 „In meinem wilden Herzen“ Nr. 13 (17)

Nachwort

Vor ein paar Monaten hatte ich als Datum für mein Vorwort den 1. Mai 2020 notiert, einfach aus einem Gefühl heraus. Alle meine Vorworte tragen ein besonderes Datum, also auch dieses Werk. Und nun ist heute wirklich der 1. Mai 2020, während ich die allerletzten Zeilen schreibe. Solche Zeichen sind für mich wie ein „Himmels-Geschenk", die einem zeigen, „du liegst richtig in deinem Tun". Geht es Ihnen nicht auch ab und an so? Lesen Sie dazu meine Ausführung unter dem Stichwort „Synchronizität" (siehe Seite 307, beim Estragon).

Die Schlussworte lasse ich einen Astronauten sprechen, der in einer Videoinstallation der Künstlerin Rachel Rose zu sehen und zu hören ist (18): „Als ich nach 128 Tagen im Weltraum wieder zur Erde zurückkam, Schritte aus der Raumfähre hinaus... ich legte mich auf die Liege und ließ mich wegtragen, weil die Schwerkraft sich so schwer anfühlte, meine Armbanduhr fühlte sich an wie eine Bowlingkugel an meinem Arm. Das Gewicht deines eigenen Körpers ist überwältigend, aber...

ALLE SINNE SIND GESCHÄRFT.

Zum Beispiel sind die Luftreinigungssysteme im Weltraum so effektiv, dass es nur sehr wenige GERÜCHE gibt. Die Filter sind so gut. Und wenn die Tür, also die Klappe der Raumfähre, geöffnet wird, ist man überwältigt vom GERUCH des Grases und der Luft... Deine Sensibilität ist viel größer..." Sein Bericht endet mit der folgenden ergreifenden Schilderung: „Ich dachte, ich würde halluzinieren. Ich konnte es nicht glauben, dass das, was ich sah, die ganze Erde war, und dass sie diese FARBEN hatte, die ich noch nie zuvor gesehen hatte: diese PASTELTÖNE, die HELLIGKEIT, die DUNKELHEIT und FARBEN, tiefe BLAU- und GRÜNTÖNE in den Ozeanen, auf dem Land, und ich hatte keine Vorstellung davon, dass die Erde fast wie ein anderes Raumschiff aussieht, lebendig mit Vegetation und Wasser, sie sah aus wie ein im Dunkeln funkelnder Juwel."

Ätherische Öle können als von der Pflanze in Substanz verwandelte Sonnenwärme angesehen werden, die mittels Destillation gewonnen wird. Charakteristisch sind ihre Düfte und Aromen. Sie geben viel vom Wesen der Pflanze preis; sie beruhigen, entspannen oder regen an. Es ist eine Freude, ART PARFUM - eine PARFUM-KUNST - mit diesen „lebendigen Ingredienzien“ entwickeln zu können.

www.art-parfum.eu

Anmerkungen - Buch Gesamtausgabe

VORWORT
(1) Rainer Maria Rilke: Frühe Gedichte, 19.1.1898, Berlin-Grunewald
(2) Rilke Projekt CD 3: „Überfließende Himmel“ (Nr. 5), Barbara Sukowa: „Vor lauter Lauschen und Staunen sei still“, https://www.schoenherz-fleer.de/rilke-projekt
(3) Hier finden Sie Presseartikel und weitere Informationen zum Parfum LUCE DI SEGANTINI: https://www.art-parfum.eu/luce-di-segantini
(4) Die Parfum Lancierung fand am 6. August 2016 statt: https://suvrettahouse.ch/
(5) SCHÖNHERZ & FLEER haben wichtige nationale und internationale Auszeichnungen für das RILKE PROJEKT erhalten, u.a. den Internationalen Buchpreis „Corine“ in der Kategorie „Hörbuch.“ In der Kategorie „Innovation“ wurden sie für den deutschen Hörbuchpreis nominiert. Die FAZ beschrieb den Eindruck, den das Projekt hinterlässt, so: „Es ist Ernsthaftigkeit und Respekt im Umgang von Wort und Musik, was diese Produktion auszeichnet: sie ragt weit hinaus über die schnellen Geläufigkeiten des Popgeschäfts.“ Immer wieder wird in den Rezensionen betont, dass das Rilke Projekt es schafft, den Gedichten Rainer Maria Rilkes ein modernes Gewand zu verleihen:
CD 1 des RILKE PROJEKTES „Bis an alle Sterne“ erschien in 2001, es folgten CD 2 „In meinem wilden Herzen“, CD 3 „Überfließende Himmel“ und im November 2010 CD 4 „Weltenweiter Wandrer“, http://www.schoenherz-fleer.de
(6) In St. Moritz befindet sich das SEGANTINI MUSEUM mit vielen Originalen des Malers: http://www.segantini-museum.ch/
(7) Kunstprojekt IMAGINE - siehe hier: https://www.art-parfum.eu/kunstprojekte

WEISS
(1) Rainer Maria Rilke, Die Gedichte 1906 bis 1910 (Paris, vor dem 7. Februar 1909)
(2) Rilke Projekt CD 1: „Bis an alle Sterne“ (Nr. 1), Nina Hagen: „Die Welt die monden ist“, http://www.schoenherz-fleer.de/rilke-projekt
(3) Der Vorfrühling im phänologischen Kalender beginnt meist Ende Februar oder Anfang März.
(4) Astrid Süßmuth: Newsletter Februar 2020, https://www.vomgletscherzumsteinkreis.de
(5) Bastian Berbner „Wie rassistisch sind Sie?“ DIE ZEIT Nr. 30 vom 15. Juli 2020, Seiten 13 - 15
(6) Dr. Eva Heller, „Wie Farben wirken“, Rowohlt Verlag GmbH, Reinbeck, Juni 1989, Seite 148
(7) Die mit „Sternchen“ gekennzeichneten Düfte - ausführliche Duftportraits finden Sie hier: Beate Nagel „ART PARFUM Neue Wege zu altem Wissen“, ART PARFUM Verlag, Juni 2019
(8) Dr. Wolf-Dieter Storl „Am Anfang war die Wurzel“, Forum Essenzia e.V. Heft „Wurzeln“ Nr. 12/1997, Seiten 2 – 6: http://www.forum-essenzia.org/zeitschrift/alle-ausgaben/index.html
(9) Dipl. Biologin Ruth von Braunschweig, „Kraftvolle Inhaltsstoffe der Angelikawurzel: die Monoterpene“, Forum Essenzia e.V. Heft „Wurzeln“, Nr. 12/1997, Seiten 15-16: http://www.forum-essenzia.org/zeitschrift/alle-ausgaben/index.html
(10) Little Buddha ist ein Film von Bernardo Bertolucci aus dem Jahr 1993 mit Keanu Reeves, Bridget Fonda, Chris Isaak und Alex Wiesendanger. Regie Bernardo Bertolucci, https://www.zweitausendeins.de/filmlexikon/?sucheNach=titel&wert=55141
(11) Vergl. Prof. Paolo Rovesti, „Auf der Suche nach den verlorenen Düften – Eine aromatische Kulturgeschichte“, IRISIANA Verlag 1995
(12) Prof. Dr. Dr. Dr. Hanns Hatt – Regine Dee „Das Maiglöckchen-Phänomen“, Piper Verlag GmbH, München 2008, Seite 267
(13) Marie-Louise Oschatz, Forum Essenzia e.V. Heft Nr. 51/2018, Seite 3: http://www.forum-essenzia.org/zeitschrift/alle-ausgaben/index.html

(14) Siehe Duftportrait Myrte: Beate Nagel „ART PARFUM Neue Wege zu altem Wissen", ART PARFUM Verlag, Juni 2019, Seite 230
(15) Claudia Gröschel, „Der Süden im Norden, Orangerien – ein fürstliches Vergnügen", Staatliche Schlösser und Gärten Baden-Württemberg (Hrsg.), Verlag Schnell & Steiner, Regensburg, 2004, Seite 8
(16) Eliane Zimmermann, Blog „Neroliöl", http://aromapraxis.de/aroma-blog/
(17) Vergl. Die Anregung zu diesem Rezept kommt von Nigella Lawson „Verführung zum Kochen", Dorling Kindersley Verlag, 2004

FARBIGE BUDDHA-WELTEN
(1) Vergl. Chögyam Trungpa „Ich komme aus Tibet. Die Weisheit der Meister. Die Todeskarawane. Flucht im Himalaja", Walter Verlag Januar 1970. Chögyam Trungpa (28. Februar 1939 – 4. April 1987 in Kanada) wurde vom XVI. Gyalwa Karmapa als XI. Trungpa Tulku erkannt und erhielt von Kind auf eine traditionelle Ausbildung in Tibet, wie es für den höchsten Abt der Surmang Klöster üblich war. In Nordamerika gründete er die Organisation Vajradhatu mit zahlreichen Meditationszentren, Shambhala-Training und die Naropa Universität - Chögyam Trungpa, „Feuer trinken, Erde atmen", Eugen Diederichs Verlag, 1982
(2) Vergl „Kurze Farblicht Meditation" ist ein Auszug aus: Beate Nagel „Vater Unser Land – Betrachtungen als Blog on Paper", ART PARFUM Verlag, Februar 2020

ROT
(1) Rainer Maria Rilke, Die Gedichte 1906 bis 1910 (Paris, vor dem 7. Februar 1909)
(2) Rilke Projekt CD 1: „Bis an alle Sterne" (Nr. 16), Otto Sander: „Die Welt steht auf mit euch", http://www.schoenherz-fleer.de/rilke-projekt
(3) Siehe Duftportrait Weihrauch / Olibanum: Beate Nagel „ART PARFUM Neue Wege zu altem Wissen", ART PARFUM Verlag, Juni 2019, ab Seite 315
(4) Vergl. Dr. Eva Heller, „Wie Farben wirken", Rowohlt Verlag GmbH, Reinbeck, Juni 1989, Seite 54
(5) https://www.stern.de/lifestyle/mode/ratgeber-herrenmode/nie-wieder-----rosa-herrenhemden--3226980.html
(6) Vergl. Chögyam Trungpa, „Feuer trinken, Erde atmen", Eugen Diederichs Verlag, 1982, Seiten 102-103
(7) Die mit „Sternchen" gekennzeichneten Düfte - ausführliche Duftportraits finden Sie hier: Beate Nagel „ART PARFUM Neue Wege zu altem Wissen", ART PARFUM Verlag, Juni 2019
(8) Siehe Duftportrait Moschus Beate Nagel „ART PARFUM Neue Wege zu altem Wissen", ART PARFUM Verlag, Juni 2019, ab Seite 193
(9) Heilungssystem aus dem alten Griechenland, das heute in weiten Teilen Indiens und Pakistans gelehrt wird.
(10) Vergl. „Tausendundeine Nacht" nach der ältesten Handschrift in der Ausgabe von Muhsin Mahdi, erstmals ins Deutsche übertragen von Claudia Ott, Verlag C.H.Beck, 2004.
(11) Während meiner Tätigkeit als Projektleiterin, Parfümeurin für Aromata International GmbH in 87477 Sulzberg, Geschäftsführer Kurt L. Nübling.
(12) Theophrastus Bombast von Hohenheim, (*1493 oder 1494 - 1541) bekannt mit dem Namen Paracelsus, war ein Schweizer Arzt und Philosoph.
(13) Dr. Bharat B. Aggarwal, „Heilende Gewürze", Narayana Verlag, Kadern 2014, Seite 255
(14) Grenada, offiziell Staat Grenada (englisch State of Grenada), ist ein Inselstaat und der Name einer hierzu gehörigen Insel der Kleinen Antillen, die geographisch zu den Inseln in der Karibischen See gehört.
(15) Dr. Bharat B. Aggarwal, „Heilende Gewürze", Narayana Verlag, Kadern 2014, Seite 206
(16) Eliane Zimmermann, Blog „Rosmarinöl": http://aromapraxis.de/aroma-blog/
(17) Simon & Garfunkel, siehe: https://www.simonandgarfunkel.com/ Der ursprüngliche Text

entstammt einem alten englischen Volkslied in dem Scarborough, eine nordenglische Küstenstadt, als wichtiger Treffpunkt – die große Handelsmesse Scarborough Fair - für Kaufleute genannt wird. Den englischen Songtext von Simon & Garfunkel sowie die deutsche Übersetzung finden Sie hier: https://de.wikipedia.org/wiki/Scarborough Fair.
(18) Dr. Bharat B. Aggarwal, „Heilende Gewürze", Narayana Verlag, Kadern 2014, Seite 284
(19) Prof. Dr. Dr. Dietrich Wabner, Dr. Christiane Baier, „Aromatherapie - Grundlagen, Wirkprinzipien, Praxis", Urban & Fischer Verlag, 2. Auflage 2011, Seiten 264 - 269
(20) „Allgäu-Süden Gewürzkräuter" kann man beziehen bei „Kräuter Craemer", z.B. auch online: www.kraeutercraemer.de

DÜFTE, FARBEN LÖSEN GEFÜHLE AUS
(1) Vergl. Prof. Hanns Hatt – Regine Dee „Das Maiglöckchen-Phänomen", Piper Verlag GmbH, München 2008, Seite 85
(2) Dr. Eva Heller, „Wie Farben wirken", Rowohlt Verlag GmbH, Reinbeck, Juni 1989
(3) Prof. Hanns Hatt – Regine Dee „Das Maiglöckchen-Phänomen", Piper Verlag GmbH, München 2008, Seite 86
(4) Ebd.
(5) Vergl. Prof. Dr. Dr. Dr. med. habil. Hanns Hatt - Lehrstuhl für Zellphysiologie Ruhr-Universität Bochum „Molekulare Prozesse der Duftwahrnehmung", Vortrag 43.SEPAWA-Kongreß 1996 in Bad Dürkheim
(6) Prof. Hanns Hatt – Regine Dee „Das Maiglöckchen-Phänomen", Piper Verlag GmbH, München 2008, Seite 209
(7) Vergl. Prof. Hanns Hatt – Regine Dee „Das Maiglöckchen-Phänomen", Piper Verlag GmbH, München 2008, Seite 205
(8) Maurice Mességué „Die Natur hat immer recht", Ullstein Buch Nr. 3115 im Verlag Ullstein GmbH, 1978

VIOLETT
(1) Rainer Maria Rilke, Die Gedichte 1906 bis 1910 (Paris, vor dem 7. Februar 1909)
(2) Rilke Projekt CD 3: „Überfließende Himmel" (Nr. 2), Katja Riemann: „Oh gäb's doch Sterne", http://www.schoenherz-fleer.de/rilke-projekt
(3) Vergl. https://www.wissen.de/bildwb/kuenstliche-farbstoffe-das-erste-massenprodukt
(4) Prince nahm Purple Rain mit seiner Begleitband „The Revolution" auf und veröffentlichte es am 25. Juni 1984.
(5) https://www.elle.de/trendfarbe-lila
(6) Die mit „Sternchen" gekennzeichneten Düfte - ausführliche Duftportraits finden Sie hier: Beate Nagel „ART PARFUM Neue Wege zu altem Wissen", ART PARFUM Verlag, Juni 2019
(7) Bei der Angabe von Fertigungskapazitäten von Massenware, wie beispielsweise Chemikalien, wird anstelle von „Tonnen pro Jahr" oft die Umschreibung „Jahrestonne(n)", kurz „Jato" oder „jato" genutzt; im Englischen ist die Abkürzung ‚tpa' für ‚tonnes per annum' üblich.
(8) Prof. Günther Ohloff „Irdische Düfte, himmlische Lust", Verlag Birkhäuser, 1992, Seite 256
(9) Dipl. Ing. Margrit Müller, „Lavendel - Wissenschaftsprojekt für thescenteddrop", Forum Essenzia e.V. 2016, Seiten 3 - 15
(10) Ebd.
(11) Ebd.
(12) Dr. Erwin Häringer, Vortrag – Primavera Fachtagung 1996 (Häringer 1996), Vortragsskript
(13) Eliane Zimmermann, „Hydrolate – Pflanzenwässer – die vergessene Dimension der Aromatherapie und Aromapflege", Verlag Aromapflege, 2016, Seite 73
(14) Prof. Dr. Dr. Dietrich Wabner, Dr. Christiane Baier, „Aromatherapie - Grundlagen, Wirkprinzipien, Praxis", Urban & Fischer Verlag, 2. Auflage 2011, Seite 201

(15) Vergl. Prof. Dr. Dr. Dr. Hanns Hatt – Regine Dee „Das Maiglöckchen-Phänomen“, Piper Verlag GmbH, München 2008, Seite 266
(16) Anusati Thumm, Seminarleiterin Aromatherapie und Pflege, Seminar Fachtagung Primavera Life, Mitschrift Mitte der 1990er Jahre
(17) Nach einem Rezept von Martina Kabitzsch „Blütenmenüs – Der Garten bittet zu Tisch“, Jan Thorbecke Verlag, 2009, Seite 93
(18) Diane Holuigue „Genießer unterwegs – Provence – Rezepte und kulinarische Notizen“, Christian Verlag München, 2003, Seite 179
(19) „Rosennacht“ Rainer Maria Rilke - Originaltitel „Heute will ich dir zu Liebe Rosen fühlen“ Juli 1914, Paris, Insel Almanach 1953
(20) Rilke Projekt CD 3: „Überfließende Himmel“ (Nr. 7), Hannelore Elsner: „Rosennacht“, http://www.schoenherz-fleer.de/rilke-projekt
(21) Prof. Dr. Dr. Dietrich Wabner , „Die Heil-Kunst der Rose – die Rose in Kultur, Kunst, Magie, Religion und Medizin“, Schriftenreihe Dietrich Wabner, Garching bei München, 2002, Seite 4
(22) Das Thema „Attar Öle“ führe ich beim Duftportrait Sandelholz näher aus, siehe: Beate Nagel „ART PARFUM Neue Wege zu altem Wissen“, ART PARFUM Verlag, Juni 2019, Seiten 260 - 261
(23) Monika Werner / Ruth von Braunschweig, „Praxis Aromatherapie / Grundlagen – Steckbriefe - Indikationen“, 2. aktualisierte Auflage 2009, HAUG Verlag Stuttgart, Seite 174
(24) „Arabiens Wohlgerüche - Von der Verführungskraft zartester Düfte und paradiesischer Substanzen“, Zeitung LI Herbst 2011, Seiten 114 – 117
(25) Wolfgang Held, „Alles ist Zahl – Was uns die Zahlen 1 bis 31 erzählen“ Falter im Verlag Freies Geistesleben, 2011, Seiten 45-46
(26) Vergl. Gedicht-Auszug: Verena Staël von Holstein und Friedrich Pfannenschmidt (Hersg.), „Mühlengespräche VI“, Flensburger Hefte Verlag, 2018, Seite 132-133
(27) „Heilpflanzen“ – Markus Sommer, Urachhaus Verlag, Stuttgart, Seite 227
(28) Prof. Dr. Dr. Dietrich Wabner , „Die Heil-Kunst der Rose – die Rose in Kultur, Kunst, Magie, Religion und Medizin“, Schriftenreihe Dietrich Wabner, Garching bei München, 2002, Seite 4
(29) Siehe hierzu im historischen Teil „Königswürde - Ritual einer Salbung“ und bei der Beschreibung der Myrrhe: Beate Nagel „ART PARFUM Neue Wege zu altem Wissen“, ART PARFUM Verlag, Juni 2019, Seiten 33 – 44 und ab Seite 211
30) Susanne Fischer-Rizzi, „Gold in der Küche – Das Safrankochbuch“, AT Verlag, Aarau, 2000, Seite 29
(31) Susanne Fischer-Rizzi, „Gold in der Küche – Das Safrankochbuch“, AT Verlag, Aarau, 2000, Seite 22

ORANGE

(1) Vergl. Rainer Maria Rilke „Das Karusell“ aus „Jardin du Lusembourg“, Neue Gedichte, Erster Teil b), Juni 1906, Paris
(2) Rilke Projekt CD 1: „Bis an alle Sterne“ (Nr. 3), Heino Ferch: „Das Karussell“, http://www.schoenherz-fleer.de/rilke-projekt
(3) https://www.stuttgarter-nachrichten.de/inhalt.vollmond-ueber-stuttgart-der-pink-moon-ist-ziemlich-orange.252e1c00-5589-4f8e-82b6-13c39d6ef53a.html
(4) Dr. Eva Heller, „Wie Farben wirken“, Rowohlt Verlag GmbH, Reinbeck, Juni 1989, Seite 260
(5) Walter Hess „Das Problem der Farbe in den Selbstzeugnissen der Maler von Cézanne bis Mondrian“, Mittenwald 1981
(6) Die Wahrnehmung über den Tastsinn (lateinisch *tactus*) wird als taktil bezeichnet, das aktive Ertasten eher als haptisch.
(7) Siehe weitere Ausführung - Duftportrait Styrax / Amber: Beate Nagel „ART PARFUM Neue Wege zu altem Wissen“, ART PARFUM Verlag, Juni 2019, Seiten 275 - 284.
(8) Die mit „Sternchen“ gekennzeichneten Düfte - ausführliche Duftportraits finden Sie hier: Beate Nagel „ART PARFUM Neue Wege zu altem Wissen“, ART PARFUM Verlag, Juni 2019
(9) Robert Tisserand, Blog: http://roberttisserand.com/

(10) Verena Staël von Holstein „Flensburger Hefte – Gewürze und Kräuter 2", 2016, FH 128, Seite 148
(11) Eliane Zimmermann, Blog, http://aromapraxis.de/aroma-blog/
(12) Aufschlussreicher Bericht: Bernward Geier, „Willkommen in Sikkim", Bio-Magazin Schrot & Korn, Ausgabe 03/2018 - https://schrotundkorn.de/lebenumwelt/lesen/willkommen-in-sikkim.html
(13) Prof. Dr. Dr. Dietrich Wabner, Dr. Christiane Baier, „Aromatherapie - Grundlagen, Wirkprinzipien, Praxis", Urban & Fischer Verlag, 2. Auflage 2011, Seiten 37-38
(14) J. Lehrner, L. Deecke - Neurolog. Universtitäsklinik Wien -, „Ambient odors of orange and lavender reduce anxiety an improve mood in an dental office, „Physiology & Behaviour 86 (2005), Seite 92
(15) Vergl. Monika Werner / Ruth von Braunschweig, „Praxis Aromatherapie / Grundlagen – Steckbriefe - Indikationen", 2. aktualisierte Auflage 2009, HAUG Verlag Stuttgart
(16) Diese wirksame, schnelle Hilfe verrät die Aromaexpertin Eliane Zimmermann in ihrem lesenswerten Blog: https://blog.aromapraxis.de/
(17) Es gibt von Herstellern unterschiedliche Rottöne bei Pflanzenhaarfarben.
(18) Verena Staël von Holstein „Flensburger Hefte – Gewürze und Kräuter 2", 2016, FH 132, Seite 120
(19) Vergl. Duftportrait Mimose: Beate Nagel „ART PARFUM Neue Wege zu altem Wissen", ART PARFUM Verlag, Juni 2019, Seiten 187 - 191
(20) Prof. Dr. Dr. Dietrich Wabner, Dr. Christiane Baier, „Aromatherapie - Grundlagen, Wirkprinzipien, Praxis", Urban & Fischer Verlag, 2. Auflage 2011, Seite 311
(21) Dr. Bharat B. Aggarwal, „Heilende Gewürze", Narayana Verlag, Kadern 2014, Seite 395
(22) Erhältlich in Bio-Fachgeschäften.
(23) Duftportrait Mandarine: Beate Nagel „ART PARFUM Neue Wege zu altem Wissen", ART PARFUM Verlag, Juni 2019, Seiten 177 -186
(24) Johanna Arven „Punja & Tashi Trilogie", Arven Verlag Oy-Mittelberg - www.arven-verlag.de

BLAU
(1) Rainer Maria Rilke „Mein Leben ist wie leise See" siehe aus „Dir zur Feier", 1897/98
(2) Rilke Projekt CD 3: „Überfließende Himmel" (Nr. 9), Jürgen Prochnow: „Mein Leben ist wie leise See", http://www.schoenherz-fleer.de/rilke-projekt
(3) Eva Heller „Wie Farben wirken", Rowohlt Verlag GmbH, Reinbeck, Juni 1989, Seiten 23 - 24
(4) Weitere Ausführung zur „Schutzmantel-Madonna" - siehe: Beate Nagel „Vater Unser Land – Betrachtungen als Blog on Paper", ART PARFUM Verlag, Februar 2020, ab Seite 176 und Seite 229
(5) Vergl. Chögyam Trungpa „Feuer trinken, Erde atmen", Eugen Diederichs Verlag, 1982, Seiten 99 -101 und Vergl. Tsültrim Allione „Die 5 Dakinis – Die himmlischen Kräfte des Buddhismus", aus dem Amerikanischen von Claudia Fregiehn, Arkana Verlag München, 2018, Seiten 184 - 200
(6) Emil Ernst Ploss, „Ein Buch von alten Farben", München 1967, Seite 78
(7) Die mit „Sternchen" gekennzeichneten Düfte - ausführliche Duftportraits finden Sie hier: Beate Nagel „ART PARFUM Neue Wege zu altem Wissen", ART PARFUM Verlag, Juni 2019
(8) Sabine Brodbeck und Felix Gugerli (Eid. Forschungsanstalt Wald, Schnee und Landschaft WSL, Birmensdorf) „Die Alpen", Nr. 6, Jahr 2010: www.waldwissen.net - Seite 33
(9) Fabienne Muriset (Bern, Schweiz) Artikel Tannenhäher: www.fotometeo.ch/ein-gebirgsfoerster-stellt-sich-vor/
(10) Greta Guntern-Gallati, Dr. Gottlieb Guntern, CREANDO Kunstprojekt: www.creando.org/de
(11) Iris Jermann, FORUM ESSENZIA 2/1993, Seiten 13 – 15: http://www.forum-essenzia.org/zeitschrift/alle-ausgaben/index.html
(12) Vergl. Iris Jermann „Immer der Nase nach: Ein Handbuch für die Verwendung ätherischer Öle in Familie, Kindergarten und Schule", Someo Verlag 1994
(13) Siehe Liste mit Einkaufsempfehlungen am Ende des Buches

(14) Ärztezeitung, Artikel 355296 - http://www.aerztezeitung.de/panorama/auch_das_noch/article/355296/zimt-minze-halten-fahrer-wach.html?sh=1&h=-1630340834
(15) Monika Werner / Ruth von Braunschweig, „Praxis Aromatherapie / Grundlagen – Steckbriefe - Indikationen“, 2. aktualisierte Auflage 2009, HAUG Verlag Stuttgart, Seite 35
(16) Prof. Dr. Dr. Dietrich Wabner, Dr. Christiane Baier, „Aromatherapie - Grundlagen, Wirkprinzipien, Praxis“, Urban & Fischer Verlag, 2. Auflage 2011, Seite 254
(17) Rühlemann`s - Kräuter und Duftpflanzen, Katalog 2013, Seite 202
(18) Prof. Dr. Dr. Dietrich Wabner, Dr. Christiane Baier, „Aromatherapie - Grundlagen, Wirkprinzipien, Praxis“, Urban & Fischer Verlag, 2. Auflage 2011, Seite 250
(19) Dr. Bharat B. Aggarwal, „Heilende Gewürze“, Narayana Verlag, Kadern 2014, Seite 250
(20) Eliane Zimmermann, „Hydrolate: Pflanzenwasser – die vergessene Dimension“, Verlag Aromapflege 2013, Seite 85
(21) Vergl. Rainer Maria Rilke „Alles ist eins“ - Dir zur Feier“ (1897/98)
(22) Wacholder steht auf der Roten Liste, gilt als gefährdet. Je nach Land gibt es unterschiedliche Vorgaben. Wenn möglich, pflanzt man sich einen Wacholder in den Garten.
(23) Adelheid Lingg „Das Heilpflanzenjahr - Heilkräuter aus dem Zauberkessel der Fülle“, Franck-Kosmos Verlag, Stuttgart, 2010, Seite 136
(24) Sebastian Kneipp, „Meine Wasserkur – So sollt ihr leben“ Die weltberühmten Ratgeber in einem Band, Verlag Ehrenwirth 1995, Seite 481
(25) Eugen Ortner „Sebastian Kneipp - Seine Lebensgeschichte“, Ehrenwirth Verlag München, 1994
(26) Ruth von Braunschweig „Frühjahrskur mit Wacholderbeeröl“, FORUM ESSENZIA Heft 1/1994 - http://www.forum-essenzia.org/zeitschrift/alle-ausgaben/index.html, Seiten 3 - 4
(27) Siegrid Hirsch, Felix Grünberger „Die Kräuter in meinem Garten“, Freya Verlag 2008, A-Linz, Seite 584

GELB

(1) Vergl. Rainer Maria Rilke „Herbsttag“ aus „Das Buch der Bilder“, 21.9.1902, Paris
(2) Rilke Projekt CD 3: „Überfließende Himmel“ (Nr. 6), Gottfried John: „Herbsttag“, http://www.schoenherz-fleer.de/rilke-projekt
(3) Johannes Itten „Die Kunst der Farbe“, Ravensburg 1961, Seite 85
(4) Dr. Eva Heller, „Wie Farben wirken“, Rowohlt Verlag GmbH, Reinbeck, Juni 1989, Seite 138
(5) Vergl. Dr. Bharat B. Aggarwal, „Heilende Gewürze“, Narayana Verlag, Kadern 2014
(6) Duftportrait Ambra / Styrax: Beate Nagel „ART PARFUM Neue Wege zu altem Wissen“, ART PARFUM Verlag, Juni 2019, ab Seite 275
(7) Die mit „Sternchen“ gekennzeichneten Düfte - ausführliche Duftportraits finden Sie hier: Beate Nagel „ART PARFUM Neue Wege zu altem Wissen“, ART PARFUM Verlag, Juni 2019
(8) Dr. Wolf-Dieter Storl „Der Bär: Krafttier der Schamanen und Heiler“, AT Verlag, 2005)
(9) Von 1990 bis 2011 war ich als Projektleiterin, Parfümeurin im Unternehmen Aromata International GmbH beschäftigt, Geschäftsführer: Kurt L. Nübling.
(10) Eliane Zimmermann, Blog „Duftgräser“, http://aromapraxis.de/aroma-blog/
(11) Monika Werner / Ruth von Braunschweig, „Praxis Aromatherapie / Grundlagen – Steckbriefe - Indikationen“, 2. aktualisierte Auflage 2009, HAUG Verlag Stuttgart, Seite 132
(12) Prof. Dr. Dr. Dietrich Wabner, Dr. Christiane Baier, „Aromatherapie - Grundlagen, Wirkprinzipien, Praxis“, Urban & Fischer Verlag, 2. Auflage 2011, Seite 205
(13) Prof. Dr. Dr. Dietrich Wabner, Dr. Christiane Baier, „Aromatherapie - Grundlagen, Wirkprinzipien, Praxis“, Urban & Fischer Verlag, 2. Auflage 2011, Seite 205
(14) Sebastian Berlein, Gründer der Vanilla Campaign, wurde als Entrepreneur ausgezeichnet von der Stiftung „Entrepreneurship“, gegründet von Prof. Günter Faltin: https://www.entrepreneurship.de/ - siehe auch bei meinen Einkaufsempfehlungen.

(15) Ursel Bühring, „Meine Heilpflanzenschule“, Kosmos-Verlag Stuttgart, 2009, Seite 208

GRÜN
(1) Vergl. Rainer Maria Rilke „Aufgang oder Untergang“, 2.2.1898, Berlin
(2) Rilke Projekt CD 1: „Bis an alle Sterne“ (Nr. 2), Mario Adorf: „Aufgang oder Untergang“, http://www.schoenherz-fleer.de/rilke-projekt
(3) Vergl. Artikel „Beginn des Lebens“ von Ulrich Bahnsen – DIE ZEIT Nr. 53 vom 18. Dezember 2019 / Rubrik WISSEN I, Seiten 35-36
(4) Dr. Eva Heller, „Wie Farben wirken“, Rowohlt Verlag GmbH, Reinbeck, Juni 1989, Seite 78
(5) Friedrich von Borries „Großstädte: Die gute Stadtluft -Die Staaten versagen bei der Lösung der dringendsten Menschheitsprobleme. Es sind die Großstädte dieser Welt, die sich verbünden und radikal neu erfinden müssen.“ Artikel in DIE ZEIT Nr. 1 vom 27. Dezember 2019, Rubrik WISSEN II, Seiten 41-42 , https://www.zeit.de/2020/01/grossstaedte-klimaschutz-demokratie-vernetzung-effizienz-stadtleben
(6) Auszug eines Artikels von Scott Kelly, ehemaliger NASA Astronaut, der fast ein Jahr auf der Raumstation ISS (International Space Station) verbracht hat: „I Spent a Year in Space, and I Have Tips on Isolation to Share - Take it from someone who couldn't: Go outside“, New York Times, 21. März 2020. https://www.nytimes.com/2020/03/21/opinion/scott-kelly-coronavirus-isolation.html
(7) Vergl. Chögyam Trungpa „Feuer trinken, Erde atmen“, Eugen Diederichs Verlag, 1982
(8) Die mit „Sternchen“ gekennzeichneten Düfte - ausführliche Duftportraits finden Sie hier: Beate Nagel „ART PARFUM Neue Wege zu altem Wissen“, ART PARFUM Verlag, Juni 2019
(9) Karl Schlögel, „Der Duft der Imperien – Chanel N°5 und Rotes Moskau“, Carl Hanser Verlag, 2020, Seite 56
(10) Dr. Bharat B. Aggarwal, „Heilende Gewürze“, Narayana Verlag, Kadern 2014, Seite 50
(11) Eliane Zimmermann, Blog „Aromatherapie bei Bauchschmerzen und Seelentiefs“ https://aromapraxis.de/2013/12/20/chemie-im-praktischen-leben/
(12) Prof. Dr. Hanns Hatt, BR 2 Radio, „Radio-Wissen - Supersensor-Nase - Diagnose-und-Therapie“, Sendung vom 23.03.2018, https://www.br.de/radio/bayern2/sendungen/radiowissen/index.html
(13) Rezept aus dem Buch „Iss einfach gut“, Holger Stromberg, Systemed Verlag 2013 und Interview: https://schrotundkorn.de/rezepte/lesen/basilikumlimonade.html
(14) Rühlemann´s Kräuter und Duftpflanzen Katalog 2013, Heft Nr. 21, Seite 47
(15) Ute Riedlinger: http://honigwabe.net/
(16) Verena Staël von Holstein „Gewürze und Kräuter 3“ / Flensburger Hefte Verlag 2016, FH 132, Seite 146
(17) Dr. Kurt Schnaubelt, Neue Aromatherapie – Gesundheit und Wohlbefinden durch ätherische Öle“, vgs Verlagsgesellschaft Köln, 1995, Seite 83
(18) Daniel Rühlemann, Rühlemann´s Kräuter und Duftpflanzen Katalog 2013, 27367 Horssted, www.kraeuter-und-duftpflanzen.de, Seite 95
(19) Rezeptidee aus Rühlemann´s Kräuter und Duftpflanzen Katalog 2013
(20) „Praxis Aromatherapie / Grundlagen – Steckbriefe - Indikationen“ Monika Werner / Ruth von Braunschweig, 2. Aktualisierte Auflage 2009, HAUG Verlag Stuttgart, S.V, Seite 133
(21) Eliane Zimmermann, Blog „Limette“: http://aromapraxis.de/aroma-blog/
(22) [Tundis R, Loizzo MR, Bonesi M, Menichini F, Mastellone V, Colica C, Menichini F. Comparative study on the antioxidant capacity and cholinesterase inhibitory activity of Citrus aurantifolia Swingle, C. aurantium L., and C. bergamia Risso and Poit. peel essential oils. J Food Sci. 2012 Jan;77(1):H40-6.]
(23) Susanne Fischer-Rizzi, „Das große Buch der Pflanzenwässer“, AT Verlag, Aarau und München, 2014, Seite 165
(24) Rezeptidee nach Blog „Ingwer“ von Eliane Zimmermann: https://aromapraxis.de/aroma-

schule/lerndatenbank-aetherische-oele/ingwer/
(24) Tabea Zimmermann, Bratschistin und Hochschullehrerin (Hochschule für Musik Hanns Eisler, Berlin) im Gespräch mit der ZEIT Nr. 21 vom 14. Mai 2020 - Ausschnitt aus dem Gespräch, dass Christine Lemke-Matwey und Rabea Weihser für die ZEIT führten.

EIN PARFUM ENTSTEHT
(1) Vergl. Duftportrait Moschus: Beate Nagel „ART PARFUM Neue Wege zu altem Wissen", ART PARFUM Verlag, Juni 2019, Seiten 193 - 202.
(2) Jean-Claude Ellena „Parfüm – Ein Führer durch die Welt der Düfte", Verlag C.H.Beck, München 2012, Seite 23
(3) Prof. Hanns Hatt – Regine Dee „Das Maiglöckchen-Phänomen", Piper Verlag GmbH, München 2008, Seite 247
(4) Vgl. „BR Radio Wissen", Sendung vom 5. Mai 2020: https://www.br.de/mediathek/podcast/radiowissen/george-martin-produzent-einer-aera/1486842
(5) Zur weiteren Vertiefung bezüglich fetter Öle empfehle ich: Ruth von Braunschweig, „Pflanzenöle - Qualität, Anwendung & Wirkung" Stadelmann-Verlag, 2018
(6 Vgl. Forum Essenzia e.V., Heft Nr. 51 / 2018, Seite 35
(7) Vgl. Ingeborg Stadelmann, „Die Hebammen-Sprechstunde, Stadelmann Verlag, 2001, Seite 386
(8) Eliane Zimmermann, Blog Aromaschule, http://aromapraxis.de/aroma-schule/aetherische-oele/anwendung-aetherische-oele/schwangerschaft/

SCHWARZ
(1) Vergl. Rainer Maria Rilke „Nacht": Aus dem Umkreis: Nächte
(2) Rilke Projekt CD 3: „Überfließende Himmel" (Nr. 10), Barbara Sukowa: „Nacht", http://www.schoenherz-fleer.de/rilke-projekt
(3) Auszug aus: Rainer Maria Rilke „Gedichte an die Nacht", Klaus E. Bohnenkamp, Inselverlag 2016
(4) Ich hörte folgende Aufnahme: EDVARD GRIEG (1843-1907), 1-3 Klavierkonzert in A-Moll, Op. 16. - mit Leif Ove Andsnes, unter Leitung von Mariss Jansons und mit den Berliner Philharmoniker.
(5) Meine Notizen sind ein Auszug des Gesprächs mit dem norwegischen Dichter Knut Ødegård in der Radiosendung im Bayerischen Rundfunk, BR2: „Es ist Alpha und es ist Omega", Ausstrahlung am 3. November 2019: https://www.br.de/mediathek/podcast/religion-die-dokumentation/es-ist-alpha-und-es-ist-omega/1771485
(6) Knut Ødegård „Die Zeit ist gekommen", Gedicht „Mutter", aus dem Norwegischen übertragen von Åse Birkenheier, Elif Verlag, September 2019, Seite 11
(7) Professor Harald Lesch: https://www.youtube.com/watch?v=vHgIiB6M570
(8) Wassily Kandinsky „Über das Geistige in der Kunst", 1912. München 1987, Seite 98
(9) Vergl. Astrid Süßmuth & Conny Glogger „Kräuter Brauchtum übers Jahr", Freya Verlag, Seite 139
(10) Das Wort „Pest" leitet sich vom lateinischen Wort *pestis* für Seuche ab und wird daher auch ohne direkten Bezug auf die Krankheit Pest verwendet. Vergl. https://de.wikipedia.org/wiki/Schwarzer_Tod
(11) Beate Nagel „Vater Unser Land – Betrachtungen als Blog on Paper", ART PARFUM Verlag, Februar 2020
(12) Giorgio Vasari „Lives oft he Most Eminent Painters, Sculptors and Artists", Bd. II, London 1976, Seite 121
(13) Klausbernd Volmar, „Das große Buch der Farben", Königsfurt-Urania Verlag, Krummwisch, Seite 236
(14) Sebastian Kneipp „Meine Wasserkur – So sollt ihr Leben" Die weltberühmten Ratgeber in einem Band, Verlag Ehrenwirth 1995, Seite 472

(15) Die mit „Sternchen" gekennzeichneten Düfte - ausführliche Duftportraits finden Sie hier: Beate Nagel „ART PARFUM Neue Wege zu altem Wissen", ART PARFUM Verlag, Juni 2019
(16) Vergl. Rainer Maria Rilke „Alles ist eins": Dir zur Feier (1897/98)
(17) Rilke Projekt CD 2: „In meinem wilden Herzen (Nr. 13), Iris Berben: „Alles ist eins", http://www.schoenherz-fleer.de/rilke-projekt

Bildnachweise - Buch Gesamtausgabe

S. 2, 7, 8, 20, 23, 27, 29, 65, 67, 68, 73, 74, 76, 77, 125, 154, 157, 173, 174, 196, 211, 223, 226, 240, 241, 251, 285, 308, 331, 351, 352, 354, 376, 377, 379, 380: Autorin Beate Nagel, S.16: Ausschnitt der Widmung mit Unterschrift, 1896 - Von Rainer Maria Rilke - Buchexemplar Larenopfer. Prag 1896, Bild-PD-alt, https://de.wikipedia.org/w/index.php?curid=3753351, S.17: „Iris" Paul Waibl, Oy-Mittelberg, S.25: Photo by Anthony Tran on Unsplash / @anthonytran, S.30: Von Iruka13 - Diese Datei wurde von diesem Werk abgeleitet: Urkällan.svg, Gemeinfrei, https://commons.wikimedia.org/w/index.php?curid=84948490, S.31: panthermedia ESY-001886431, S.35: Von Sandro Botticelli - The Yorck Project (2002) 10.000 Meisterwerke der Malerei (DVD-ROM), distributed by DIRECTMEDIA Publishing GmbH. ISBN: 3936122202., Gemeinfrei, https://commons.wikimedia.org/w/index.php?curid=148174, S.38, 54, 86, 96, 104, 134, 146, 180, 188, 198, 230, 238, 274, 310: By Franz Eugen Köhler, Köhler's Medizinal-Pflanzen - List of Koehler Images, Public Domain, https://commons.wikimedia.org/w/index.php?curid=255328, S.46: Von Botanical Magazine - Botanical Magazine 31, Gemeinfrei, https://commons.wikimedia.org/w/index.php?curid=7837196, S.53: Photo by Library of Congress on Unsplash, S.59: Photo by Kailey Sniffin on Unsplash, S.70: Photo by Michael Dam on Unsplash, S.81: Photo by Clarence E. Hsu on Unsplash @clarenceehsu, S.92: By Edward William Lane (translator), Frances Jenkins Olcott (editor), Willy Pogany (illustrator) - More Tales from the Arabian Nights (1915), New York, Henry Holt and Company., Public Domain, https://commons.wikimedia.org/w/index.php?curid=39395022, S.95: Von MPF - Eigenes Werk, CC BY 2.5, https://commons.wikimedia.org/w/index.php?curid=768163, S.102: Photo by Sarah Gualtieri on Unsplash, S.107: Von Eddie Mallin - https://www.flickr.com/photos/dubpics/71293772/in/set-1533098/, CC BY-SA 2.0, https://commons.wikimedia.org/w/index.php?curid=11044422, S.112: Photo by Jason Leung on Unsplash, S.115: Von Stifterverband, CC BY 3.0, https://commons.wikimedia.org/w/index.php?curid=74004024 - https://de.wikipedia.org/wiki/Hanns_Hatt, S.121: Photo by Theme Photos on Unsplash, S.123: Photo by Valeria andersson on Unsplash, S.132: Von Photo2222 - Eigenes Werk, CC BY-SA 3.0, https://commons.wikimedia.org/w/index.php?curid=2396007, S.138: (Ausschnitt) „Echter Lavendel" – copyright Primavera Life GmbH, S.144: Photo by Penguinuhh on Unsplash, S.152: (Ausschnitt) Von Painter of London D 12 - User:Jastrow, own work, 2008-03-15, Gemeinfrei, https://commons.wikimedia.org/w/index.php?curid=504398, S.152: Eigenes Werk, CC BY 3.0, https://commons.wikimedia.org/w/index.php?curid=34328713, S.160: 112971 Swar digitalstock.jpg, S.166: Photo by Mehdi Torabi on Unsplash, S.173: Photo by Everton Vila on Unsplash, S.168: Von Der ursprünglich hochladende Benutzer war Jeantosti in der Wikipedia auf Französisch - Übertragen aus fr.wikipedia nach Commons durch Padawane mithilfe des CommonsHelper., CC BY-SA 3.0, https://commons.wikimedia.org/w/index.php?curid=5678222, S.171: Photo by Everton Vila on Unsplash, S.175: Ausschnitt aus „Was mein Leben reicher macht", Beitrag von Anna Marquez, Köln – DIE ZEIT Nr. 13 vom 19. März 2020, S.176: Photo by Mehndi Training Center on Unsplash, S.185: Photo by Mohammad Amiri on Unsplash, S.191: Von Web42 - Eigenes Werk, CC BY-SA 3.0, https://commons.wikimedia.org/w/index.php?curid=29771346, S.203: Photo by Aditya Joshi on Unsplash, S.209: Photo by Roberto Nickson on Unsplash, S.214: https://en.wikipedia.org/wiki/Terminalia_chebula Public Domain, https://commons.wikimedia.org/w/index.php?curid=635203, S.220: Zirbel-Kiefer - Pinus cembra L. Abbildung nach Pallas (1784): http://www.i-flora.com/bildersuche/suche.html, S.238: Photo by Green Chameleon on Unsplash, S.244: Von of book - Sebastian Kneipp - Selbsterstellter Scan aus Das grosse Kneippbuch von 1915. A picture from the Great Kneippbook from the year 1915., Gemeinfrei, https://commons.wikimedia.org/w/index.php?curid=488057, S.247: Wacholder Sektion Sabina: Phönizischer Wacholder (Juniperus phoenicea) auf El Hierro Von Eckhard Pecher - Eigenes Werk, CC BY 2.5, https://commons.wikimedia.org/w/index.php?curid=176113, S.249: Photo by Alicia Petresc on Unsplash, S.255: LAND ART von Paul Waibl, Oy-Mittelberg, S.260: https://all-free-download.com/free-vector/download/honey-bee-design-elements-golden-combs-liquid-sketch_290517.html, S.262: By fr:Utilisateur:Achillea - Drawn of a painting from the caves of Cueva de la Araña by fr:Utilisateur:Achillea, GPL, https://commons.wikimedia.org/w/index.php?curid=423246, S.268: Photo by IBRAHIM AL JARUSHI on Unsplash, S.268: Von See File history below for details. - Originally from the Open Clip Art website, then replaced with an improved version.Based on this image:, Gemeinfrei, https://commons.wikimedia.org/w/index.php?curid=433220, S.273: Von THOR - https://commons.wikimedia.org/wiki/File:Soup_Bowl.jpg, CC BY 2.0, https://commons.wikimedia.org/w/index.php?curid=59399487, S.279: By Malcolm Manners from Lakeland FL, USA - Vanilla planifolia, CC BY 2.0, https://commons.wikimedia.org/w/index.php?curid=42110592, S.283: Photo by Oliver Sjöström on Unsplash, S.289: © Michael Driver - Folio Art, 10 Gate Street, London, UK, WC2A 3HP • www.folioart.co.uk, S.291: copyright Paul Waibl, Oy-Mittelberg, S.296: Von Bentham-Moxon Trust.; Curtis, William; Curtis's botanical magazine dedications, 1827-1927 : portraits and biographical notes.; Royal Botanic Gardens, Kew.; Stanley Smith Horticultural Trust. - https://www.flickr.com/photos/biodivlibrary/8293269449, Gemeinfrei, https://commons.wikimedia.org/w/index.php?curid=42744511, S.299: Von uploaded by de:User:Cweiss - Christina Kundu (User:Durga) self made (http://de.wikipedia.org/wiki/Bild:Tulsi_im_Hof.JPG), Gemeinfrei, https://commons.wikimedia.org/w/index.php?curid=1191436, S.299: By Tulsi Bhagat, CC BY-SA 4.0, https://commons.wikimedia.org/w/index.php?curid=53473543, S.304: (Ausschnitt) Von KENPEI - KENPEI's photo, CC BY-SA 3.0, https://commons.wikimedia.org/w/index.php?curid=2200787, S.314: Photo by Lena Kulybaba on Unsplash, S.316: Von Marco Borggreve - Künstleragentur, FAL, https://commons.wikimedia.org/w/index.php?curid=9762182, S.316: Ausschnitt aus DIE ZEIT Nr. 21 vom 14. Mai 2020, Seite 45 „Feuilleton", S.323: John Lennon: Von Joost Evers / Anefo - http://proxy.handle.net/10648/ab63fd72-d0b4-102d-bcf8-003048976d84, CC0, https://commons.wikimedia.org/w/index.php?curid=76297901, S.329: Von Adam Elsheimer - The Bridgeman Art Library, Objekt 505268, Gemeinfrei, https://commons.wikimedia.org/w/index.php?curid=25489279, S.332: Von Autor unbekannt - http://www.zeno.org/Literatur/M/Rilke,+Rainer+Maria, Gemeinfrei, https://commons.wikimedia.org/w/index.php?curid=7279454, S.338 - 4: Deutsch - Übertragen aus de.wikipedia nach Commons durch Ireas mithilfe des CommonsHelper., Gemeinfrei, https://commons.wikimedia.org/w/index.php?curid=11824050, S.339: Von Aberdeen Painter - Jastrow (2007), Gemeinfrei, https://commons.wikimedia.org/w/index.php?curid=1250376, S.343: Von Leonardo da Vinci - National Gallery collection, Gemeinfrei, https://commons.wikimedia.org/w/index.php?curid=1465755, S.345: Von Aaron - Common Raven, CC BY 2.0, https://commons.wikimedia.org/w/index.php?curid=9033869, S.373: von Paul Waibl, Oy-Mittelberg, S.374: Fa. Arte Verde, Österreich, S.375: Fa. Primavera Life GmbH, Deutschland, S.376: Schweizer Schule für Aromatherapie SfA

Alphabetische Listen - Gesamtausgabe

Es ist ökonomisch sinnvoll, mit einem gekauften Duftfläschchen mehrere Rezepte auszuprobieren. Daher finden Sie in der folgenden Liste für jeden Duft die im Buch notierten Anwendungen.

Welcher Duft?	*Welches Rezept? * Kulinarisches mit Sternchen*
Ingwer	Mondgöttin - sinnliches Körper- und Badeöl
Arve / Zirbelkiefer	Geistesblitz - Kinderlernduft
Arvenlikör	* Alpenkönigin Cocktail - mit urwüchsigem ARVEN Likör
Basilikum	Stress lass nach - entspannendes Tonikum
Basilikumblätter	* Kickers Grüne - Getränk für Deutsche Nationalelf
Basilikumblätter (Tulsi)	* Crêpes – herzhaft mit Basilikum
Bergamotte	Stress lass nach - entspannendes Tonikum
Bienenhonig	Honig Schönheitsmaske - einfach und wirkungsvoll
Bienenhonig	* Wacholderbeer-Wein
Bienenhonig	* Gewürzmandeln - indische Art
Bohnenkraut Gewürz	* Allgäuer Süden - Gewürzkräuter
Citronella	Himalaya Frische - Raumduftspray
Dost	* Allgäuer Süden - Gewürzkräuter
Estragon	Pure Entspannung - Körperöl
Estragonkraut	* Apfel-Estragon Fruchtaufstrich
Fichtennadeln	Winterwald - Raumduftmischung
Frangipani	Mondgöttin - sinnliches Körper- und Badeöl
Grapefruit	Mondgöttin - sinnliches Körper- und Badeöl
Grapefruit	Wake up - Duschgel mit Rosmarin
Grapefruit	Wacholderbeer-Körperöl zur Kur
Grapefruit	Earth - Unisex Eau de Cologne
Ingwer	Oh Götter - Sportöl aktiv
Ingwer	Wunschlos glücklich - cremig sinnliche Körpersahne
Ingwer Gewürz	* Ingwertee
Ingwer Gewürz	* Goldene Milch - Rezept aus der ayurvedischen Küche
Ingweröl, destilliert	* Hugo Brasil - Partygetränk mit Holunderblüten u. Limette
Ingwer Gewürz	* Likör der Liebe - ein flüssiges Aphrodisika
Jasmin	Für dich - aphrodisisches Massageöl
Jasmin	Schahrasad - orientalisch märchenhaftes Parfum
Jasmin	Göttin Vanilla - Parfum
Jasmin	Nymphentanz - edles Raumparfum
Jasmin sambac	Wunschlos glücklich - cremig sinnliche Körpersahne
Jasmintee	* Jasmintee edel
Kamille römisch	Gut drauf - Eau de Toilette
Kardamom	Wunschlos glücklich - cremig sinnliche Körpersahne

Rezepte Parfum und Kosmetik

Rezepte Speisen

Rezepte Getränke

Farben / Düfte / Gedichte

FARBEN

DÜFTE

GEDICHTE

Einen Menschen zu seinen subjektiven Farben führen, heißt, ihn zu sich selbst führen.
Johannes Itten

Dank

Mein Dank geht an Nina Daniela Jaksch - Agentur GREENSCAUT, Wien - und an Prof. Dr. Dr. Dietrich Wabner (posthum). Ich danke den Fotografen und Künstlerinnen, die dieses Buch lebendiger machen - sehen Sie bitte die Angaben direkt bei den Bildern bzw. Bildnachweisen. Besonders erwähnen möchte ich an dieser Stelle den Meditationslehrer und Künstler Paul Waibl aus Oy-Mittelberg. Von ihm stammen die Fotos von Pflanzen und LAND ART Bilder auf den Seiten 17, 255, 291; auch das gegenüberliegende Werk gehört dazu.

Ich danke Menschen, deren Namen ganze Listen füllen würden, im gemeinsamen Austausch über so viele Jahre und im Besonderen den ehrenamtlich Tätigen in den Vereinen, die sich um Erhalt und Förderung von Aromatherapie, Aromapflege, Aromakultur kümmern.

Und natürlich gebührt mein, unser Dank den weltweit tätigen Bauern, Destillateuren, zuverlässigen Unternehmerinnen, den Duftpflanzen und der Erde, die sie wachsen lässt... Ich danke den unzähligen Impulsen, denen man als Mensch folgt, die ein Werk wie dieses Buch überhaupt erst entstehen lassen. Dies alles geschieht im Miteinander und Füreinander, dem hoffentlich ein gegenseitiger Respekt zugrunde liegt.

Empfehlungen / Ausbildung

Grundsätzlich verwende ich hochwertige regionale bzw. Bio-Produkte.

Arte Verde / *Österreich*: www.arteverde.at
Oshadhi GmbH: https://oshadhi.de/
Primavera Life: www.primaveralife.com
Vanilla Campaign: https://www.vanillacampaign.com/
Wadi: www.etherischeoele.de

Aromaschule Eliane Zimmermann: https://aromapraxis.de/aroma-schule/
Forum Essenzia e.V. Deutschland: www.forum-essenzia.org
Primavera Akademie: https://akademie.primaveralife.com/
Österreich / Aromatherapie Ausbildung: www.aromainfo.at
Schweiz / Schweizer Schule für Aromatherapie: www.aromatherapieschule.ch
KräuterCraemer: www.kraeutercraemer.de
Freiburger Heilpflanzenschule: www.heilpflanzenschule.de
Rühlemann's, Kräuter & Duftpflanzen: www.kraeuter-und-duftpflanzen.de

BEATE NAGEL | PARFÜMEURIN
ART PARFUM
NEUE WEGE
ZU ALTEM WISSEN
Verlag
ART
PAR
FUM
organic

Kundenbewertungen

Sehr geehrte Frau Nagel,

Ihr Buch "Art Parfum" habe ich von meiner Frau zu Weihnachten bekommen und habe es in 4 Tagen komplett verschlungen. Dieses Geschenk war wohl nicht so ganz uneigennützig von ihr, da sie es jetzt natürlich auch liest und davon begeistert ist.

Auszug einer E-Mail aus Österreich

♥♥♥♥♥

Kundenbewertungen

Ein beeindruckendes Buch

Sehr, sehr interessantes Buch für alle, die tiefer in die Materie einsteigen wollen. Dabei trotzdem sehr verständlich und spannend geschrieben. Besonders gefallen mir die historisch unterschiedlichen Erläuterungen im 1. Teil. Ich würde das Buch auf jeden Fall weiter empfehlen.

Bewertung von Chris

♥♥♥♥♥

In einem Zeitraum von sieben Jahren schrieb ich an einem großen Parfumbuch, mit dem Schwerpunkt Pflanzendüfte im historischen Kontext. Mit der Zeit entwickelten sich jedoch hieraus zwei Bücher: Das erste Buch „ART PARFUM Neue Wege zu altem Wissen“ (Bild links) zeigt im ersten Teil die Parfumhistorie auf und dazu 25 ausführliche Duftportraits. Und bei meinem zweiten Buch „PARFUM. PUR. Düfte, Farben, Kulinarik & eine Prise Poesie“ stehen 21 Düfte im nahen Kontext zu Farben.

Paperback 360 Seiten,
ISBN 978-3-9821035-0-1 / 29,90 €
Hardcover 360 Seiten,
ISBN 978-3-9821035-1-8 / 45,00 €

Nähere Informationen zu beiden Büchern:
www.art-parfum-verlag.de

Johanna Arven
PUNJA & TASHI
Märchenromane

Punja & Tashi Trilogie

Drei Fantasy-Romane - Bücher universeller Weisheit - neu im ARVEN Verlag

Die junge tibetische Parfümeurin Punja und ihr Bruder Tashi, Instrumentenbauer und Musiker, leben seit 65 Jahren in der Auländer Stadt Laxna. 65 Jahre? Denn eigentlich stammen die Geschwister aus dem weit entfernten Land Tibet und als Hauselfen sind sie gerade einmal im Teenageralter. Wie kamen sie ins Auland? Und was hat es mit dieser Verzauberung auf sich, die ja nicht nur sie betrifft?

Im ersten Band haben die Geschwister Punja und Tashi heftige Kämpfe in dem nordischen Land Norskot zu bestehen. Und welchem dunklen Geheimnis sind sie in Tibet, im zweiten Band, wohl auf der Spur? Am Schluss werden die Geschwister gefragt, wie denn das alles begonnen hat, damals im Auland. Von diesen Abenteuern erzählt Punja dann im dritten Band.

Autorin: Johanna Arven (Pseudonym von Beate Nagel)
Im Jahr 2020 - bedingt durch die weltweite Corona-Pandemie - fielen mir als freiberuflich Tätige viele Termine aus. Und so hatte ich Zeit und Muße, mich einer Idee zu widmen, die mir innerhalb von fünf Jahren immer wieder gekommen war: Einen Märchenroman mit einer jungen Parfümeurin zu schreiben. Dass daraus eine Trilogie wurde, vermag ich noch immer nicht so ganz zu glauben.

Buch PARFUM. PUR. *Düfte, Farben, Kulinarik & eine Prise Poesie* - Juli 2020
Buch VATER UNSER LAND - Februar 2020, *gewidmet Sophie Scholl und der Weißen Rose*
Buch ART PARFUM *Neue Wege zu altem Wissen* - Juni 2019
Bücher PUNJA & TASHI Trilogie - als Johanna Arven / www.arven-verlag.de

LUCE DI SEGANTINI – Extrait de Parfum organique - zum Gemälde
AVE MARIA A TRASBORDO von GIOVANNI SEGANTINI (2015 - 2016)

ROLLS ROYCE YEARBOOK 2019/2020: ART PARFUM Entwicklung
LUCE DI SEGANTINI organique - *Es ist das erste Mal, dass ein rein biologisches Parfum eine derart weltweite Aufmerksamkeit erhält.*

IMAGINE - interaktives Kunstprojekt (2014 - 2016)
FRANCISCUS art parfum - art work (2018 - 2019)
7XXX EICHEN *Joseph Beuys lässt grüßen* (2016 - 2017)
EAST-WEST Kunstprojekt (2016)

PROJEKTLEITUNG, CI-DÜFTE
BMW Group München: BMW 7er, BMW i. Born Electric, BMW Motorsport / BMW X5 / BMW Mini Air
SCENT MAYBACH - Daimler AG, Stuttgart
MESSE FRANKFURT - Themen Duftkonzepte... NORWAY Buchmesse 2019
BURJ DUBAI - Duftkonzeption 2008
SIEMENS CIC - Siemens Kommunikationszentrum, München
HP EXPO - Hewlett-Packard, Böblingen - CeBIT u.a. Messen
ALEXANDER DER GROSSE / Gewürze u.a. - Lokschuppen Rosenheim
TUI WUNDERBARE WELTEN - Duftkonzeption Alan Parkinson, London
EXPO 2000 - Afrikaduft für Pavillon, Hannover *

* ART PARFUM wurde 2011 von mir gegründet, zuvor war ich seit 1990 als Koordinatorin, später Projektleiterin und Parfümeurin angestellt im Unternehmen Aromata International GmbH, Sulzberg

MEINE PHILOSOPHIE

„Beginne damit das Notwendige zu tun. Dann mach das Mögliche. Und plötzlich findest du dich dabei wieder, das Unmögliche zu tun.“

Hl. Franz von Assisi

BEATE NAGEL
Parfümeurin + Künstlerin, Gründerin von ART PARFUM
www.art-parfum.eu

* Seit 30 Jahren entwickle ich Parfüms, CI-Düfte und Konzepte. Ausbildung bei Primavera Life, Aromata International, Forum Essenzia e.V. und Prof. Dr. Dr. Dietrich Wabner.
* Im Jahr 2011 wage ich den Sprung mit meiner Vision von ART PARFUM ins stärker künstlerisch ausgerichtete Schaffen.
* 40 Jahre Erfahrung mit Meditation, Beschäftigung mit buddhistischer Philosophie und einem wieder aufkeimenden, frischen Interesse an den eigenen, mitteleuropäischen Wurzeln.

Mit ART PARFUM verknüpfe ich unterschiedliche künstlerische Ausdrucksmöglichkeiten, bündle sie in einer Art „Gesamtkunstwerk“. Auftragsarbeiten ermöglichen meine freien, selbst initiierten Kunstprojekte. Meine Arbeiten verfolge ich oft über mehrere Jahre - sie bewegen unterschiedliche Ebenen.

Alles ist eins

Tore gehen auf ...

wir sind nicht mehr zu
Weg mit der Welt sein,
die lange Alleine sein
den vergangenen Tag.

Rainer Maria Rilke

ART PARFUM
Beate Nagel
Parfümeurin + Künstlerin, Autorin

D-87466 Oy-Mittelberg
Telefon: (+49) 08366-366
post@art-parfum.eu
www.art-parfum.eu

ART PARFUM Verlag
www.art-parfum-verlag.de